水体污染控制与治理科技重大专项“十一五”成果系列丛书

环境信息公开与环保公众参与实践

PRACTICES OF ENVIRONMENTAL INFORMATION DISCLOSURE AND ENVIRONMENTAL PROTECTION PUBLIC PARTICIPATION

周国梅　周军　俞海　曾维华
蒋洪强　方莹萍　葛俊杰　著

中国环境出版社・北京

图书在版编目（CIP）数据

环境信息公开与环保公众参与实践/周国梅等著. —北京：中国环境出版社，2016.12
ISBN 978-7-5111-2994-9

Ⅰ. ①环… Ⅱ. ①周… Ⅲ. ①环境信息—公民—参与管理—研究—中国 Ⅳ. ①X32

中国版本图书馆 CIP 数据核字（2016）第 297672 号

出 版 人 王新程
责任编辑 丁 枚
责任校对 尹 芳
封面设计 岳 帅

出版发行 中国环境出版社
（100062 北京市东城区广渠门内大街 16 号）
网 址：http://www.cesp.com.cn
电子邮箱：bjgl@cesp.com.cn
联系电话：010-67112765（编辑管理部）
010-67112735（第一分社）
发行热线：010-67125803，010-67113405（传真）
印 刷 北京中献拓方科技发展有限公司
经 销 各地新华书店
版 次 2016 年 12 月第 1 版
印 次 2016 年 12 月第 1 次印刷
开 本 787×1092 1/16
印 张 15.25
字 数 400 千字
定 价 65.00 元

前　言

推动环境信息公开和公众依法有序参与环境保护，是党和国家的明确要求，也是加快转变经济社会发展方式和全面深化改革步伐的客观需求。党的十八大报告明确指出，“保障人民知情权、参与权、表达权、监督权，是权力正确运行的重要保证”。新修订的《环境保护法》在总则中明确规定了“公众参与”原则，并对“信息公开和公众参与”进行专章规定。环保部已相继颁布了《环境信息公开办法（试行）》、《企业事业单位环境信息公开办法》、《环境保护公众参与办法》等一系列文件，初步建立环境信息公开和公众参与的法规体系，地方也开展了开展了听证会、污染控制报告会等公众参与模式的实践，但总体上还存在环境信息公开不充分、缺乏监督机制、公众环境保护意识尤其是水环境保护参与程度低、法律体系中对于公众的环境参与权规定不明确和不充分等问题，在一定程度上阻碍了我国水污染防治信息公开和公众参与进程。

为进一步推动我国环境信息公开和公众参与工作，完善我国在相关领域的制度，建立水环境信息公开和公众参与平台，解决公众信息短缺和参与不足的结构性问题，水专项第六主题《水体污染控制与治理战略与政策研究》第三项目《水体污染控制政策创新与示范研究》项目下设了《水污染防治信息公开和公众参与制度及示范研究》课题，课题通过政策顶层设计、政府信息公开与企业环境管理的相关性研究、公众参与（包括非政府组织）水环境保护研究，具体在浙江、太湖流域进行了政府信息公开、企业信息公开、公众参与模式的案例试点，促使相关的政策研究落地；并在我国水环境信息公开与公众参与领域创新性的开展了综合平台建设。

本书（两册）为课题的主要成果，《环境信息公开与环保公众参与制度研究》从制度层面介绍了相关的研究和建议，包括课题概况、环境信息公开与公众参与的国际经验、我国环境信息公开制度框架、我国公众参与环境保护相关制度以及课题研究结论和政策建议等 5 章；《环境信息公开与环保公众参与实践》则从试点和平台角度阐述了典型模式、地方实践和平台建设内容，包括自愿环境管理手段研究、上市公司环境绩效评估与信息公开制度、太湖流域环境信息公开与公众参与试点研究、环境信息公开与公众参与平台建设等 4 章。

在推进环境信息公开体系与机制发展方面，针对政府环境信息公开，通过建立指标体系并市级政府环境信息公开现状的评估，建议推行“政府环境信息官”试点；设置“环境信息公开评审小组”，实施政府环境信息公开管理机制；破除意识桎梏，将信息公开指标纳入地方干部考核体系；创新信息公开方式，加强地方信息公开能力建设。针对企业环境信息公开，建议强化企业环境监督员职责；协会引导建立诚信体系平台；建立将企业环保信息纳入企业征信系统的工作机制。针对自愿环境管理手段，建议其路线图为，提升自愿性清洁生产的企业数量，广泛推行环境标志，逐步建立和完善企业自愿实施的 ISO14001 环境管理体系，全面普及和推广自愿环境协议，广泛推行企业环境报告书制度，逐步实现我国以行政管理手段为主的管理模式向经济手段和自愿管理手段的过渡。针对上市公司的环境信息披露与绩效评估，建议进一步规范上市公司环境信息披露内容；健全环保与证券部门的合作机制；加强环境会计立法，出台《上市公司环境信息披露管理办法》；加强环境会计理论研究和加强环境审计的立法工作，建立并完善环境审计准则；建立完善上市公司环境信息系统和加强上市公司环境绩效评估结果应用。

环保领域的公众参与，目前迫切需要从整体管理框架体系、法律诉讼、社会组织参与、利益相关人全程参与等方面对相关公众参与模式进行补充。针对环境公益诉讼制度，建议在立法形式上单独设立该制度；原告的资格标准应放宽，范围应扩大；设置行政程序先置，也可规定公民在履行告知义务的同时，向有关行政主管部门请求行政救济；违法者承担民事责任的形式可包括停止侵害、消除违法行为对环境资源的影响或罚金等。针对社会组织参与模式，应加强和完善环保非政府组织自身的组织建设；政府要积极引导非政府组织参与环境保护，与其建立合作伙伴关系，加快环保非政府组织的法制化进程；建立科学、合理的监督和评估机制；政府、企业和非政府组织建立合作联盟。针对以公众社区为基础的参与模式，应循序渐进，采取先易后难的步骤开展试点；促进在社区环境圆桌会议的实施中纳入更多的利益相关者；将社区环境圆桌会议普及化，保证政策设计上的有效性和使其发挥务实作用。

国家层面的水环境信息公开和公众参与平台（http://www.92cy.org）于 2010 年正式上线，该平台利用 Arc GIS Server 平台实现了水环境质量、水环境污染控制绩效（行为）信息数据同空间信息数据相结合的 Web 发布；并采用微软推出的 Silverlight 技术，丰富了展现效果、提升了用户体验。通过政府、企业环境信息公开，促进政府、企业和公众的多向交流；同时，公众可将意见或建议通过该平台提交给政府，政府将相关信息反馈企业和公众。试点层面的浙江水污染防治信息公开和公众参与信息平台（http://www.zjepb.gov.cn/shj）可提供水污染防治信息方面的数据采集上报、发布、查询检索、下载，交流互动等服务，将目前分散在各部门的水污染防治信息按照规范标准进行处理、转换和入库，集全省所有水污染防治信息于一体，平台有效支撑了浙江省政府水污染防治信息公开与公众参与工作开展，试点成果已得到了浙江省环境保护厅实际应用。

本书构建了我国水环境信息公开和公众参与的政策框架，起草了重点公众参与制度的技术指南，并以自愿环境管理手段、上市公司环境信息披露和社区圆桌对话为重点开展研究；阐述了国家和浙江省水环境信息公开和公众参与信息平台设计方案，其主要建议为环保部相关文件的出台提供了支持，得到了有效应用。其中，《环境信息公开与环保公众参与制度研究》第 1 章由周国梅、李霞撰写，第 2 章由李霞、周军撰写，第 3 章由周军、李霞撰写，第 4 章由李霞撰写，第 5 章由周国梅、周军撰写；《环境信息公开与环保公众参与实践》第 1 章由俞海、周国梅撰写，第 2 章由蒋洪强、周军撰写，第 3 章由葛俊杰、周军撰写，第 4 章由曾维华、方莹萍、周国梅撰写。周国梅、周军进行了全书统稿。

本课题在研究过程中得到了水专项办公室、地方试点（浙江、太湖流域）环保部门、浙江省环境信息中心、南京大学、中国政法大学、中华环保联合会等相关机构和科研院所的指导和支持，在此一并感谢。由于作者水平有限，本书错漏缺点在所难免。希望读者提出宝贵意见。

目 录

第 1 章 自愿环境管理手段研究 1
1.1 自愿环境管理的概念与外延 1
1.2 国际自愿环境管理经验对中国的借鉴与启示 5
1.3 中国自愿环境管理的现状与问题 7
1.4 中国自愿环境管理手段的实施绩效：基于水环境领域的案例分析评价 14
1.5 水环境保护自愿管理手段的总体发展战略框架与路线图 31

第 2 章 上市公司环境绩效评估与信息公开制度 43
2.1 实施绿色证券政策的重要意义 43
2.2 国内外研究与实践进展 46
2.3 上市公司环境绩效评估 62
2.4 上市公司环境信息披露 81

第 3 章 太湖流域环境信息公开与公众参与试点研究 96
3.1 社区环境圆桌会议的理论基础 96
3.2 社区环境圆桌会议实施方法与实践 100
3.3 基于太湖流域水环境信息公开和公众参与的调查问卷分析 109
3.4 政策建议 119

第 4 章 环境信息公开与公众参与平台建设 121
4.1 国家水环境信息公开与公众参与信息平台建设目标和技术路线 121
4.2 国家水环境信息公开与公众参与信息平台系统需求分析 121
4.3 国家水环境保护信息公开平台系统设计与实现 143
4.4 国家水环境保护公众参与平台设计与实现 166
4.5 浙江省水环境信息公开平台建设 180
4.6 存在问题 212

附件 1 上市公司环境信息披露指南（研究建议稿） 214
附件 2 江苏省社区环境圆桌会议实施办法（试行） 220
参考文献 223

第 1 章　自愿环境管理手段研究

与主要发达国家相比，我国的自愿环境管理发展还处于初步阶段，这是由我国环境管理仍处于政府管制为主的阶段性特征决定的。普遍的观点仍然是“发展经济靠市场，保护环境靠政府”，现行的管制手段不仅耗费大量社会成本，而且在管理效率上也不尽如人意。政府同时处于经济发展与环境保护的主导地位，往往由于发展经济的优先需要，难以有效配置有限的环境资源，出现政府失灵情况。目前，国内环境管理中的许多问题，可以通过引入自愿环境管理手段来优化完善。因此，在当前的形势下，有必要针对自愿环境管理展开研究，通过借鉴国内外自愿环境管理的经验教训，研究和挖掘我国自愿环境管理的典型案例和成功经验，评估当前我国自愿环境管理手段的实施情况与实施效果，深入分析我国当前自愿环境管理存在的主要问题。在此基础上，制定并设计我国自愿环境管理发展的战略框架和路线图，并提出相关的政策建议，为推动我国自愿环境管理实践工作的开展提供理论和技术支持，为政府与社会找到更低成本的环境管理方式提供依据。

本章主要通过结合国内已有的工作，系统回顾和评估我国自愿环境管理手段实施的宏观绩效和存在的主要问题；评估自愿环境管理手段对企业水污染物减排的微观绩效，分析影响企业选择自愿环境管理手段的因素，提出我国自愿环境管理手段国家总体发展战略框架与路线图，为我国自愿环境管理手段的发展和实施提供参考和借鉴。

1.1　自愿环境管理的概念与外延

1.1.1　国际上对自愿环境管理的定义

自愿环境管理（Voluntary Environment Management，简称 VEM 手段），其最初的形式是工商界发起的、以保护环境和资源为目的、得到社会响应并由各类组织或个人自愿参与的自愿环境章程行动。广义上，所有由不止一家企业、行业发起的有目的的自愿行动计划，只要有相应的章程，有企业参与、社会认可，就属于自愿环境章程范畴。用来描述自愿环境章程和行动的术语有很多，其中包括：环境宪章、环境章程、环境指南、环境实践准则、环境道德准则和环境承诺等。在不同表述下，这些自愿性章程都具备以下特点：一是具备非法规要求的承诺，这些承诺一般高于法规要求；二是获得一个或多个个人和组织认可；三是它们是为影响、塑造、控制参与者行为并使行业标准化而设计；四是它们将被以一致的方式应用或取得一致的结果。自愿章程发展到自愿环境管理，可以追溯到 1992 年在里约召开的联合国环境与发展大会，以及会上多位国家首脑批准的《21 世纪议程》。各国元首在发出可持续发展呼吁的同时，深切意识到单靠政府强制性手段不足以解决全球环境问题，要靠工商界领袖的远见卓识来推动自愿环境管理，以及包括工商各界在内的社会各相关方共同参与。在此之后，自愿环境管理进入了快速发展阶段，逐步形成了一种管理形式和一系列的管理手段。

1.1.2 自愿环境管理的涵义与特征

从西方国家的自愿环境管理的发展历程来看，自愿环境管理可以被定义为：由各类国际组织（如 UNEP、ISO、国际商会）工业协会发起的、在法规要求之外，旨在推动排污方改进环境行为的各种自愿性环保宪章、环保行为准则、环境管理标准等。自愿环境管理起源于自愿环境章程，又比环境章程的范畴更广泛。除了基于保护地球资源环境的目的外，它也具有自愿章程的 4 个要素：高于法规的承诺、获得社会认可、标准化的约束机制、统一的行为模式。

自愿环境管理的管理主体不再仅仅局限在政府，而且还包括参与行动的企业、社会团体和个人，其主要具备以下几个特征。

（1）遵循自愿性原则

自愿环境管理不是靠法律或者其他强制性手段所驱动的，而是工会组织及参与企业通过内部约定自发形成的，是一种社会对环境资源稀缺的价值观、爱护地球环境的意识形态、逐渐递增的环境支付意愿以及各种相关伦理道德等社会非正式规则的表现形式。企业可以根据自身特点，制定符合自己发展规律的环境管理方案，很好地解决管制性环境管理缺乏灵活性的弊端。而且，自愿环境管理能比较好地解决环境与生态保护中，超出法规要求之外、排污标准约束不了、但社会公众和政府又迫切希望企业能进一步改善的环境问题。

（2）能够有效降低社会环境治理成本

自愿环境管理是企业自发采取的环境管理措施。作为经济主体，为了达到效益最大化，企业会从全局的角度出发，采取削减污染物的最小成本方案，例如引进新技术、改良生产工艺等，而不是简单地进行末端治理。污染者自愿的内部污控管理将比政府强制性的规制手段效率更高，而控制成本和交易成本更低。另外，基于双赢理念，这一制度形式通过引入政企之间的技术与信息共享、谈判协商机制等方式，使制度的制定与实施过程充分反映了政府与企业双方的诉求，部分解决了由于信息不对称而导致的决策低效问题，有利于减少政企博弈所导致的较高交易成本。

（3）以利益相关方的协商合作为基础

自愿环境管理使污染者承担了主要的污染治理成本。在达到法规和政策要求之后，污染者甚至可能自发地付出更高费用以进一步改进环境行为。这既有社会、政府、公众的压力，也有企业实施自愿环境管理带来的经济与市场效益激励，它的有效运作将会满足各利益相关者的相关利益诉求。这一过程不是污染者单方面的自觉行动，而是各利益相关方共同协商、合作和作用的结果，是以政府、企业、公众与社会各界的合作伙伴关系和环境责任共同分担机制为基础的。

1.1.3 自愿环境管理手段的主要类型

与传统管理手段相反，自愿环境管理的主体由政府变换为工业协会和参加行动的排污企业。Khanna（2001）认为有四种环境自愿管理手段类型：①管理者和工业协议型；②由管理者或第三方组织的公众项目，个人企业参与；③将收集或散布的参与者的环境行为进行公开揭露；④企业的单方面承诺。目前国际上对自愿环境管理手段的划分主要是基于广义上的范畴，即企业主动作出提高能源利用率和减少污染排放量的承诺。根据政府部门参与的程度不同，自愿手段可以划分为单方承诺、公共机构开展的自愿项目和自愿环境协议三类。

（1）单方承诺

单方承诺即由企业自己主动设计和实施环境保护的目标和措施，并通报各相关利益人，可以由企业联盟共同作出，也可以由单个企业作出，政府对于企业的单方承诺也应给予政策上的支持和优惠。在欧盟国家，以单个企业作出承诺的形式较为常见，许多大的企业开始制订和实施公司环境计划。工业行业集体性的环境承诺多采取制定行为准则、环境规章或指导方针的形式。日本的凯单仁计划即属于完全单方面的承诺，没有任何公共机构的参与。

（2）政府开展的自愿项目

中央或地方政府有关部门设定好一定的加入条件和行为标准（包括对企业个体的资格审查、企业须遵守的标准、监督审计和效果评估），予以公告，由企业来选择是否参与。政府部门可以提供一些激励措施如补贴、技术支持、宣传或颁发环境标志等来鼓励企业参与和更好地执行该项目。丹麦政府通过能源司与工业部门签订了许多约束性协议来抵消环境税收。一旦达成协议，公司就可以减少税费，如果协议没有执行，企业就要补交曾减少的税费。

（3）自愿环境协议

除了上述手段之外，自愿管理还有一种特殊形式，即自愿环境协议（Vo1 untary Environment Program，简称VEP），也被称为VEA（Vo1 untary Environment Agreement）。VEA式环境管理是指通过自愿协议的方式建立政府与企业、企业与企业间、企业与其他组织间的相互制约关系，旨在促进企业或行业改进其环境管理行为，改善环境质量或提高资源的利用效率的方法或政策工具。普遍认为，通常所使用的“自愿”这个词语并不能够反映出许多协议的真实性质，它涵盖了不同种类的协议，从自愿“行为准则”到法律约束协议。目前使用广泛的定义为企业、政府和（或）非盈利组织之间的一种非法定协议，它旨在改善环境质量或提高自然资源的有效利用。按照欧盟环境部的定义，环境协议是指“由多数业者或业者协会与政府机关协商并受其认可之承诺”。而《气候变化框架公约》专家委员会则将环境协议定义为“为促进社会期待的目标，在政府鼓励之下企业为自身利益自愿与政府签订的环境协议”。

本研究认为，自愿环境协议是由政府（中央或地方政府）有关部门与工业行业或企业经过协商，旨在达到节能减排和保护环境目的而签署的企业自愿减排协议。与前两项自愿手段不同的是，协商性协议的内容不是由工业企业或者政府机构单方制定的，而是经过双方反复磋商达成的，体现了双方协商之后共同的意志。在自愿手段的三种类型中，协商性协议是欧盟国家应用最多最广的一种。日本的自愿方法，除了凯单仁计划是单方承诺外，其他基本上都是协商性协议，即企业与地方政府之间的污染控制协议，目前日本这类协议已经有3万多份。在美国，很大数量的VEA是针对全球气候变化的。和传统的命令式的政策工具相比，VEA具有诸多优势，如能减少交易成本、加速环境目标的实现。和税收以及总量控制、排污交易政策等手段类似，VEA 能给工业界提供更高的灵活性，且对各种不同的具体情况有更好的适应性。参与企业能从技术支持、信息获取以及公众认知等方面获益。VEA 参与企业有责任实现约定的环境目标，但不会因不作为而受到处罚。甚至对于行业单方面发起的 VEP 来说，不履责可以成为企业为维护自身利益的手段，因此企业具有更高的参与积极性。

上述三种自愿环境管理手段为广义上类型划分，从狭义上来看，自愿环境管理手段又可以以具体的制度、政策或工具来划分。主要包括 ISO 14001 环境管理体系标准；清洁生产；环境标志；欧盟的 EMAS；化工行业的“责任关爱行动”；石化行业的“职业健康安全与环境管理体系”（HSE）等。其中 ISO 14001 认证是近年来发展最快，也是规范最清晰，以 ISO 国际标准方式发布的自愿环境管理标准。由于 ISO 14001 环境管理体系标准的广泛适应性，不仅有效兼容了以往各种自愿环境管理手段内容，而且对于强制手段、经济手段、教育手段还具有强化作用，已经成为各国发展最快的自愿环境管理手段。

1.1.4 中国对自愿环境管理的定义

20 世纪 90 年代以来，在西方工业国家大量出现的环境自愿章程（行动）种类繁多，欧洲、美国、日本等工业发达地区和国家都在联合国环境署和世界银行等国际组织推动下，在环保组织、工业协会以及公众参与下，发起了一项项工业自愿章程，仅加拿大一国就有 90 多项正在实施的自愿性环境章程。借鉴国外经验，结合自身国情，我国早在 20 世纪 90 年代开始便运用自愿手段进行环境管理的研究和尝试，以弥补现有环境管理手段的单一性。

目前我国主要从狭义的角度对自愿管理手段进行划分。主要包括已经得到长期推行的 ISO 14001 环境管理体系、清洁生产、环境标志认证等，并将节能减污自愿协议、环境友好型企业认证等也纳入了自愿管理手段的范畴。这些活动的目的都是实现节能减污，保护环境，主体都是企业，方式都是基于自愿（按规定须进行强制清洁生产审核的除外）。它们可以互为手段，相辅相成，自愿协议的目标可以通过清洁生产来实现，环境标志和环境友好型企业的授予可以作为对企业完成协议目标的认可和奖励。

1.1.5 自愿性管理手段的优势与不足

自愿环境管理的优势是自愿性，污染控制从“要我做”变成“我要做”，从而大大降低因政府与排污方信息不对称造成的“道德风险”，降低政府在推动污染控制计划、监测和不断修订统一标准的交易费用和监督执法的制度成本，促进了企业防治污染、生态保护工作的落实。采用自愿形式的环境管理对企业深化环境与资源管理、对保护社会公众和消费者环境权益有显著的社会效益。

首先，自愿环境管理能比较好地解决环境与生态保护工作中，超出法规要求之外、排污标准约束不了、但社会公众和政府又迫切希望企业能进一步改善的环境问题。其次，对促进公众更加了解情况，加强自愿管理参与者与公众的相互交流，达到保护公众利益和促进公众对章程参与者的信任，具有显著的效果。最后，自愿环境管理在激励公众参与环境与生态资源保护、强化社会监督、促进环境立法、维护公众环境权益上，具有十分明显的调动积极性的作用。

对于公司和组织而言，参与有效的自愿环境管理，将给自己带来多重收益。首先，提升公司原有的环境管理模式：由末端治理向过程控制转变。其次，自愿性章程鼓励组织采用有效的操作，减少企业生产过程、服务以及产品中对社会、经济、环境的负面影响。这一方面直接促进企业节能降耗，从源头减污，提高资源材料的使用效率，从而直接增加公司的边际收益；另一方面也使公司或组织更受公众、消费者、政府及其他的相关方欢迎，并可能在减少新法规造成的压力方面有更多的益处。此外，自愿环境管理可以帮助维持或增加市场份额。大部分工业自愿性章程的目的之一都与提高参与者市场地位有关。因此，自愿章程的设计通常都以市场为归依，迎合消费者的偏好，符合社会主流价值观。另外，自愿环境管理能提高参与企业对社会负责任的公众形象，从而建立起与各相关方的良好联系，帮助吸引或保持高素质的员工队伍，激发他们的凝聚力和生产积极性，对提高企业环境文化和整体管理水平都有积极功能。

对于政府来说，自愿环境管理的益处也十分明显。首先，自愿环境管理可以通过非法规的手段来深化公共政策的目标，解决政府法规贯彻不到的问题。对所有政府涉及环境管理的行政活动进行规范化管理，使政府在经济发展决策中融入对环境、资源、生态保护的考虑，实施战略环境影响评价，从而很好地深化了政府公共政策的环境保护目标。其次，自愿环境管理可以补充或扩展传统法规的领域。自愿环境管理与政府管制手段相比灵活度高，可以比法律法规更迅速地设立和调整标准，并且费用更低；可以协助建立对于某项公共管理合适的法律标准；还可以超越法律规定的最低标准，克服管制制度造成的鼓励末端治理的短期效应。再次，自愿环境管理鼓励企业实施自我管理和与政府分担责任，有利于形成相关方广泛参与的环境管理社会制衡机制。能有效缓解政府在监管过程中信息不对称、人力财力紧张的状况。政府环境行政主管部门可以集中有限资源做好重点污染源监控和区域生态环境的规划。

虽然自愿环境管理有诸多有利之处，但在制定和实施中也存在着一定的局限性。首先，不能处罚那些一贯忽视自愿环境管理或者表现很差的参与者。对于一个工业协会来说，强迫它的会员们遵守自愿环境管理是一件比较困难的事情。更多的情况是，参与企业往往关注的是认证证书而忽略自愿环境管理的承诺和实施，从而使自愿环境管理在实践中出现泡沫。其次，自愿环境管理可能是反竞争的，或被用来从事共谋的行动。根据发达国家通常的竞争法案要求，自愿环境管理或其他安排不能造成对竞争实际上的削弱，阻碍不参加自愿环境管理的公司进入市场，以显著提高价格、减少服务、限制产品选择等方法对消费者实施负面影响。虽然，造成某种程度的差别竞争是自愿环境管理社会评价的后果，是对“搭便车”行为的否定，但是差别在于形成这些差异不应是自愿环境管理的目标。最后，不能确保全球的一致应用以及统一层面上的评估协调。自愿行为准则的执行，需要与地方文化、社会经济和环境氛围相协调，这就意味着，不同地方对某项准则的应用是不尽相同的。这种情况为自愿章程在国际间的互认造成很多障碍。例如环境标志的国际互认上，各国对产品环境性能标准存在着文化和技术的巨大差异。

1.2 国际自愿环境管理经验对中国的借鉴与启示

关于自愿环境管理在发展中国家是否适用的问题，一直存在争议。支持者认为，自愿环境管理手段能规避传统的强制手段在环境管理中的阻碍，同时也能增强监管方和企业双方的环境管理能力。而反对者认为，自愿环境管理手段需要有强有力的强制性管理体制的支持，因此在强制性管理较弱的发展中国家，自愿环境管理手段就可能失效。环境管理作为企业管理不可分割的一个组成部分，在西方主要工业国家早已形成，只是以不同的方式存在。自愿环境管理作为系统化规范化的自愿章程形式，逐渐替代单个企业的管理模式成为供社会相关方统一评价的方式，是工业环境管理发展到成熟阶段的产物，并成为发达国家政府环境管理的基础，这是我国下一步要努力的方向。对于在我国刚处于萌芽状态的自愿环境管理，要取得发展需要在政企相互信任的互动中逐渐深入。国际上的经验对我们有以下几点启示。

（1）开展自愿环境管理需要建立政府和企业的良性互动关系

在欧美、日本和荷兰，企业与政府之间的关系从开始的被动消极抵触到现在的基于信任基础的管理，变化的根本原因在于企业自愿实施了有效的环境管理体系，建立了替代政府的内部约束机制，从而为双方的信任关系提供了基础。从这个意义上说，工业行业的自愿环境管理只是开始，只是企业单方面的行动，它需要政府这一方在条件成熟时适时互动作出调整，改变传统的命令控制模式，才能过渡到基于相互信任的政府与企业的关系，建立全新的环境管理制度。而我国由于企业管理层次差别大，有针对性地实行差别政策，在一些行业或区域率先实施基于 ISO 14001 的企业环境管理和以协商为主的管理模式，可以为整体管理制度的演进提供切实可行的示范，成为政府与企业之间信任关系的基础。

（2）开展自愿环境管理需要建立适合国情的企业环境管理标准和体系

从各国对待环境管理标准的不同政策可以看出，政府和企业的决策是以该国该企业的“国情”决定的，重要的是自愿环境管理的内容而不是它的形式或认证。以石油化工行业为例，存在着 HSE 行业标准（职业健康，安全，环境）责任关注计划（Responsible Care）以及 ISO 14001 国际标准等行业自愿性标准。大部分石化行业的企业选择了 HSE 行业标准，因为它更适合石化行业企业的实际。但在不同国家，有些石化企业参与了两项甚至三项标准。美国公司因为较少受到贸易保护主义的困扰，因此往往选择建立自愿环境管理体系但却不进行认证，这也是美国获得认证企业低于欧洲和亚洲的一个原因。相反，亚洲包括出口依存度很高的日本，为取得“通行证”则往往重认证而轻自愿管理的真正落实。欧洲国家企业即使没有 ISO 14001 标准，也都建立实施各自的管理标准。因此，在我国推行自愿环境管理时，更应注重实效，重在建立有效的管理体系，而不是只看通过认证的数量。

（3）自愿环境管理在推进初期需要政府的试点推动

自愿环境管理是一种不同于政府管制的服务行为，发达国家的政府组织的积极介入，说明自愿管理标准对政府与企业的环境管理以及贸易竞争环境有重要影响，我国应从战略高度重视，通过在重点地区试点示范，推动自愿环境管理手段的发展。

（4）开展自愿环境管理需要企业在环境保护中承担主要责任

开展自愿环境管理，需要企业不断提高环境责任和环境道德意识，只有企业对环境保护和资源管理的态度从根本上产生变化，才能实现企业环境管理从被迫到自愿的转变。荷兰政府与企业协商合作的模式，为中国未来环境管理指明了方向。另一方面也应看到，荷兰的环境管理从命令控制走到今天的合作模式，经历了很多的困难，在模式转变中对原有的法规框架进行大量修改，这耗费了很多的精力和时间，现在有些障碍也还未全部克服。

对现在还处于以命令控制手段为主要管理手段的国家，最重要的挑战是要尽可能地缩短从命令控制手段到经济手段，再到自愿手段过渡的这段时间。这就要求现在就开始在命令控制为主的框架下尝试新的管理方式，鼓励在自愿环境管理基础上试行各项自愿环境管理制度。

1.3　中国自愿环境管理的现状与问题

1.3.1　中国自愿环境管理手段的实践进展

作为发展中国家，我国政府遵循实事求是、逐渐引入的原则，对自愿环境管理也给予了高度的重视。多年来，自愿环境管理在我国取得了一定的进展，对我国环境管理的发展起到了一定的推动作用。目前，对我国较有影响且开展较早的自愿环境管理手段主要有产品的生命周期环境影响分析、清洁生产、环境标志、环境管理体系，以及近年来开展的自愿环境协议等（表 1-1）。

表 1-1　主要自愿环境管理手段在我国的实施情况

自愿环境管理手段	实施时间	实施进展	主要问题
环境标志	1993 年开始	已经发展到 97 大类，已有 2 000 多家企业生产的 40 000 多规格型号产品获得中国环境标志认证	参与认证的企业、列入标志的产品类别较少，国际互认存在障碍，三型环境标志目前无法接受认证
生态管理审核体系	尚未实施	尚未实施	尚未实施
清洁生产	1993 年开始，2003 年进入加速发展阶段	2003—2009 年全国共有 12 650 家工业企业开展清洁生产审核	依赖国家资助的政府行为，企业的主动性较差，自愿清洁生产比例低
企业环境报告书	2005 年开始	2006 年以来取得重大进展，发布环境报告的数量突飞猛进，并在 2007 年度达到最多的 36 家	公布的企业数量太少、提供的企业环境信息少、缺乏环境保护目标的定量描述、可信性和可比较性低
ISO 14001 环境管理体系标准	1997 年开始	截至 2010 年，全国 ISO 14001 认证证书已逾 5 万张	过度注重认证形式而忽略了体系的持续改进
自愿环境协议	1999 年开始	已在多地展开试点，相关研究和实践探索正在积极推进	认识不充分、实施范围有限、实施形式单一、实施保障不够

在环境管理体系和生态标志产品上，我国于 1993 年开始实施环境标志计划，1994—2005 年期间，中国产品环境标志认证委员会对 800 家企业进行了评估，1.2 万种产品被授予各种环境标志。我国在 1997 年开始全面探索环境管理体系国家认证制度，截至 2010 年，全球已发出 ISO 14001 认证证书近 20 万张，中国 ISO 14001 认证证书已逾 5 万张。在清洁生产方面，我国在 2003 年开始执行《清洁生产促进法》，由 40 家清洁生产中心提供支持，全国公布的应当实施清洁生产审核的重点企业数量从 2004 年的 117 家增加到 2008 年的 2 789 家，开展清洁生产审核的重点企业数量从 77 家增加到 2 027 家。自愿清洁生产审核逐步开展。据不完全统计，2003—2009 年全国共有 12 650 家工业企业开展清洁生产审核。

以江苏省为例，开展自愿清洁生产审核的企业达到 4 530 家，占全省规模以上工业企业的 9.4%。自愿环境协议方面，2003 年 4 月，山东省政府和济南钢铁集团总公司、莱芜钢铁集团有限公司签署节能自愿协议，标志着我国已正式开始实施自愿协议试点。同年 11 月份，青岛市的 15 家企业与当地政府签订了节能自愿协议，截至 2007 年，山东省已有 51 家企业签署节能自愿协议。

1.3.2 环境标志

中国“环境标志”图形（即“十环”标志）由原国家环保局在 1993 年发布。经过近 20 年的发展，中国环境标志认证从无到有，从小到大，从弱到强，已形成了完整的认证体系、严格的标准要求、完善的认证流程，取得了巨大成就。特别是 1999 年，ISO 先后颁布关于环境标志的 ISO 14020 系列标准，我国在 2001 年相继同等转化了该系列标准，包括 ISO 14021（自我环境声明标准）、ISO 14024（环境标志标准）等，建立了与国际接轨的环境标志产品认证体系，为我国环境标志工作的开展确立了基本原则，奠定了思想基础。目前，中国环境标志已经围绕环境履约、可再生回收利用、改善区域环境质量、改善居室环境质量、保护人体健康和节约资源、能源六大类产品开展了认证工作，到目前为止，中国环境标志已经发展到 97 大类，涉及汽车、建材、纺织品、电子产品、日化产品、家具、包装制品等行业，已有 2 000 多家企业生产的 40 000 多规格型号产品获得中国环境标志认证，形成了 1 000 多亿元年产值的环境标志产品群体，成为中国社会选择绿色产品的重要依据。中国环境标志产品已经成为广大企业和消费者优先采购的产品，成为引领中国绿色产品消费的风向标。

环境标志管理中目前存在的问题主要为：一是由于国内绿色消费市场还未成熟，企业参与环境标志的市场收益不明显，导致参与认证的企业较少；二是能够列入标志的产品类别还是太少，只有 97 类，同类产品的环境性能与发达国家环境标志标准存在距离，因此，在国际互认上还存在较多的障碍；三是国家主管部门一直未启动第三型环境标志，刚刚启动二型环境标志，使得有强大市场需求的二、三型环境标志缺乏相应的实施指南，目前仍无法接受认证。

1.3.3 清洁生产

作为一项自愿环境管理活动，清洁生产得到了政府高度的重视，因为它的理念是源头治理、改进工艺和在原料、过程、产品上达到“清洁”。政府在推动清洁生产中的作用分为四个方面：企业示范；培训；机构建设；法制建设。

自 1993 年年初我国开始清洁生产试点示范和相关研究以来，各地进行了不断的探索和努力，取得了一定成绩。但是，企业推行清洁生产的积极性并不高，清洁生产审计成果的持续性也较差，本来是自愿性的工业行为却变成依赖国家资助的政府行为，成为政府资金推动下的工业减污行为。究其原因有：一是清洁生产本来是一项自愿性的环境管理活动，是联合国环境署发起响应可持续发展的工业行动，本身并没有严格的实施指南和统一的评价标准。当中国政府响应这一倡议并在国内推广时，政府就成为清洁生产的实际参与者和实施者，承担由此出现的各项投入和效果，而企业则成为被动的参与组织。因此，这类政府主导的自愿环境管理活动在开始时就改变了倡导者的初衷，扭曲了自愿性章程的本来性质。二是清洁生产是相对的概念，没有绝对的“清洁”标准。因此，很难被纳入到国家经济结构调整、结构性污染治理及区域性环境整治中，缺乏深入推进清洁生产的激励政策。三是缺乏市场驱动机制。目前清洁生产的发展以供给驱动替代了需求驱动，未能营造出良好的清洁生产市场，企业的主动性较差，一旦政府投入减少，清洁生产项目就陷入停顿和半停顿状态。

1.3.4 ISO 14001 环境管理体系标准

ISO 14000 是一个系列的环境管理标准，该系列标准共分 7 个系列，其编号为 ISO 14001—14100。ISO 14000 系列标准，标准号分配如下：环境管理体系（EMS）14001—14009；环境审核（EA）14010—14019；环境标志（EL）14020—14029；环境行为评价（EPE）14030—14039；生命周期评估（LCA）14040—14049；术语和定义（T&D）14050—14059；产品标准中的环境指标 14060；备用 14061—14100。

在 ISO 14000 系列标准中，以 ISO 14001 环境管理体系标准最为重要，因为 ISO 14001 是企业建立环境管理体系以及审核认证的最根本的准则，是一系列随后标准的基础。环境管理体系是全面管理体系的组成部分，它要求组织在其内部建立并保持一个符合标准的环境管理体系，体系由环境方针、规划、实施与运行、检查和纠正、管理评审 5 个部分的 17 个要素构成，通过这些要素的有机结合和有效运行，使组织的环境行为得到持续的改进。目前，国际、国内所进行的 ISO 14000 认证是指对企业环境管理体系的认证，企业取得的是 ISO 14001 认证证书。

和其他自愿章程在中国受到冷落相比，ISO 14001 从一开始就受到中国企业的关注。促使企业积极寻求认证的动力，一是对出口可能遭遇绿色壁垒的顾虑；二是跨国公司总部的要求。中国政府在推动这项自愿标准方面主要做了以下几个方面的工作：

（1）参与标准的制定和转化

从 1993 年 ISO/TC 207 成立起，中国作为主要成员国每年都派团参与 ISO14 000 系列标准的制定工作，改变了过去国际标准都由发达国家制定我国被动执行的局面，并在标准颁布后迅速等同转换为国标。

（2）设立机构宣传推动试点

在全国范围内开展了环境管理体系认证试点工作。试点企业涉及机械、轻工、石化、冶金、建材、煤炭、电子等多种行业及各种经济类型。原国家环保总局还在全国 13 个试点城市开展了 ISO 14000 标准的试点工作，探索在城市和经济技术开发区建立环境管理体系以及推进区域实施 ISO 14000 系列标准的政策和管理制度。

（3）成立国家认证认可管理机构，对第三方认证进行行业规范

1997 年 4 月，国家技术监督局将 ISO 14000 系列标准中已颁布的前 5 项标准等同转化为我国国家标准，标准文号为 GB/T 24000—ISO 14000。具体内容分别为：GB/T 24001—ISO 14001《环境管理体系—规范及使用指南》；GB/T 24004—ISO 14004《环境管理体系—原则体系和支持技术通用指南》；GB/T 24010—ISO 14010《环境审核指南—通用原则》；GB/T 24011—ISO 14011《环境审核指南—审核程序—环境管理体系审核》；GB/T 24012—ISO 14012《环境审核指南—环境审核员资格要求》。1997 年 5 月国务院办公厅批准成立了中国环境管理体系认证指导委员会，负责指导并统一管理 ISO 14000 系列标准在我国的实

施工作。同时，积极参与国际同行 IAF 国际认可论坛和 PAC 亚太认可协会活动，尽快实现国际互认。

应该说，中国政府在推动 ISO 14001 所采取的措施是得力的，并取得了国际认可。全国获证企业数量近年来出现了迅速增长的情况。与清洁生产相比，ISO 14001 环境管理体系的实施取得比较明显的成功。一是它不用国家投资而完全靠市场的推动，保持了自愿环境管理的本质。二是从参与实施企业的体系运行记录看，大部分获证企业都在环境绩效上取得了成果，并制定出持续改进的目标。三是大大提高了企业作为环境管理主体的意识，推动企业开始认真从产品生命周期来规划企业的环境资源战略。四是参与 ISO 14001 认证的企业其环境问题的透明度逐渐增加，减少了监管中的信息失真，改善了同监管部门的关系。

ISO 14001 环境管理体系标准在具体的推广过程中存在的问题主要表现在过度注重认证形式而忽略了体系的持续改进。应该说，市场竞争和压力既是 ISO 14001 在中国成功推动的动力，也是上述存在问题的根源。如果没有国际社会对我国企业的出口准入的市场要求，ISO 14001 的发展将不是今天的状况。另一方面，受到国际贸易保护主义威胁的我国企业，又很需要一张“绿色通行证”，这使得目前这项自愿环境管理活动中开始出现“泡沫”。

1.3.5 自愿环境协议

自愿环境协议目前广泛使用的定义是指通过自愿协议方式建立政府与企业、企业与企业、企业与其他组织间的相互制约关系，旨在促进企业或行业改进其环境管理行为，改善环境质量或提高自愿利用效率的方法或政策工具。

自 1999 年 10 月开始，中国开展了节能自愿协议项目，该项目是中国可持续能源项目“建立中国节能法规基础体系项目”的子项目，得到了美国能源基金会的资助和美国劳伦斯伯克利实验室的技术支持，由原国家经贸委与美国帕克德基金会和能源基金会共同实施，由中国节能协会具体组织项目实施，2002 年，中国节能协会以及中外专家一起调研和分析了中国的钢铁、有色金属、建材、化工、石化等重点耗能行业，并对山东、上海、江苏、辽宁、河北等省市进行对比分析，最终选择在山东省的钢铁行业开展自愿协议政策试点。2003 年 4 月在山东济南市，山东省经贸委与济南钢铁厂和莱芜钢铁厂签订了首个节能环境协议，标志着我国已正式开始实施自愿协议试点。

2005 年，欧盟委员会亚洲环境支持项目“自愿协议式方法在中国工业环境管理中应用的可行性研究”在南京选取了 29 家企业作为自愿协议试点，进行自愿协议试点意愿调查，分析在中国实施自愿协议的基础，探索在中国开展自愿协议式环境管理的可行性。

2005 年，由国家发展和改革委员会、联合国开发计划署、全球环境基金共同发起的中国终端能效项目旨在克服中国在主要能耗部门（工业和建筑）能源利用效率的障碍，促进能效水平的提高，支持中国建立一个可持续的、基于市场的、提高能效的机制，完善综合有效的节能政策法规体系，加强中国在市场经济体制下推动节能的能力。该项目为一个 12 年规划性项目，分四期执行，目前执行第一期，项目包括工业、建筑、跨行业、监督与评估四大部分。在工业部分中，自愿协议是比较重要的一项内容。自愿协议的近期项目目标是在中国的钢铁、水泥、化工三个行业，每个行业选择至少两家企业签订自愿协议。目前，与自愿协议有关的子合同招标已经完成。

2007 年，南京市节能主管部门代表市政府与 10 家重点用能单位签订“节能自愿协议”。南京市的“节能自愿协议”是为在“十一五”期间完成万元综合能耗下降 20%的节能降耗目标而签订的。参加这次签订“节能自愿协议”的石化、钢铁、电力、水泥、机械五个行业中十大耗能企业年综合能耗总量占南京市工业企业能耗总量的 72%以上。欧盟提供技术支持，中国政府则提供相关优惠政策。另外，在扬州、济南等地都陆续有企业、高校与政府签订签署节能自愿协议。

2005 年 12 月，台湾纤维制造、棉布印染整理、造纸、石化、钢铁、水泥六大产业、125 家厂商签署了《产业节约能源与二氧化碳减量自愿协议书》。继六大产业之后，台湾半导体、光电两大产业于 2006 年也加入了自愿减量的行列，依照该协议书，产业同业公会的参与厂商应以 2004 年为基准年，自 2006 年起在厂内进行节约能源与二氧化碳减量项目的工作，到 2008 年接受绩效评估。台湾工业总会协助维护自愿协议书的执行与绩效，自愿协议书由台湾经济部门代表签署，而产业界分别由全台湾工业总会及 7 个产业同业公会理事长代表该产业参与厂商签署，自愿协议书的参与企业主要是制造业能源耗用量居前 200 位的厂商。通过该自愿减量协议，2004—2008 年通过改善工艺及更新设备等措施，台湾合计节能至少 139 万 L 油当量，相当于减少 402 万 t 的二氧化碳排放。

2007 年 3 月，欧盟“中国城市环境管理自愿协议式试点”项目（二期）启动，协议规定在今后的三年内，来自南京、西安和克拉玛依三个试点城市共 14 家涉及钢铁、石化、化工、建材等行业的企业，将以每年 3%～5%的速度自觉减少污染物排放，并将能源利用率提高 3%～5%。

自愿协议虽然引入中国的时间不长，相关研究和试点探索正在积极推进，尤其是最近几年数量不断增长，各界对自愿协议的认识也不断增强。但也存在着一些突出问题。

首先是政府、社会和企业对自愿协议的认识不够充分。自愿协议从出现到现在不过几十年的历史，在中国更是刚刚兴起，自愿协议的理论研究明显不足，从能够检索到的文献数量就可以看出，针对包括自愿协议在内的自愿环境管理手段的文章相当有限，从而导致理论对实践的支持不够。就国外的经验来看，自愿协议始于实践，理论的研究是后续跟进的，并且，目前国外对自愿协议的认识也存在很大的分歧，但灵活恰当的使用仍可以保证自愿协议的实施效果。从我们调研的结果也可以看出，企业对自愿协议的认识还十分有限，表现出对自愿协议作用、特点以及实施程序了解不够。因此，应加强理论界的深入研究以及政府的有力宣传。

其次是自愿协议实施的范围有限，尚未拓展到水环境管理领域。最近几年国内陆续出现以节能为主题的自愿协议，企业表现出较高的积极性，也取得了一定的成效，但涉及水污染物减排的协议很少，而从国外的经验不难看出，气候变化以及废弃物处理是自愿协议重点关注的领域，而自愿协议的灵活性则可以保证其宽泛的实施领域。从国家“十二五”规划开始增加了氨氮作为主要污染物的减排目标，自愿协议可成为处理水环境问题的重要推动工具。

第三是自愿协议的形式单一。一般来说，自愿协议有三种形式，即单边协议、公共自愿协议及谈判（协商）协议，中国目前实施的自愿协议基本上都是政府提供企业参与的类型。虽然存在协商的因素，但十分有限，企业略显被动，“自愿”的成分也大打折扣，当然，这符合试点阶段的国情，但却限制了自愿协议的普及与作用的发挥。实证研究的结果也表明，许多企业在对自愿协议有所了解后，表现出了参与的意愿，但却没有参与的途径，单边声明的协议未被发掘和利用。

第四是实施保障不够。自愿协议为保证环境目标的实现，在签署协议时，需要配套的监督和保障机制。目前，中国存在的自愿协议的透明度不够，表现为缺乏协议执行的连续性的信息披露，导致公众及 NGO 组织的第三方监督作用未能发挥。国外的许多自愿协议带有法律约束和未完成目标的惩罚机制，并不妨碍自愿协议自愿性的体现。因此，我们在实施自愿协议时，要特别注重保障机制的健全，才能保证协议环境目标的顺利达成。

1.3.6 企业环境报告书

环境保护部在 2011 年 6 月 24 日发布并于 10 月 1 日实施的《企业环境报告书编制导则》中将企业环境报告书定义为：主要反映企业的管理理念、企业文化、企业环境管理的基本方针以及企业为改善环境、履行社会责任所做的工作。它以宣传品的形式在媒体上公开向社会发布，是企业环境信息公开的一种有效形式。

青岛市环境保护局在《企业环境报告书制度对青岛市水污染控制的作用》一文中指出，企业环境报告书制度是一种全新的企业自我环境管理制度。它是指企业为促进与利益相关者间的环境交流，履行企业社会责任，在遵循报告编制一般规律的前提下，通过一定形式定期向社会披露企业运营对自然环境影响等有关信息，它已经成为一份综合、系统地表达企业及其所属业务部门和生产单位在一定时期内的环保方针、环保目标和具体环保行动与成效的书面文件，成为企业社会责任的一种重要表现方式。企业环境报告书制度是一种可以有效促进企业自主环保，建立政府引导、企业主体、公众监督三元环境管理机制，指导企业开展节能减排的信息公开行为的自愿环境管理手段。一般而言，发布报告书的形式主要有三种：环境报告书、可持续发展报告书和企业社会责任报告书。

企业环境报告制度在国外已经有 30 多年的发展历程，尤其是在 20 世纪 90 年代，国际环境管理体系认证工作的快速发展为企业环境报告书的发展提供了广阔的空间。相比较而言，我国企业社会责任报告起步较晚，截至 2005 年发布社会责任报告的企业仍是凤毛麟角。如果以 2005 年为划分阶段，可以《海尔 2005 年环境报告书》为企业环境信息公开的起点，2006 年以来取得重大进展，发布环境报告的数量突飞猛进，并在 2007 年达到最多的 36 家。特别是像国家电网、中石油、中石化这样的大型企业第一份关于企业社会责任的报告发布，使中国企业的环境信息公开实践行动达到了一个新的高度。

另一方面，根据环保部企业环境报告书标准编制组的调查，我国企业在环境信息公开方面存在许多问题，例如：在已编制和发布的环境报告书中所提供的企业环境信息少而且不规范；企业公开的环境信息可读性差，准确率低；缺乏环境保护目标的完成情况、物质流分析、环境投资与分析等相关数据的定量描述等。这在某种程度上削弱了环境信息的披露程度，使利益相关者无法对企业产品生产和环境产出情况进行系统掌握，不利于提高企业环境报告书的可信性和可比较性。青岛市环保局通过对该市已发布的 17 家环境报告书进行对比分析，也得出类似结论。

1.3.7 生态管理审核体系

生态管理审核体系（Eco-Management and Audit Scheme，EMAS）是 1993 年欧盟发起

的一个用于企业和其他组织进行评估、报告和促进其环保表现的管理工具，当时仅限于工业企业，是企业为更有效地实施本国及欧盟的环境法规，改进环境行为并将其在环境方面所定的目标和做出的努力向公众公布而自愿加入的一种体系。自 2001 年起，EMAS 向所有经济实体开放，包括公共或私人服务业。2010 年第三版修订后，可以在欧盟以外的国家推广应用。

1993 年 7 月 10 日，欧共体正式公布《工业企业自愿参加环境管理和环境审核联合体系的规则》（即 EMAS），并于 1995 年 6 月开始实施。根据欧盟立法准则，各国均在限定时间内将其转为本国法律。EMAS 实施后，得到了欧洲各国的支持，上升为一整套的欧盟法规条款。EMAS 要求所有欧盟成员国建立并维护一套认可和审核制度，在工业企业中推行基于 EMAS 要求的环境管理体系，工业企业可以自愿参与实施，但一旦参与则对企业有相当于法规的约束力。

EMAS 在中国还处于起步阶段，尚未有具体的实施案例，但鉴于中欧经贸合作的不断加深，中国企业"走出去"规模不断扩大，近年又大举进入欧盟市场，可以预见，作为欧盟政治层面法规性文件的 EMAS 将受到越来越多企业的重视。同时，欧盟协调 ISO 14001 标准与 EMAS 及欧盟各国国家标准关系的做法，也值得我们借鉴。

1.3.8 中国自愿环境管理手段实践存在的主要问题总结

目前我国环境管理仍处在从管制手段为主，逐渐向市场经济为基础的经济调节和更多采用自愿手段的过渡中，政府在社会生活的各个方面仍然处于主导地位，自愿环境管理在中国还缺少良好的市场环境。除了历史和制度原因外，中国目前企业的诚信制度还不完备，作为自愿环境管理社会基础的诚信制度，企业环境信息公开制度仍然在探索之中。这使得自愿环境管理难以在国内取得较快的发展，即使是对工业本身能带来利益的自愿章程，也必须由政府出面推动，企业在政府引导下自愿或半强制地参与。到目前为止，中国还很少有纯粹来自工业行业内部的自愿章程。具体来看，我国的自愿环境管理手段实践存在以下一些问题。

首先，从政府角度来看，政府部门是制定和实施法律法规的单位，其对环境行为作出的相关规定是企业改善环境问题最显著的压力，是驱使企业进行环境管理的有效机制。与此同时，政府对于企业进行自愿环境管理也产生了巨大的影响，对于通过自愿环境管理认证的企业，政府会给予特殊的待遇，比如在认证过程中给予相关信息和技术上的支持，在相关法规处罚上给予优惠，企业在此基础上对于环境技术进行创新和改革，从而以最低的成本达到政府的要求。然而，目前我国以总量减排为主的污染物控制模式使得企业面临着严峻的减排压力，企业的环境管理往往是围绕强制性的减排任务开展的。在开展自愿环境管理的激励政策方面，我国也仍然不够完善。

其次，从消费者的角度来看，随着公众环境意识的提高，人们已经不再局限于获得高质量的产品，同时还要求产品是安全、环保的。消费者会有绿色购买意愿，选择对自身和环境都有益的产品，这种选择偏好会直接影响企业的环境行为，进而促使企业有自愿环境管理的意愿。然而，目前我国的公众受到收入水平、环境意识水平的限制，还没有形成购买绿色产品的广泛共识。

第三，从竞争者及行业角度来看，大多数企业在生产经营过程中都想要与同行业保持一致，会模仿成功企业所采取的措施，而行业协会会促使企业采取自愿环境管理行为，这主要是因为当行业中的少数成员采取了不当环境责任的行为时，会影响整个行业的环境声誉。然而，我国的主要产业行业仍然以逐利为主要目标，并未形成普遍采用环境友好生产行为的意识和氛围。

第四，从投资者角度来看，作为企业最直接的利益相关者，一般情况下，西方国家的投资者在评价企业价值时会想到环境问题，认为环境绩效低的企业其风险更高，需要较高的风险收益。而通过自愿环境管理的企业，在一系列认证后，会大大提升自身的环境价值，稳定股东的心态，使得企业得以持续发展。然而，我国的投资者并未将企业环境行为作为其投资的主要决策要素。以 2010 年 7 月紫金矿业造成的汀江重大水污染事故为例，直接经济损失就达 3 187.71 万元，仅被判处罚金 3 000 万元。尽管这是我国环境行政处罚开出的最大一笔罚单，但丝毫没有影响到企业收益。环保部门开出罚单后，紫金矿业的股市立即涨停，涨停当日成交额竟达到了 14.52 亿元之多。

1.4 中国自愿环境管理手段的实施绩效：基于水环境领域的案例分析评价

针对中国自愿环境管理手段的实施绩效，主要从区域（城市）、园区和企业三个层面上分别选取案例进行自愿环境管理手段实施的案例研究。在此基础上，对自愿环境管理手段在我国水环境管理领域的实施绩效进行综合评价。

案例研究主要包括三部分的内容，首先是选择青岛市作为研究区，结合青岛市自愿环境管理手段的实践经验，针对企业环境报告书这一自愿手段在青岛市企业的实施进行分析。其次是结合常熟市开发区的调研资料，针对江苏省常熟开发区 30 多家企业自愿环境管理开展情况进行的梳理和分析。第三是选取水环境管理的重点行业——造纸行业的企业芬欧汇川进行的企业自愿环境管理案例分析。

1.4.1 青岛市企业环境报告书案例分析

本研究在对青岛市相关企业进行全面摸底调查的基础上，针对青岛市的制药、食品等高耗水、高排水行业采取的自愿环境管理手段进行了分析。青岛市自愿环境管理手段的发展经历了推行清洁生产审核—企业环境信息公开—编制企业环境报告书编制标准—组织开展企业环境报告书培训四个阶段。

1.4.1.1 青岛市开展高耗水、高排水企业自愿环境管理的背景

青岛市作为中国“品牌之都”及最具经济发展活力的城市，工业企业较为密集，企业在环境保护和节能减排工作中占据主力军的地位，工业是全市水资源消耗的重点领域。在青岛市的工业用水中，化工、电力、医药、食品、饮料、纺织印染等高耗水行业还占有相当大的比例，正确引导各企业积极开展自愿环境管理，促进高耗水、高排水行业的污染减排工作，是建设资源节约型、环境友好型企业的重要措施手段。

近年来，青岛市环保、水利等部门在节能节水信息技术提供、节水型企业创建等方面对企业进行了有效的指导，督促企业编制节能节水规划、完善节能节水责任制，引导企业

建立长效节能节水管理机制，大力推进全市水资源利用率的提高和水环境质量的改善。青岛市在工业领域重点确立工业节水目标体系，推行节水目标责任制，组织各用水单位作好节水目标规划，在工业企业形成目标管理体系。发展节水型的产业和企业，加大节水技术改造力度，提高工业用水重复利用率。针对高耗水行业和排水量较大企业目前存在的问题，组织科研力量进行节水技术研发，推广循环用水和多级串联用水、废水处理及回用、逆向冲洗、水质稳定处理、锅炉水处理顺流改逆流等技术。制定工业节水技术改造投资导向目录、限制高耗水项目目录和淘汰落后工艺、设备目录，鼓励和支持企业增加节水技术改造和废水回用的资金投入。

1.4.1.2　高耗水、高排水企业自愿环境管理的对策与措施

（1）积极推行清洁生产审核

为推进全市高耗水、高排水行业减少水资源的消耗和排放，青岛市于 2002 年开始推进企业清洁生产审核工作，先后制定了《关于全面推进清洁生产的通知》《青岛市资源节约活动实施方案》等一系列文件，通过政策引导和相关的约束性指标促使企业自觉实施清洁生产，建立清洁生产效益考核机制，量化清洁生产在节水、节能等方面取得的经济效益。近年来，青岛市清洁生产服务体系进一步完善，出版了《清洁生产理论与实务》，用于指导全市清洁生产工作；通过研讨和培训，确定近 100 名市级清洁生产专家，形成了 9 家服务机构、12 名国家和省级专家、近 100 名市级专家的服务体系，为进一步保障高耗水行业节水工作的推进奠定了良好的基础。

青岛市安排专项资金支持企业开展清洁生产，在化工、电力、医药、食品、饮料、纺织印染等行业开展了以“零排放”理论为基础的行业层面上的“线循环”。此外，青岛市还强化了企业 ISO 14001 环境管理体系认证工作，指导企业提高环境管理水平。青岛市在企业层面实施清洁生产，一批从不同领域、不同层次实践循环经济理念的先进企业不断涌现。华电青岛发电有限公司、山东黄岛发电厂、青岛热电集团、青岛酒厂、青岛啤酒等 40 多家大中型高耗水企业积极开展清洁生产审核、发展循环经济，经初步测算，这 40 多家企业每年产生的经济效益可达到十多亿元。

（2）开展企业环境报告制度的研究

在开展企业清洁生产审核、ISO 14000 环境管理体系认证的基础上，青岛市还在我国率先启动了企业环境报告书编制试点及推广工作，进一步推进了自愿环境管理方式，事实证明企业环境报告书制度对促进污染减排是积极有效的措施。在该制度的督促下，青岛市高耗水行业的水环境信息得到了充分的公开，极大地促进了高耗水行业积极主动地采取各种节水措施，尽量减少水消耗量及水排放量。

①企业环境报告制度是一种全新的企业自我环境管理制度。它是指企业为促进与利益相关者间的环境交流，履行企业社会责任，在遵循报告编制一般原则的前提下，通过一定形式定期向社会披露企业运营对自然环境影响等有关信息，它已经成为一份综合、系统地表达企业及其所属业务部门和生产单位在一定时期内的环保方针、环保目标和具体环保行动与成效的书面文件，成为企业社会责任的一种重要表现方式。企业环境报告书制度是一种可以有效促进企业自主环保，建立政府引导、企业主体、公众监督三元环境管理机制，指导企业开展节能减排信息公开行为的自愿环境管理手段。

②开展企业环境报告制度研究的背景。为全面贯彻 2003 年 1 月 1 日起实施的《中华人民共和国清洁生产促进法》，2007 年 1 月，青岛市开展了“企业环境报告制度及环境报告书编制指南”的研究。

青岛市在对松下、索尼、东芝、佳能、NEC 和富士通等近 50 个国外典型企业的环境报告书、国际普遍采用的环境保护指令、国内关于环境保护以及企业环境信息公开的政策及法律等资料进行了深入分析和总结的基础上，以《海尔 2005 年环境报告书》为依托，于 2007 年 7 月完成了《山东省企业环境报告书编制指南》内容框架及指标筛选工作，在指南中突出了水资源的利用及保护工作。

（3）开展山东省企业环境报告书指南的编制

2007 年 11 月，由青岛市组织编制的《山东省企业环境报告书指南》通过了专家鉴定会验收，并在环保总局的网站上正式发布。《山东省企业环境报告书指南》的发布引起了广泛的社会反响，中国环境科学学会于 2008 年 1 月在北京组织召开了“促进中国企业环境信息公开专家媒体座谈会”；2008 年 4 月，青岛市崂山区召开区内重点单位环境信息公开工作现场会，正式启动重点单位环境信息公开工作。

2008 年 5 月，山东省环保局决定在全省开展企业环境报告书编制试点工作，并征求了全省 17 个地市级环保局对《山东省企业环境报告书指南》的意见和建议。在认真吸取各方专家、企业及相关环保部门意见的基础上，青岛市完成了《山东省企业环境报告书编制指南》（DB37/T 1086—2008）的制定工作，该指南作为地方标准于 2009 年 1 月由山东省环保局和山东省技术监督局联合发布施行。

随着企业环境信息公开的不断深入及企业环境报告书编制试点工作的成功展开，2008 年 11 月，环保部决定由青岛市组织相关单位开展《中国企业环境报告书编制指南》的制定工作。2009 年 4 月，青岛理工大学与中日友好环境保护中心完成了第一次对接，完成了《中国企业环境报告书编制指南》（初稿）的编制，并初步确定于 2009 年 7 月提交《中国企业环境报告书编制指南》（征求意见稿），报送国家环保部，在全国范围内征求意见。

《山东省企业环境报告书编制指南》及正在编制的《中国企业环境报告书编制指南》均要求企业采用全新的物质流分析和环境会计等技术方法全面披露其环境管理、能源节约、环境保护及企业与社会关系等信息，其中的一项重要内容就是披露企业消耗水资源的来源、构成比例、消耗量、重复利用率及提高措施。将“水资源消耗量及削减措施”作为企业“降低环境负荷的措施及绩效”的重要内容，督促企业公开其水资源使用信息，减少水资源消耗量与废水排放量。

（4）开展企业环境报告书制度培训

为进一步推行企业环境报告书制度，促进企业环境信息的公开，《山东省企业环境报告书编制指南》正式公布实施后，青岛市环保局组织全市重点企业广泛开展技术培训，为企业编制环境报告书提供相应的技术支持和服务。2009 年 4 月 10—11 日，山东省环保局在济南举办了《山东省企业环境报告书编制指南》培训班，来自山东省 17 个市的企业、环保局以及相关咨询机构的 130 多位学员参加了此次培训。标准编制组成员全面、系统地介绍了企业环境报告制度的产生、发展历程、作用以及环境报告书的编制方法，使广大学员受益匪浅，同时对学员的反馈意见进行了系统的整理，对指南的相关内容进行了进一步的补充和完善。

1.4.1.3 开展企业环境报告书制度的绩效

自 2002 年以来，青岛市共有 300 多家企业通过清洁生产审核验收，近 500 家企业通过 ISO 14001 环境管理体系认证，有效地促进了资源节约型、环境友好型企业的建设。2008 年，青岛市组织验收的清洁生产审核企业 36 家，共产生无/低费方案 901 个、中/高费方案 123 个，产生经济效益 1.24 亿元。实现年节水 112 万 t，年减少废水排放 108 万 t，减排化学需氧量 449 t、氨氮 2.56 t。

在青岛市环保部门的积极推动下，自 2006 年引入企业环境报告书制度以来，青岛市目前已有 17 家单位发布了企业环境报告书。其中，华电青岛发电有限公司、青岛黄海制药有限公司、青岛华东葡萄酿酒有限公司、青岛崂特啤酒有限公司、青岛东亿热电厂、青岛高科热力有限公司、青岛丽东化工有限公司、青岛华仁药业股份有限公司等均为高耗水企业。对 17 家企业环境报告书的分析结果表明，这些企业基本上按照《山东省企业环境报告书指南》要求，真实、客观地公开了企业的环境信息，增加了企业与社会及利益相关者之间的环境信息交流，展现了企业保护环境、努力提高可持续发展能力的使命感和责任感。利益相关者可以从企业环境报告书中了解到企业的环境管理政策和结构，有效监督企业节能减排等工作的开展，消除不必要的误解，促进和谐社会的建设。

企业通过环境报告书向外界介绍企业环境负荷实际情况以及环境保护活动状况，社会依此对其环保工作状况进行监督和评价。由此可促进企业建立环境信息收集系统，不断完善企业环境管理，提高企业生产经营活动的环境绩效。此外，发布企业报告书会督促企业从高污染、高投入、低效益向低污染、低投入、高效益的技术转移，通过节约费用和高效利用内部资源提高企业生产绩效，提高企业市场竞争能力。企业通过环境报告书的第三方认证制度极大地增强了它的可信性，可以实现社会对企业的有效监督。

青岛市已发布的企业环境报告书中有关水污染控制和水环境方面的内容如下：

华电青岛发电有限公司在 2006 年度环境报告书中披露，公司通过加强节水管理、改造循环水泵、强化冷却水回收等措施，实现了水资源利用的最大化。2006 年全厂水资源消耗总量为 536 万 t，其中，自来水 463 万 t，污水回收利用 59.5 万 t，再生水 6 万 t，淡化海水 7.5 万 t。为实现水资源重复利用率达到 100%，公司提出了废水"零排放"规划，通过集中收集与分散处理相结合的方式，将工业废水、生活污水和雨水进行回收、多级处理和重复利用，2006 年工业废水和生活污水回收利用率均达到了 100%，创造经济效益 95 万元。此外，青岛发电公司还有偿引入海泊河污水处理厂再生水，2006 年节水 6 万 t，取得经济效益约 9.6 万元。为节约水资源，华电青岛发电有限公司安装了海水淡化装置，日产淡水 8 000 余 t，每年可节约近 300 万 t 淡水。厂内再生水利用、外部再生水利用、海水淡化和海水冷却四项节水措施不仅带来了巨大的环境效益，还给公司节约了约 2 517 万元的成本。

东亿热电厂 2008 年全年耗水量为 53.5 万 t，为节约水资源，该厂对生产过程中浓水进行回收利用，浓水产量约为 300 t/天，回收利用 210 t，利用率达到 70%，其中一部分用于冷却塔补充水，一部分用于冲灰、绿化，有 4 万 t 取代自来水用于生产过程。青岛高科热力有限公司为充分利用软化水、反洗水及其他废水，建设了回收水池，每个采暖季可回收

7 000 t 水，实际节水量可达到 4 200 t，节约 16 800 元的成本。

青岛黄海制药有限公司也积极采取各种节水措施，如冷凝水回用、中水回用、对液体试剂进行分类收集、用集中供热替代燃气锅炉自产蒸气等，2006 年、2007 年和 2008 年用水量分别约为 6.3 万 t、5.3 万 t 和 5.6 万 t，万元产值水耗分别为 2.33 t、1.72 t 和 1.17 t，三年来降低了近 50%。2008 年废水产生量为 4.47 万 t，全部实现达标排放，水资源重复利用率达到 20%。青岛华仁药业股份有限公司以开展清洁生产审核为契机，以开展企业环境培训为前提，在全公司范围推行节水措施。公司利用纯化水冷凝纯蒸汽制取注射用水，每年节约自来水费约 11 万元；对洗塞机进行改造，提高注射用水重复利用次数，每年节水 1 255 t；将蒸汽冷凝水和 EDI 浓水回收利用，仅浓水回用一项每年可节约水费 13.2 万元；此外，公司还通过强化污水处理和回用等措施减少污水排放量。2008 年青岛华仁药业股份有限公司水资源消耗总量约为 10.7 万 t，废水排放量为 2.69 万 t，综合利用率达到 75%，耗水量比 2007 年下降了 23%。

青岛崂特啤酒有限公司通过深化清洁生产，2008 年污水排量为 1.6 万 t，比上年减排 9%，水利用率达到 80%。青岛华东葡萄酿酒有限公司产生的废水经厂内污水站处理后全部排入庄园蓄水池用于浇灌，2008 年产生的废水总量为 1.15 万 t。

青岛丽东化工有限公司严格控制生产流程的注水量，冷却水系统根据气温及时调整，节约用水，并严格泵站管理，2008 年实现节水 10 万 t，减少废水排放 5 万 t。2008 年丽东化工有限公司的工业用水量为 6 564 万 t，其中循环水量 6 470 万 t，占用水总量的 98%，新鲜自来水量 92 万 t，废水排放量为 43 万 t。

在海尔集团连续 4 年发布的环境报告书中，均披露了企业的水资源利用及废水排放情况。海尔集团 2005 年万元产值的水耗为 670 t，2006 年万元产值的水耗为 510 t。2007 年万元产值的水耗为 470 t，工业水总使用量为 1 381 万 t，其中，循环利用水为 1 160 万 t，新鲜水为 211 万 t。2007 年实现节水 5.69 万 t，总排水量 177 万 t，全部达标排放，化学需氧量排放量为 84.5 t；2008 年万元产值的水耗为 458 t，工业水总使用量为 2 139 万 t，其中，循环利用水为 1 681 万 t，新鲜水为 214 万 t。2008 年实现节水 5.3 万 t，总排水量为 171 万 t，全部达标排放，化学需氧量排放量为 82 t。为通过企业环境报告书树立良好的企业形象，海尔集团积极主动采取各种节水措施，如在自来水直喷的管路上加装控制电磁阀，改造污水处理设施，提高水重复利用率等，2005—2008 年，海尔集团的万元产值水耗下降了约 31.6%，万元产值废水产生量下降了 31.7%。

1.4.1.4 企业环境报告书制度存在的问题

通过对已发布的 17 家环境报告书进行对比分析，发现除海尔集团以外，其余 16 家企业所列的指标内容与《山东省企业环境报告书指南》所要求的还存在较大的差距。基本指标是企业必须披露的指标，除海尔集团外，其余 16 家企业在企业环境报告书中列举的基本指标的数目占所要求基本指标总数的平均比例仅为 33%。此外，大部分企业环境报告书所提供的企业环境信息少而且不规范，缺乏企业的物质流分析、水资源平衡分析、环境会计与环境绩效等相关数据的定量化描述，削弱了报告书中环境信息的披露程度，使公众难以对企业产品生产和污染物排放情况进行系统掌握。

随着企业环境报告制度在青岛市的进一步推广，青岛市高耗水和高排水行业将会有越来越多的企业发布环境报告书。高耗水和高排水行业的环境自律行为也将得到更为广泛和有力的监督。到 2010 年，青岛市工业用水循环利用率将达到 85.3%、万元国内生产总值取水量将达到 30.7 m^3、规模以上工业万元增加值取水量将达到 17.93 m^3。

1.4.2　江苏省常熟开发区企业开展自愿环境管理的案例分析

1.4.2.1　常熟开发区企业开展自愿环境管理的背景

（1）常熟开发区情况介绍

江苏省常熟经济开发区成立于 1992 年，1993 年被批准为首批省级开发区，2001 年退出城区进驻港区，掀开了沿江开发的序幕，2002 年经省政府批准比照国家级开发区享有相应的经济审批权限和行政级别，2005 年通过国家发改委审核公告，同年经国务院批准内设成立常熟出口加工区，2010 年 11 月经国务院批准正式升格为国家级经济技术开发区。历经多年开发，开发区已发展成为江苏省内最成功的临江型工业园之一，20 多个国家和地区的企业进区投资了 600 多家企业，世界 500 强投资的项目 13 个，投资额 1 亿美元以上的项目 20 个。芬兰 UPM、瑞士诺华、日本住友、台湾长春、意大利达涅利、香港华润、理文等一大批著名企业已在此设立生产和研发基地。园区已形成高档造纸、精细化工、装备制造、特殊钢铁、仓储物流、汽车零部件、科技研发等产业集群。生态工业园区建设面积包括 27.5 km^2 的工业区和 4.3 km^2 的滨江新市区。

（2）常熟开发区开展自愿环境管理实践的必要性分析

众多产业园区的经验表明，将清洁生产、生态设计、低碳发展、环境管理体系等自愿管理手段融入企业采购、生产、产品和服务的各个层面，促进资源节约和高效利用，减少污染物的产生和排放，是推进产业园区生态化、从源头减少环境污染的基础与核心工作。

常熟开发区的大部分企业的清洁生产已达到较高水平。从生产技术、设备、单位产品物耗、能耗等指标来看，很多企业处于国内甚至国际先进水平。但由于化工、建材等传统行业所占比例较高、大型区域性企业较多，使园区能耗、水耗、污染物排放量仍然较大。随着园区的进一步发展，其排放的污染物将不可避免地对周围地区环境产生影响。企业作为社会公民，对环境和资源的可持续发展，负有不可推卸的责任。企业应当积极、主动地承担起这种责任。

园区的大部分企业都有产品出口，有些企业产品出口率甚至达到 50%以上。作为发展中国家，我国的某些环境标准与发达国家还有一定差距。面对国际上越来越严格的环境标准，“绿色壁垒”对我国对外贸易的制约将越来越大。我国许多企业由于没有通过跨国公司的责任审核被取消了供应商资格，企业要避免这种“绿色壁垒”，就要主动采取环境管理措施提高环境绩效。采取与国际接轨的环境管理体系有利于企业扩大市场份额，增强自身的国际竞争力。日益严格的环境标准和国际上资源能源的紧缺和危机，最终会成为企业自身发展的制约。环境成本内在化和企业绿色竞争力是园区企业发展中必须考虑的问题。

为使园区各企业在已满足国家和地方现行法律法规要求的基础上进一步提高环境管理水平，加快构建企业环境责任意识、推进企业自愿环境管理至关重要。企业主动承担环境责任的同时还能起到对其他企业的示范和促进作用。例如，企业因环境绩效的提高而获得更多的经济收益和社会效益将激励其他的企业更积极地履行其环境责任；企业对原材料设立的环境标准将促使供应商提高其产品的环境友好程度。环境责任的建设能在园区形成这样一种良性循环，公众因企业积极履行环境责任而受益，而企业则在不断的技术和管理革新中增强竞争实力。通过对企业环境责任的建设，促使企业不断提高对自身的环境管理要求，在为园区创造更高的经济效益的同时，确保园区和谐的生态环境，提高工业园的综合竞争力。

（3）常熟开发区开展自愿环境管理实践的基本情况

自成立以来，常熟开发区一直以循环经济的理念指导开发区建设和发展，将环保意识作为企业社会责任感的重要表现形式，督促企业制定合理的企业环保方针，在做好企业自身环保工作的同时，通过上下游企业 ISO 14001 环境管理体系的确立，以及环保公益活动的开展，将环保观念向各个方向延伸。同时，将环保专业培训列为生态工业园创建的重要内容，分别采取以会代训和专题培训等多种形式，开展对区内企业和开发区各职能部门的培训，及时学习传达最新环保政策和要求，将环保意识融入开发区、企业、员工的日常工作和生活。通过积极推行 ISO 14000 标准和清洁生产，在区域经济保持快速、健康发展的同时，环境质量得到持续改善，推进了区域向高质量、高速度、高效益、生态化方向发展，取得了阶段性成果。

2004 年起，常熟开发区开始试点开展清洁生产审核活动，引导企业通过改进产品设计、优化生产工艺、提高管理水平等环节，从源头控制污染物，同时制定相关扶持政策，支持和鼓励企业加大节能降耗改造和技术创新投入。截至 2010 年，常熟开发区共有 34 家企业通过了 ISO 14001 认证，14 家企业通过了清洁生产审核，13 家企业完成了节能审计，12 家企业获得了“江苏省节水型企业”称号，建成国家级和省级环境友好企业各 1 家。其中，芬欧汇川（常熟）纸业有限公司 2004 年获得“江苏省环境友好企业”称号，2005 年荣获首批“国家环境友好企业”称号。开发区于 2008 年 5 月通过了 ISO 9001 质量管理体系和 ISO 14001 环境管理体系的认证。

1.4.2.2 常熟开发区企业自愿环境管理的认识和履行情况分析

（1）样本情况

调查问卷的投放对象为园区目前已建成投产的企业，共计 46 家，实际回收 32 份，回收率为 70%，其中有效问卷 32 份，有效率 100%。答卷人 1/3 以上为企业的中层及中层以上管理者。

（2）企业类型

按照国家统计局 2003 年制定的《统计上大中小型企业划分办法》中对工业企业的分类要求进行分类（图 1-1 至图 1-3）。

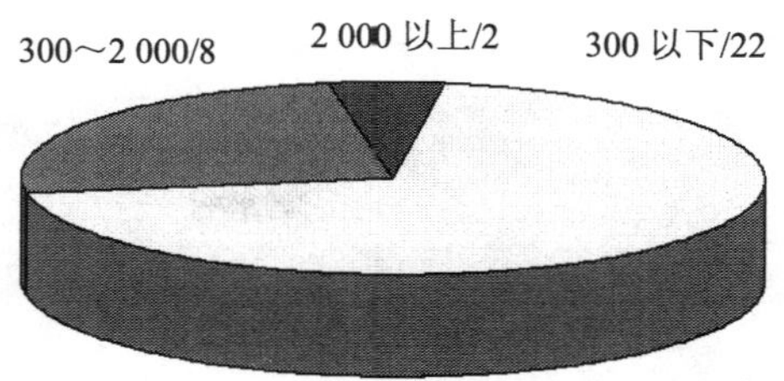

图 1-1　园区各类企业数量按员工人数分类

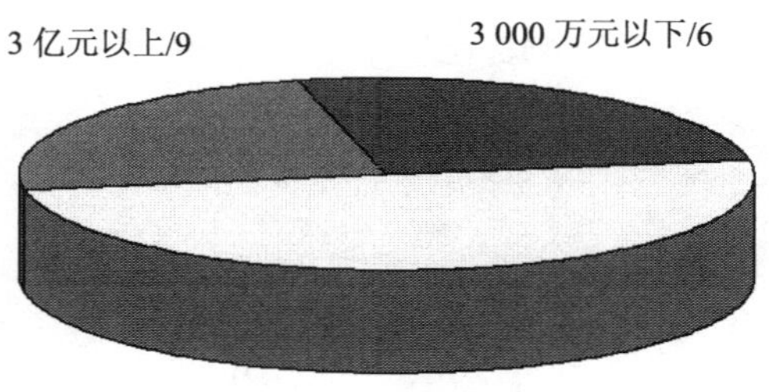

图 1-2　园区各类企业数量按年销售额分类

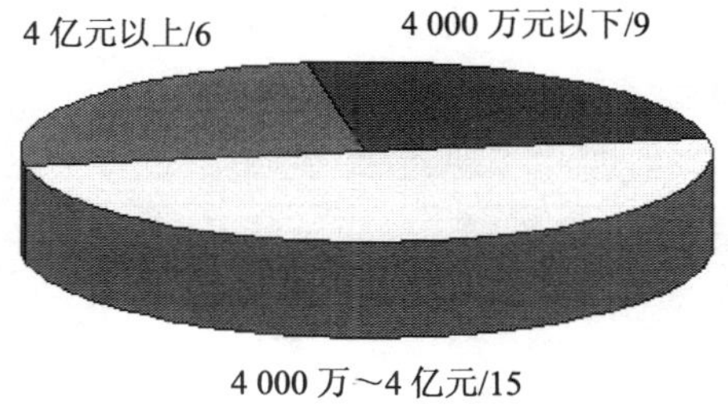

图 1-3　园区各类企业数量按注册资本额分类

（3）行业分布

被调查企业中，有 18 家属于传统产业，13 家为高新技术产业，高新企业比例占到了 40%以上（图 1-4）。

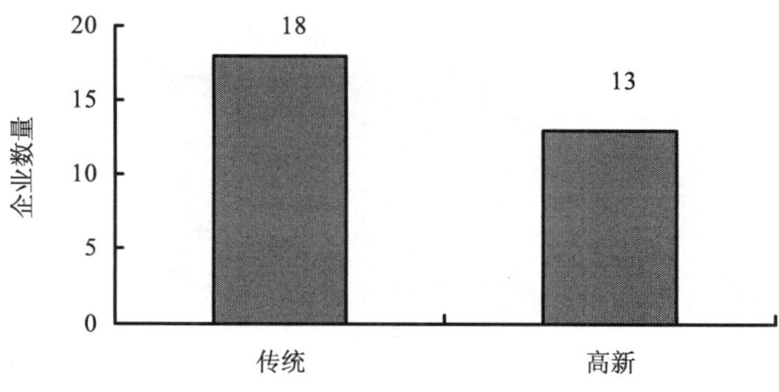

图 1-4　园区企业类型

（4）所有制结构分布

园区企业大部分都为外商独资企业，在被调查企业中占 2/3，其次为中外合资企业。

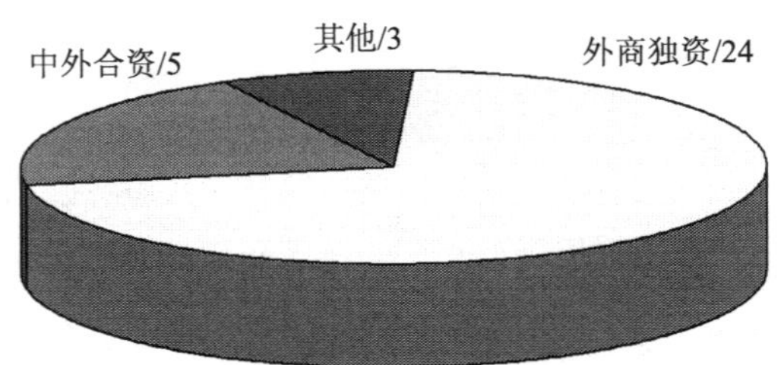

图 1-5 园区各类企业数量按所有制类型分类

（5）企业参与自愿环境管理现状分析

在调查中发现，虽然绝大部分企业都认为自身对环境的负面影响很轻微，但不少企业仍在一定程度上面临水污染物排放、大气污染物排放、固体废弃物处置、资源能源消耗等环境问题（图 1-6）。

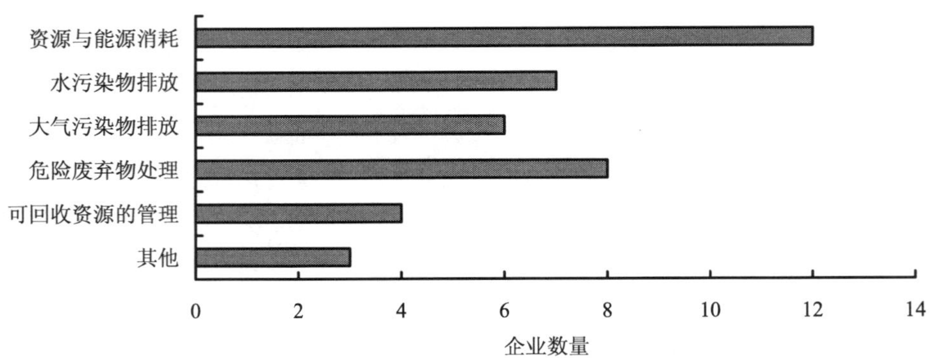

图 1-6 园区企业面临的主要环境问题

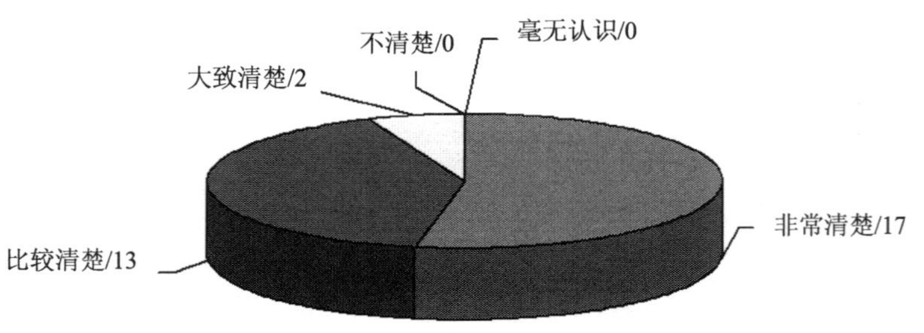

图 1-7 企业对自身环境影响的认识

园区企业对自身的环境影响具有比较明确的认识。超过一半以上的企业（17 家）表示对企业运营造成的环境影响十分清楚，其余企业都表示“比较清楚”或者“大致清楚”。

企业在认识到自身的环境问题后，就应该承担起相应的环境保护义务。企业的环境责任意识主要体现在企业采取环境管理措施减小其环境不利影响的具体实践中，包括建立专门的环境管理体系、废物或副产品的减量化和循环再利用、与上下游企业进行环保合作、定期对员工进行环境保护方面的培训、实行企业环境信息公开、将环境保护纳入未来发展规划等。

在受访企业中，共有 34 家企业通过了 ISO 14001 认证，14 家企业通过了清洁生产审核，国家级和省级环境友好企业各 1 家。企业各项环境管理措施的实施情况如图 1-8 所示。

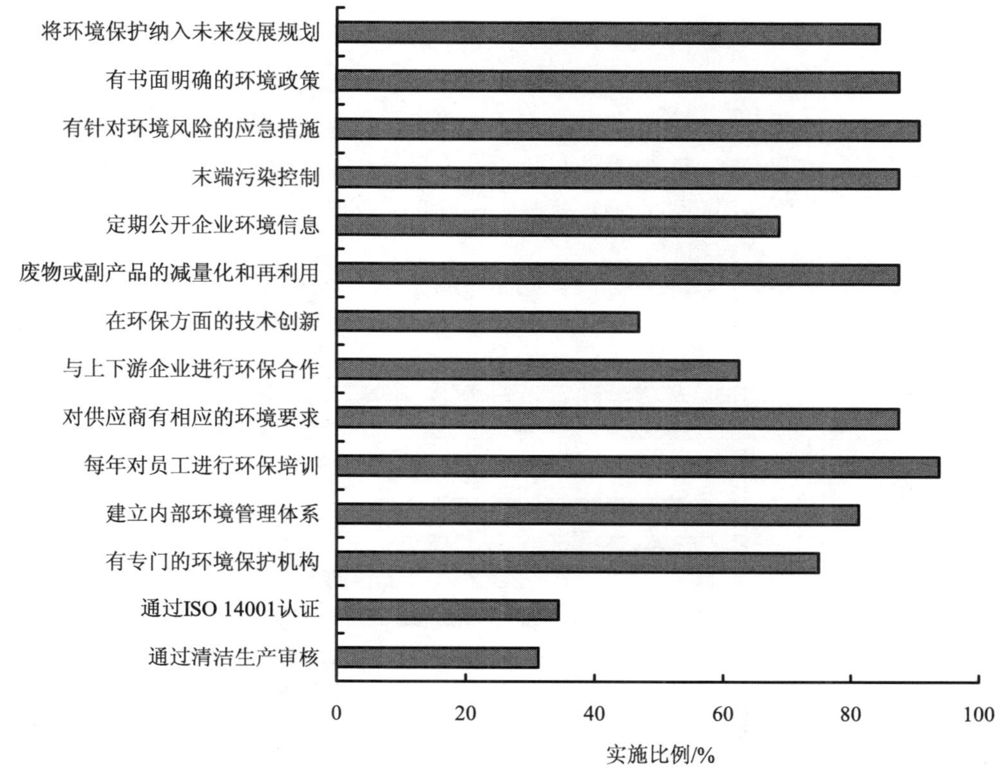

图 1-8　各项自愿环境管理措施在调查企业中的实施比例

由图 1-8 可见，很多新的自愿环境管理措施都在企业得到了实践。84.38%的企业将环境保护纳入了未来的发展规划；68.75%的企业定期公开环境信息；62.50%的企业与上下游企业间有环保合作；46.88%的企业在环保方面进行技术创新。

1.4.2.3　企业开展自愿环境管理的动力与障碍分析

（1）动力分析

企业开展自愿环境管理是外部压力和内生动力共同作用的结果。外部压力是指由企业外部利益相关者对企业承担环境责任产生的压力，其作用可以看成企业在外部利益相关者的推动下，不断向好的环境表现发展。内生动力是源于企业内部的主观意识产生的，即企业的道德意识，其作用是使企业主动自觉地改善环境行为，有目的性地朝特定发展目标前进（图 1-9）。

图 1-9 外部动力与内生动力的作用

①外部压力。外部利益相关者包括政府、消费者、居民等，对企业开展自愿环境管理发挥着重要作用。政策法规、市场需求和社会舆论等都会对企业开展自愿环境管理构成激励。有些强制企业开展自愿环境管理，有些则通过正向刺激，使企业主动开展自愿环境管理，如参与自愿清洁生产审核等。

问卷中，企业就其感觉到的各利益相关主体的压力进行评分。评价采用 5 分制，分值越高代表其感受到的压力越大（图 1-10）。

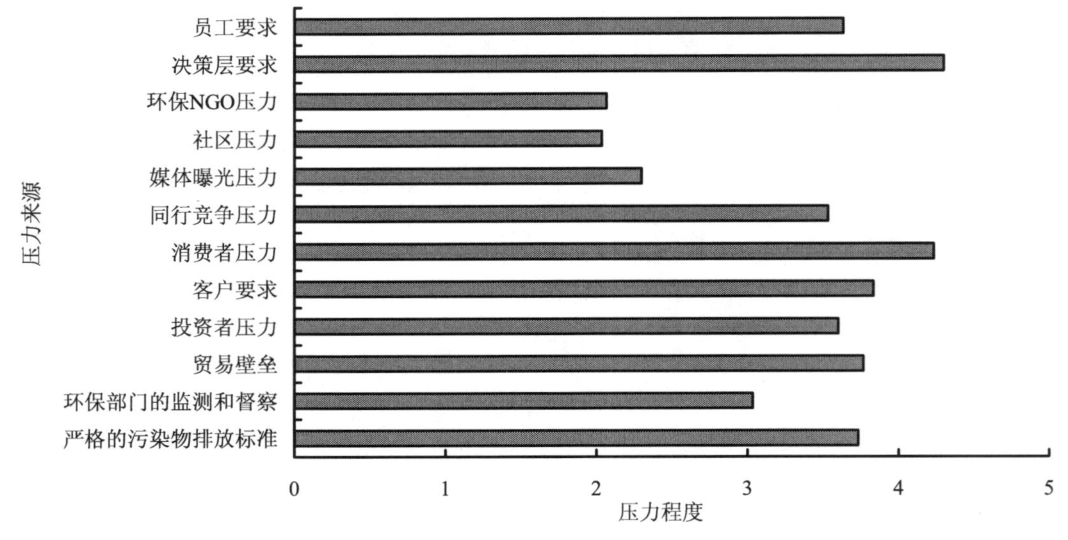

图 1-10 各相关主体对企业开展自愿环境管理的压力程度

政府在促进企业开展自愿环境管理中发挥着中心作用。政府本身通过制定法律、行政法规等规范和监管企业的环境行为，同时，引入多方主体共同推动企业污染防治工作。

日益严格的环境法规条例及不断增强的监测能力使污染企业面临的违法成本越来越高。企业通过主动采取提高环境绩效的措施以避免面临更为严格的管制。由于违反环保法规而被停产整顿或关闭是园区企业最担心面临的处罚。

政府还通过引导投资者和消费者的选择来影响企业的成本或收益。例如，“绿色采购”制度规定，在性能、技术、服务等指标同等条件下，政府部门必须采购“绿色清单”上的产品。若某企业的产品不符合政府采购标准，意味着它将失去一个庞大的政府采购市场。随着公众环境意识的增强，消费者对绿色产品的青睐也是对企业生产环境友好产品的激励。如果企业不能在同行中脱颖而出，将大大降低其在市场中的竞争力。此外，商业伙伴则通过供应链推动企业履行环境责任。为达到供应商和客户的环境标准，企业必须提高环境绩效以降低其受到的贸易阻滞。由图 1-10 可见，投资者、消费者、客户和同行竞争压力都是企业面临的主要压力之一。

互联网的发展使信息的获取成本大为降低，通过媒体的披露，企业的环境行为和信息能够方便快捷地传达给民众，使企业处于媒体、环保非政府组织和当地居民的监督之下。媒体对污染企业的曝光促使企业提高其环境绩效。调查发现，72%的企业都非常担心由于环境问题而使企业形象受损。另一方面，媒体的曝光也提供了一种途径让企业向外界传递其积极改善环境表现的努力。为获得利益相关者更多的认同与支持，企业将更积极地实施环境管理。

②内生动力。企业开展自愿环境管理，除了受到外部利益相关者的影响，还受到自身道德的约束以及客观能力的影响。开展自愿环境管理，短期内会给企业增加成本，如设施的安装、系统的运行、人员的培训等。若企业决策层认为自愿环境管理只意味着成本的增加，将其视为一种额外负担，那么自愿环境管理将难以开展；若企业决策层将开展自愿环境管理视为对社会应尽的义务和一种机遇，其将更积极主动地开展自愿环境管理。园区绝大部分企业的决策者都将环境保护视为必须实现的战略目标之一，认为有效的环境管理能为企业带来良好的经济和社会效益。

随着企业员工的安全、健康和环境意识的提高，他们会要求更为清洁的工作环境，尤其是在生产一线的工作人员，因为他们是企业提高环境绩效的最直接的受益者。高污染的企业很可能使员工缺乏归属感和工作的积极性。员工对环境问题的道德标准对企业形成压力，从而影响企业的决策过程。企业会尽力避免由于环境问题而引发员工的负面情绪。

（2）障碍分析

从某种程度来说，利益相关者对企业的压力程度决定了企业开展自愿环境管理的态度。但并非这些压力越大，企业自愿环境管理开展得越好，因为企业的环境绩效不仅受企业环境意识的影响，也受到企业客观能力的制约。企业自身组织保障和内部制度建设是影响企业开展环境管理效果的重要条件。总体来说，园区企业有执行国家和地方环境保护相关政策困难的并不多，大部分企业都具备能较好地开展自愿环境管理的能力。影响企业实施自愿环境管理的主要障碍在于员工环境意识的欠缺和环境管理方面专业人员的不足，这也是今后要重点改善的方面。

1.4.2.4 常熟开发区企业开展自愿环境管理的绩效评估

由于开发区企业开展自愿环境管理是与企业其他的环境管理手段同时进行的，并且企业的环境、经济、社会等绩效还受到其他诸多因素，例如生产工艺水平的改进、产品市场价格波动、政府法规标准规制强度变化等的影响，要对企业开展自愿环境管理的绩效进行量化评估难度较大。概括起来，开发区企业开展自愿环境管理的绩效主要包括以下几个方面。

（1）环境绩效

从总体上来看，实施自愿环境管理以来，园区的污染物排放得到了有效控制，污染物排放总量控制在总量指标之内。在水污染物控制方面，2009 年园区单位工业增加值 COD 排放量为 0.33 kg/万元、生活污水集中处理率为 100%，能耗水平持续下降，2009 年单位工业增加值新鲜水耗为 8.93 m^3/万元、新鲜水耗弹性系数为 0.06、单位工业增加值废水产生量为 7.20 t/万元、工业用水重复利用率为 92.98%、中水回用率为 12.73%。

从个别企业来看，芬欧汇川（常熟）纸业有限公司始终坚持环保优先的公司理念，以节能、降耗、减污、增效为目的，自主环保投入达 3 500 万美元。采用高效压榨设备、白水分级回用和多级节能烘干工艺等措施，白水回用率超过 96.5%，吨纸用水量由 2001 年的 17.23 t 降到 2009 年 6.0 t，远低于吨纸新鲜水耗用量 15 t 的国际先进标准。公司还投资 1.71 亿元人民币配套建设了完善的废水处理系统，COD 年平均排放浓度在 30 mg/L 左右。

理文造纸为降低废水排放量和 COD 排放总量，在原有斜网+混凝沉淀+水解酸化+好氧曝气+终沉的基础上，于 2007 年又投资 2 000 多万元建设了 IC 内循环厌氧处理装置和日处理 8 000 t 的中水回用装置。污水排放量由 2008 年的 1 274 万 t 降低到 2009 年的 1 144 万 t，COD 排放浓度由 81 mg/L 降为 56 mg/L 左右。

（2）经济绩效

从经济发展指标看，2009 年园区实现工业增加值 292.2 亿元，单位工业用地工业增加值为 12.66 亿元/km^2，人均工业增加值为 46.75 万元/人，超过生态工业园区综合类标准规定的 15 万元/人；工业增加值年均增长率达到 15.35%。工业总产值和人均产值持续提升。

（3）社会绩效

通过开展自愿环境管理，环境保护的理念已经渗透到园区的各个层面。企业通过积极引导，企业员工逐步养成了善待自然、保护生态的良好习惯，环境保护工作的知情权、议事权和监督权逐渐扩大，逐步形成了全民关心环境、参与环保的良好氛围。通过将环境保护纳入企业的经营方针，以及建立上下游企业 ISO 14001 体系，持继环境改进的理念逐步由大型企业向协作企业延伸。从园区管理看，园区生态工业信息平台的完善度为 100%、园区编写环境报告书情况为 1 期/年、重点企业清洁生产审核实施率达到了 100%，根据相关调查，公众对环境的满意度达到了 98%、公众对环境友好企业和生态工业的认知率达到了 93%。

1.4.3 芬欧汇川（常熟）纸厂开展自愿环境管理的案例分析

1.4.3.1 企业背景介绍

芬欧汇川（常熟）纸厂座落于常熟经济开发区，为芬兰芬欧汇川集团独资建办的大型造纸企业。芬欧汇川集团（UPM）拥有 100 多年的历史，是世界领先的森林业集团之一，总部位于芬兰的赫尔辛基。芬欧汇川集团的股票在赫尔辛基和纽约的证券交易所上市，其业务遍及 17 个国家，拥有一个由 22 家纸厂和 170 个销售、分销机构组成的庞大的经营网络。芬欧汇川（常熟）纸厂占地 184.5 hm^2，生产办公用纸和印刷用纸，公司现有生产能力为 32 万 t 优质文化用纸，45 万 t 文化用纸，总产量 80 万 t/年。最终产品主要为：复印纸、印刷纸和书写纸，用于学校书籍、杂志、广告和产品目录。纸厂以纯木浆为原料，生产全化学木浆涂布和非涂布纸品。纸厂使用的阔叶树木浆全部来自人工种植的相思树和桉树。除满足国内客户的需求外，UPM 还将 30%的产品出口到日本、韩国、澳大利亚和亚洲其他国家。

芬欧汇川的企业环保文化是"履行社会责任的理念——做最好的纸，对环境影响降到最低，我们领先，我们学习"，从产品的设计、生产、使用和回收利用的全过程进行考虑，以节能、降耗、减污、增效为目的。在建厂之初，芬欧汇川公司从国外引进了世界一流的纸机生产线，采用最先进的生产技术和工艺，在保证产品质量的同时，最大限度地降低原材料和能源消耗。在采用高效压榨设备、白水分级回用和多级节能烘干工艺的基础上，每年对节水、降能项目进行技术改造，强化内部管理考核，使吨纸用水量、综合能耗水平逐步下降。芬欧汇川极为重视经济、社会和环境的可持续发展，在努力维护环境和谐的同时，不断地寻求在生产过程中减轻对环境影响的方法。近年来，芬欧汇川常熟纸厂通过了 ISO 14001 环境管理体系、ISO 9001 质量管理体系、OHSAS 18001 职业健康安全管理体系的认证，并获得了"国家环境友好企业"的称号。

1.4.3.2　芬欧汇川（常熟）纸厂的自愿环境管理实践

芬欧汇川（常熟）纸厂目前采取的环保措施主要包括以下几个方面。首先是确定了企业的环保理念：一个完全依赖自然资源的企业，一定要更加保护自然。其次是先后投资 2.86 亿元引进了世界先进的环保设备；不断降低吨纸耗水和耗电量，废水、废气排放情况优于地方和国家标准，固体废物全部回收利用。此外，芬欧汇川还一贯强调企业应当承担的社会责任，努力将公司在生产经营活动中对环境的影响降到最低点。履行企业的环境责任既是法律的要求，也是企业发展的需要。芬欧汇川从多方面的自愿环境管理实践表现了自己对环境责任的理解与重视：

①决策者的理念与承诺："一个完全依赖自然资源的企业，一定要更加保护自然"。环境责任是机遇而非负担，公司将一直秉持绿色经营理念，将责任意识贯穿业务始终。

②合理的环境管理体系：公司 2003 年通过了 ISO 14001 认证，设有环保部门经理负责环境管理。每季度至少召开一次有关环保的会议，由专门的环保联络员向员工传递环境保护相关信息。

③不断更新技术和管理水平：公司投资 2.86 亿元引进世界先进的环保设备，其中节能工程投资近千万，每年节约 2 万 t 左右的标准煤，吨纸用水量、综合能耗水平远低于国际公认的先进标准。公司配套建设了完善的废水处理系统，采用循环硫化床脱硫工艺，万元工业产值的 COD、SS 排放强度远低于国际先进水平。投资建造现代化废物仓库，对废物集中分类管理。

④资源循环与再利用：构建循环经济链，节约能源与资源。通过回收纸张循环使用木材纤维，减少对原生纤维的需求。企业污水处理采用生物工艺，每天产生的约 100 t 污泥并入电厂焚烧炉焚烧发电。

⑤与周围企业的环保合作：处理后的废水将作为开发区的中水回用基地，除用于绿化、清洗用水外，还将作为周围钢铁、电力、建材企业冲灰、冷却水的水源，用于构建常熟经济开发区中水回用系统。与常熟市黏土制品研究所合作研究污泥在建材中的应用，为园区企业树立良好的范例。

⑥生态环境保护：所使用的木材均来自可持续管理的林地，并对木材原料的来源进行持续地监控，不采伐也不接受任何经权威机构宣布不允许采伐的、受法定保护的森林或林地的木材。芬欧汇川是世界最大的回收废纸用户之一。

⑦企业责任报告的发布：定期向社会公布环境与社会责任报告书，向公众报告企业环境与社会责任的履行情况，接受公众的监督。

具体到自愿管理手段上，主要包括 ISO 14001 认证、清洁生产审核、环境标志认证和企业环境报告。

①ISO 14001 环境管理体系认证。几乎所有芬欧汇川的生产基地以及木材采购和林业经营中，都有一套经过验证的环境管理体系。环境管理体系可以协助公司对其行为与产品造成的环境影响进行识别和控制，从而不断提高环境绩效。芬欧汇川常熟纸厂用世界最先进的环境管理体系 ISO 14001 管理工厂日常运作的环境问题，在 2003 年年初获得挪威船级社 ISO 14001 的认证。

②自愿清洁生产审核。芬欧汇川常熟纸厂投入巨资深入开展清洁生产，从源头进行污染控制和预防，降低能源资源的消耗。该公司在 2004 年年初通过苏州经贸委和环保局组织的清洁生产验收。通过清洁生产审核，使各项指标达到世界先进水平。实施清洁生产的中高方案费用超过 600 万元，见表 1-2。

表 1-2 芬欧汇川（常熟）纸厂清洁生产方案与绩效

<table>
<tr><th rowspan="2">方案类型</th><th rowspan="2">编号</th><th rowspan="2">方案名称</th><th rowspan="2">投资费用</th><th colspan="2">实施效果</th><th rowspan="2">完成时间</th></tr>
<tr><th>环境效果</th><th>经济效果</th></tr>
<tr><td rowspan="3">技术改造</td><td>F1</td><td>改进内施胶剂添加系统</td><td>高费（210 万元）</td><td>节约用水 8 000 t/万 t 产品</td><td>降低成本 2 400 元/万 t 产品</td><td>2003.12</td></tr>
<tr><td>F2</td><td>增加冷却水回用管路</td><td>中费（37 万元）</td><td>节约用气 285 t/万 t 产品，节药标准煤 27.1 t/万 t 产品，减少 SO_2 产生量 14.1 t/a，减少烟尘产生量 203.7 t/a</td><td>降低成本 16 000 元/万 t 产品</td><td>2003.12</td></tr>
<tr><td>F3</td><td>安装浆桶槽内部清洗器</td><td>高费（243 万元）</td><td>节约用水 875 t/万 t 产品，节约纸浆 2.29 t/万 t 产品，减少废水量 850 t/万 t 产品，削减 COD0.35 t/万 t 产品</td><td>降低成本 9 170 元/万 t 产品</td><td>2004.4</td></tr>
<tr><td>工艺过程优化控制</td><td>F7</td><td>降低中压集箱排气</td><td>中费（80 万元）</td><td>节约煤 37.9 t/万 t 产品，减少 SO_2 产生量 19.7 t/a，减少烟尘产生量 285.2 t/a</td><td>降低成本 22 320 元/万 t 产品</td><td>2003.12</td></tr>
<tr><td rowspan="3">废物利用</td><td>F8</td><td>施胶淀粉供应桶保温水回用</td><td>中费（10 万元）</td><td>节约用水 4 720 t/万 t 产品，减少废水 4 250 t/万 t 产品，削减 COD1.76 t/万 t 产品</td><td>降低成本 3 736 元/万 t 产品</td><td>2003.12</td></tr>
<tr><td>F9</td><td>化学品车间温水回用</td><td>中费（10 万元）</td><td>节约用水 5 000 t/万 t 产品，减少废水 4 500 t/万 t 产品，削减 COD1.87 t/万 t 产品</td><td>降低成本 3 957 元/万 t 产品</td><td>2003.12</td></tr>
<tr><td>F10</td><td>前段蒸汽主冷凝水桶真空泵密封水回用</td><td>中费（10 万元）</td><td>节约用水 2 000 t/万 t 产品，减少废水 1 800 t/万 t 产品，削减 COD0.75 t/万 t 产品</td><td>降低成本 1 583 元/万 t 产品</td><td>2003.12</td></tr>
<tr><td colspan="3">合计 1</td><td rowspan="2">600 万元</td><td>节约用水 20 577 t/万 t 产品，节约标准煤 65.0 t/万 t 产品，减少废水 11 400 t/万 t 产品，削减 COD4.73 t/万 t 产品，减少 SO_2 产生量 33.8 t/a，减少烟尘产生量 488.9 t/a</td><td>降低成本 59 166 元/万 t 产品</td><td></td></tr>
<tr><td colspan="3">合计 2</td><td>节约用水 72 万 t/a，节约标准煤 2 275 t/a，减少废水量 39.9 t/a，削减 COD165.55 t/a，减少 SO_2 产生量 33.8 t/a，减少烟尘产生量 488.9 t/a</td><td>全年增效 207.1 万元</td><td></td></tr>
</table>

③环境标志认证。芬欧汇川常熟纸厂拥有最先进的生物废水处理厂，一流的废水处理技术和环境管理系统，所有的废物排放量都远远低于国家允许的指标。芬欧汇川常熟纸厂已通过两大国际森林认证体系 FSC（Forest Stewardship Council，森林管理委员会）和 PEFC（Programme for the Endorsement of Forest Certification，森林认证认可计划）的产销监管链认证（CoC），可提供经过 FSC 和 PEFC 认证的印刷用纸产品。通过 FSC 与 PEFC 的林产品产销监管链认证，企业取得了部分产品的生态标签权，其中 FSC 的标签达到 30%，这些认证体系对促进企业环境管理和可持续发展起到了很大的积极作用。

④企业环境报告。环境行为和企业的环境影响作为反映企业经营表现的重要指标之一，越来越为投资者及公众所关注。芬欧汇川常熟纸厂自 2010 年起对外定期公开发布环境报告，成为国内造纸行业率先自愿发布环竟报告的企业之一。环境报告反映了企业在业务和生产经营活动中对环境的影响，以及在为减少和消除有害环境影响方面所付出的努力和所获成果，有利于更好地传播企业的可持续发展理念，强化绿色环保形象，并便于社会公众的监督。

1.4.3.3　芬欧汇川（常熟）纸厂开展自愿环境管理的绩效评估

（1）环境绩效

通过采取自愿环境管理手段，企业大大节约了所需能源资源，能源、原材料自给自足，其中以清洁生产的环境绩效最为明显（由于企业是在 2003 年实施的清洁生产，2003 年和 2004 年的环境绩效变化最为明显，所以本研究仅以 2000—2004 年的企业环境数据进行对比分析），见表 1-2。通过实施清洁生产，作为耗水大户的造纸厂取水量和废水排放量大大降低。从图 1-11 可以看出，2000—2004 年企业纸品产量不断上升，但 2004 年的耗水量较 2002 年减少了近 50%，废水排放量也相应削减了近一半。同时，通过清洁生产，吨纸水耗和万元产值的主要污染物排放迅速达到国际先进水平。

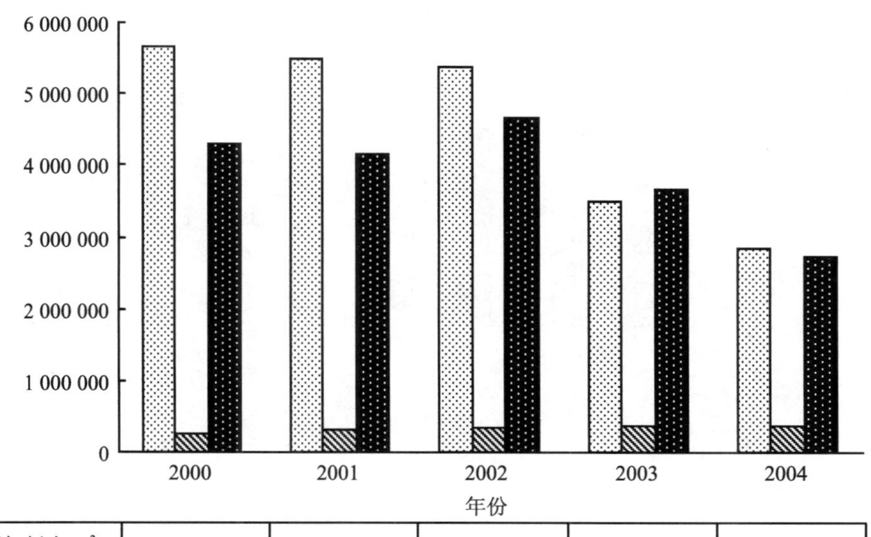

	2000	2001	2002	2003	2004
⊡ 纸机耗水/m^3	5669486	5485671	5381680	3492134	2837980
▧ 纸产量/t	261405	318456	343385	367597	374080
■ 废水排放/m^3	4285896	4155927	4657510	3674527	2737569

图 1-11　清洁生产实施前后的企业用水量变化

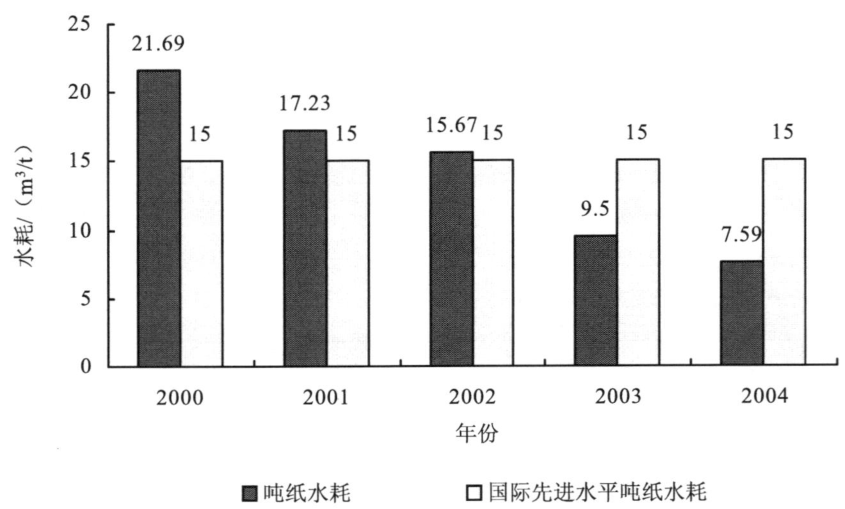

图 1-12 清洁生产实施前后的吨纸水耗变化

（2）经济绩效

实施清洁生产之后，企业的能耗和污染处理成本大幅降低。其中，2004 年比 2002 年在水耗方面节约支出 1 815 万元。此外，通过大幅削减污染物，企业也节约了大量的污染物处理成本（表 1-2）。在注重清洁生产的同时，企业还将污水处理每天产生的 40 多 t 污泥经压滤后送入公司循环流化床锅炉焚烧，每天可减少石灰石脱硫剂用量近 8 t，节省标准煤 4.1 t，年节约生产成本近 150 万元。

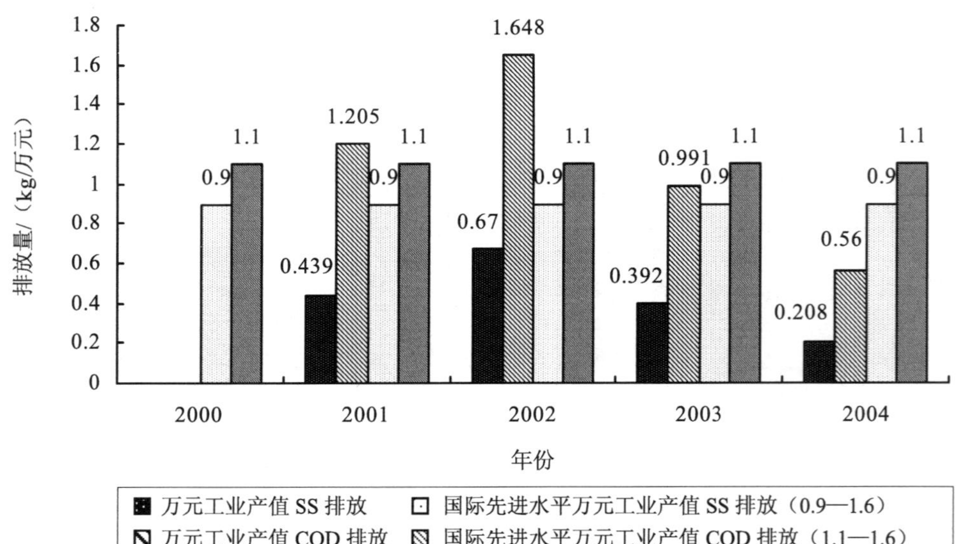

图 1-13 清洁生产实施前后的万元产值的主要水污染物排放水平变化

（3）社会绩效

芬欧汇川的责任原则与目标反映了社会总体发展情况，也符合利益相关方的期望。从投资者角度对企业进行经济、环境和社会绩效评估的领先指数中，芬欧汇川一直都是其中一员。芬欧汇川（常熟）纸业有限公司从 2001 年至今，一直是江苏省绿色企业，2004 年获得“江苏省环境友好企业”称号，2005 年荣获“国家环境友好企业称号”。

2010 年，芬欧汇川入选道琼斯可持续发展指数，公司对碳管理的承诺得到了碳信息披露项目的肯定。2010 年，芬欧汇川加入了森林足迹披露项目。道琼斯可持续发展指数的成员是从全球水平和地区水平上分别选出的各产业可持续发展领导者。道琼斯可持续发展指数通过详尽的经济、环境和社会表现分析对企业进行年度审核，评估他们在减缓气候变化、供应链标准、劳工惯例、公司治理和风险管理等问题上的绩效。而北欧碳信息披露领导指数的成员是北欧证券交易所上市企业，以气候变化披露惯例为指导，在公司内部采用最为专业的企业管理方法，由此受到高度肯定，被纳入该指数。这些公司在气候变化信息的披露工作中表现非常出色，披露信息的重点内容包括温室气体排放、减排目标以及如何管理和气候变化有关的风险和机遇。森林足迹披露项目关注森林砍伐相关风险，要求企业披露有关的政策信息和运营管理信息，尤其是涉及森林的内容。加入这一计划的企业被要求披露公司的运营和供应链对全球森林具有何种影响，以及他们对于管理这些影响做了哪些相应工作。

1.5　水环境保护自愿管理手段的总体发展战略框架与路线图

1.5.1　对我国企业开展自愿环境管理的总体评价

通过理论和案例分析，本研究对我国企业开展自愿管理的微观绩效进行了梳理和总结。从总体上看，我国的企业尤其是外资企业对开展自愿环境管理的积极性较高，在开展 ISO 14001 认证、清洁生产、编写企业环境报告书等方面进展较大。然而，由于受到多重因素的影响，我国企业在开展自愿环境管理方面仍然存在诸多障碍。

1.5.1.1　总体评价

（1）自愿环境管理的开展主要以大型企业和外企为主，中小企业态度并不积极

目前，我国开展自愿环境管理的企业主要以大型企业和跨国企业为主，中小企业参与较少。这与大型企业和外企公司管理制度较为成熟、管理理念和企业文化较为先进、公司关注自身环境形象有很大关系。例如，青岛市参与企业环境报告书编制的企业主要为海尔集团、华电青岛发电有限公司、青岛黄海制药有限公司、青岛华东葡萄酿酒有限公司等大型企业，参与的企业数量仍然很少。常熟开发区参与自愿环境管理较为积极的企业也以跨国企业和大型企业为主，虽然有 34 家企业通过了 ISO 14001 认证，14 家企业通过了清洁生产审核，但与开发区 600 多家的企业数量相比仍然占较少比例，大部分企业仍然缺少参与自愿环境管理的意识和动力。

（2）ISO 14001、清洁生产和环境标志是开展较为广泛和成熟的自愿环境管理手段，其他手段开展较少

由于我国从 20 世纪 90 年代便开始推行环境标志、ISO 14001 和清洁生产，并且在 2003 年后清洁生产的发展受到了《清洁生产促进法》的明显促进，这三类手段是目前企业广泛

接受并普遍开展的自愿环境管理手段。以常熟开发区为例，采取自愿管理手段的企业主要以 ISO 14001 和清洁生产审核为主，一些企业例如芬欧汇川对其产品申请了环境标志，只有个别企业发布了企业环境报告书。在自愿环境管理方面做的较好的芬欧汇川也仅从 2010 年才开始发布企业环境报告书。青岛市目前共有 300 多家企业通过清洁生产审核公布验收，近 500 家企业通过 ISO 14001 环境管理体系认证，而采取其他手段的较少，例如公布企业环境报告书的企业仅有 17 家。

（3）贸易壁垒、消费者和环境监管的压力是企业采取自愿环境管理手段的主要动力

根据常熟开发区的调研结果，出口贸易可能带来的贸易壁垒、来自于消费者的压力、环境监管和排放标准的要求等是企业采取自愿环境管理的主要动力。政府的环境标准是否严格、环境监管能否给予企业压力也发挥着重要作用，同时，消费者的环境意识水平以及购买绿色产品的意愿也间接推动了企业采取自愿环境管理。由此给企业的决策层带来的巨大压力，使得企业的决策层产生开展自愿环境管理的需求，决策层对环境保护的态度直接决定了企业是否开展自愿环境管理。因此，企业决策者的环境意识敏锐程度、环境道德观念的强弱对企业的环境行为表现好坏与否也至关重要。

（4）自愿环境管理产生了一定的环境绩效，但相对于其他手段减排效果还是很微弱

自愿环境管理为企业带来了一定的环境绩效。在水环境管理领域，清洁生产的减排效果最为明显，2008 年，青岛市组织验收的清洁生产审核企业 36 家，共产生无/低费方案 901 个、中/高费方案 123 个，产生经济效益 1.24 亿元。实现年节水 112 万 t，年减少废水排放 108 万 t，减排化学需氧量 449 t、氨氮 2.56 t。常熟开发区的一些造纸企业通过清洁生产改进生产工艺，也大大降低了废水排放中的 COD 浓度。然而，这些环境绩效是否与企业采取自愿管理手段直接相关仍需进一步展开研究。企业采取环境管理的主要原因还是来自于越来越严格的环境排放标准和越来越高的环境违法成本，往往是在政府的强制下采取清洁生产和其他环境管理手段。相比之下，行政管制型政策和市场激励政策对企业污染排放的减排效果要更强一些。

（5）自愿环境管理手段中，以清洁生产的环境和经济绩效最为明显，其他手段的绩效有待于进一步深化

清洁生产和 ISO 14001 是我国推行较早、实施较为广泛的自愿环境管理手段。在评估过程中，本研究发现，企业普遍认为清洁生产能够在短期内带来明显的环境绩效和经济绩效，ISO 14001 也能带来一定的环境绩效和经济绩效，但短期内并不明显。而诸如企业环境报告书、环境标志等手段的社会绩效要强于环境和经济绩效，其环境绩效的体现往往是一个长期的过程。

（6）自愿环境管理手段在水环境领域的应用仍不广泛，需要进一步拓展

根据案例分析，自愿环境管理在水环境管理领域的造纸行业得到了很好的应用。这主要有以下几点原因：一是造纸行业的废水排放特征污染物比较明确，处理技术较为成熟；二是造纸行业产业链条较短，对产业链条上下游进行环境管理标准控制具备可操作性；三是纸类产品的环境标志认证发展较为成熟，消费者也较为认可此类认证产品。与造纸行业相比，化工、酿造等耗水和废水排放量较大的行业，由于受到产业链条较长、污染物排放种类复杂、产品环境认证困难等因素的限制，自愿环境管理手段的应用仍不广泛，需要进一步拓展。

（7）自愿环境管理手段能否顺利推进和实施，依赖于严格的法规、标准等前提约束条件

在当前的经济发展水平下，我国的环境管理采取的主要是命令与控制即强制性手段，虽然经济激励手段也得到了一定的发展，但主要以公共财政的投入、排污收费等政策工具为主，排污交易、生态补偿、环境税等经济手段目前还在试点或研究阶段。具体来说，强制性手段主要包括法律手段和行政手段。法律手段是通过制定一系列禁止性规范和限制性规范、相关的权利和义务，使污染者知道需要怎样做才能符合法律法规的要求。强制性手段的实施一方面要靠立法，即把国家对环境保护的要求及相关政策、标准以法律的形式进行明确；另一方面要靠执法，即管理部门和司法部门要严格执行法律规定，以此来制止破坏环境的违法行为，追究违法者的责任。中国自 20 世纪 80 年代开始，已经制定了国家宪法、环境保护法、环境保护单行法、环境标准和环境保护相关法等保护环境的法律、法规，形成了比较完善的环保法律框架。行政手段是指国家和地方各级政府根据国家行政法规所赋予的行政权力，针对环境资源保护实施的行政决策和管理，主要包括排污许可证、限期治理、对排污单位实行关、停、并、转等。

严格的法规、标准是自愿环境管理手段得以顺利开展的基础，只有给予污染者足够的外部压力，不断提高污染者的违法成本，才能从根本上提升污染者的法律和责任意识，自觉自愿地实施自愿环境管理手段，从源头减少污染物排放。然而，我国环境违法成本低的问题长期没有得到根本解决：环境资源成本未能充分纳入污染者的内部成本；部分行业主要污染物排放标准仍然不够严格；超标排放的行政处罚普遍偏轻；行政执行缺乏强制手段，违法行为得不到及时纠正；环境民事赔偿法律制度不健全，司法途径追究环境法律责任滞后；对污染事故造成的生态环境损害难以追究责任，环境公共利益损失索赔缺乏法律支撑。在这种外部环境下，企业很难积极主动进行环境管理，自愿环境管理也就失去了发展的空间和动力。

因此，要推进自愿环境管理手段在我国的实施，必须要具备以下几个约束条件：首先是要有相应的法律法规约束。要完善相关的法律法规，严格执法和司法追究，提高企业的违法成本，这是自愿环境管理实施的首要条件。其次是要有与地方经济发展水平和环境状况相适应的、完善的行业污染物排放和环境质量标准。严格的环境标准是企业改进生产工艺、开展环境管理、减少污染物排放、促进产业升级的基础条件。

以江苏省为例，江苏省从 2008 年开始在太湖流域实施《太湖地区城镇污水处理厂及重点工业行业主要水污染物排放限值》，这一标准比国家标准更为严格。2009 年 1 月 1 日起，江苏省又在全国率先实施了更为严格的印染、化工、造纸、钢铁、电镀、食品制造六大行业新标准，对这六大行业实行提标改造，新标准已与发达国家最严格的标准相当。这就使得太湖地区的企业必须主动采取清洁生产和技术改造，以达到新的排放标准。第三是要有制度性的行政管理手段和抓手，强化环境监管。需要以排污许可证制度为核心，综合运用环境影响评价、“三同时”、限期治理等行政监管手段，形成严格的污染企业行政监管机制。其中，排污许可证制度是总量控制政策的现实载体，环境评价制度和“三同时”制度为许可证的实施提供基础，而限期治理制度通过排污许可证制度得以充分实现，同时排污许可证制度还是排污收费、排污权交易等市场机制的制度依据。这些行政管理手段的落实，有利于强化对污染企业的监管和处罚力度，促使企业采取措施控制污染物排放。第四是要有能够充分体现环境资源价格的激励性配套政策。一方面，需要以价格信号调节污染

物企业的环境行为，将企业的外部污染成本内部化；另一方面，需要给予开展自愿环境管理企业以补贴和激励，使企业在改善环境行为的同时能够得到经济上的收益。

1.5.1.2 存在问题

（1）自愿环境管理手段运用较为单一，部分手段未得到企业重视

如前文所述，目前我国企业对自愿环境管理手段的运用较为单一，往往仅局限于环境管理标准体系和清洁生产，其他一些手段未得到企业的重视。主要原因在于：一是环境标志等手段的覆盖面不大、短期效益并不明显，并且认证过程复杂、认证费用过高，国内消费者对认证产品的需求较小，企业往往缺乏采取此类手段的主动性；二是企业对于披露自身环境信息仍然存在抵触性，这导致企业环境报告书等手段难以得到广泛接受和推广；三是我国中小企业较多，这些企业的决策者对自愿环境管理手段的认识仍然不足。

（2）当前广泛应用的自愿环境管理手段仍然存在诸多不足

以企业环境报告书为例，青岛市大部分企业环境报告书所提供的企业环境信息少而且不规范，缺乏企业的物质流分析、水资源平衡分析、环境会计与环境绩效等相关数据的定量化描述，削弱了报告书中环境信息的披露程度，使公众难以对企业产品生产和污染物排放情况进行系统掌握。在环境管理标准体系认证中，一些企业也存在重认证形式而轻环境管理的情况，往往没有真正将环境管理的各项要求落实到生产过程中。

（3）企业实施自愿环境管理缺乏相关的政策激励

要让企业自愿采取环境管理措施，政府必须要有一定的配套措施予以激励。然而，在目前的节能减排、清洁生产、循环经济、新能源、环保产业等相关法规政策中仍然缺乏对自愿环境管理的优惠政策规定。在现有政策框架下，如改革补贴、财政信贷、排污收费、技术服务政策等也缺乏对企业自愿环境管理的政策支持。因此，应当进一步完善相关的激励政策，如在国家层面设计新型的环境税、能源税等，明确参与环境自愿环境管理的企业在达到既定的目标后，可以给予相应的减免税收优惠政策等。地方上也应当积极探索适宜地区和产业园区企业参与自愿环境管理的各类激励政策手段，加快推进自愿环境管理手段的实践探索。

1.5.2 总体发展战略框架与路线图

1.5.2.1 战略框架

自愿环境管理手段的实践要在明确与其他环境管理手段的关系和在现有环境管理体系的定位的基础上，通过系统调整强制性手段和经济手段的法规、政策设计，循序渐进地推进和发展。

环境管理的强制性手段、经济手段和自愿手段各具优势，但都有一定的局限性。法律手段往往只强调法律责任关系和社会公平，但却缺乏经济效率。虽然对污染者有较强的威慑作用，但对环境损害的反应大多滞后，难以弥补环境污染造成的损失。法律手段对企业防治污染也缺乏激励作用，使企业偏重于污染的末端治理，但不可否认的是法律手段是其他环境管理手段开展的前提和基础。行政手段往往是“一刀切”，忽视了污染企业间的异质性，容易造成较高的社会治理成本。政府的行政管理目标与环境质量目标往往也会存在

差异，导致“政府失灵”的情况。经济手段与强制性手段相比具有成本效益高的特点，但对于较为复杂的如持久性有机污染物、颗粒物等具有潜在性、长期性特点且污染原因不确定的污染物，其损害成本难以定量化估算，经济手段往往难以发挥作用。而自愿手段作为一种新型管理手段，虽然有利于解决环境与生态保护中，超出法规要求之外、排污标准约束不了、社会公众和政府迫切希望企业能进一步改善的环境问题，但其在执行过程中缺乏强制力，一些自愿环境管理手段在短期内难以体现明显的环境效益，并且由于需要一定的前期成本，企业往往缺乏实施此类手段的动力。

由上述分析可见，仅依靠单一的环境管理手段很难达到有效进行环境管理的目的，各类环境管理手段应当是相互渗透、相互交叉、相互依存、互为补充的关系，必须通过梳理不同管理手段之间、各管理手段不同政策工具间的关系，推进环境管理政策体系中各类手段的综合运用。法律手段应当是其他手段有效运用的重要前提，没有法律手段作保证，行政手段就会无法可依，经济手段的灵活高效就无法充分体现，自愿手段就会显得软弱无力。运用行政手段和经济手段的目的都是为了更有效、更严格地执行法律，应当成为法律手段的有效补充，这其中尤其需要充分发挥经济手段优化配置环境资源的作用。

我国水环境保护领域自愿环境管理手段发展的战略框架不应是孤立的，而是要将自愿环境管理作为未来水环境管理的发展方向和目标，逐步推进以命令控制手段为主的环境管理，向命令控制手段为主、经济手段为辅，再到命令控制手段、经济手段和自愿管理手段并用的环境管理的转变。在这一战略框架中，逐步完善的水环境保护及相关法规是各类环境管理手段实施的前提；在法律法规不断完善的基础上，需要从国家和地方层面上不断完善水污染物排放、水环境质量、水污染物控制技术等标准，这是各类环境管理手段得以顺利开展的约束条件；在具体的环境管理手段中，严格的行政管理是其他手段开展的基础，并且是企业开展自愿环境管理的主要压力和动力；经济激励和公众参与手段可以有效地补充行政管理手段实施的不足，同时，经济手段可以激励企业实施自愿环境管理，公众参与与自愿环境管理互为支撑和补充；在整个环境管理的战略框架中，自愿环境管理仍将处于辅助性的位置，在未来一段时期内仍很难体现出与强制性手段和经济激励手段同样的减排效果，见图 1-14。

1.5.2.2　路线图

（1）战略目标与路线图

结合对当前我国自愿环境管理手段实施，尤其是在水环境领域实施情况的分析和评估，本研究提出了“十二五”和“十三五”期间我国自愿环境管理手段实施的战略目标：在未来一段时期，要大幅提升自愿性清洁生产的企业数量，广泛推行环境标志，逐步建立和完善企业自愿实施的 ISO 14001 环境管理体系，全面普及和推广自愿环境协议，广泛推行企业环境报告书制度。充分发挥自愿环境管理手段在环境管理领域的重要作用，逐步实现我国以行政管理手段为主的管理模式向经济手段和自愿管理手段的过渡，促进环境质量的有效改善（图 1-15）。

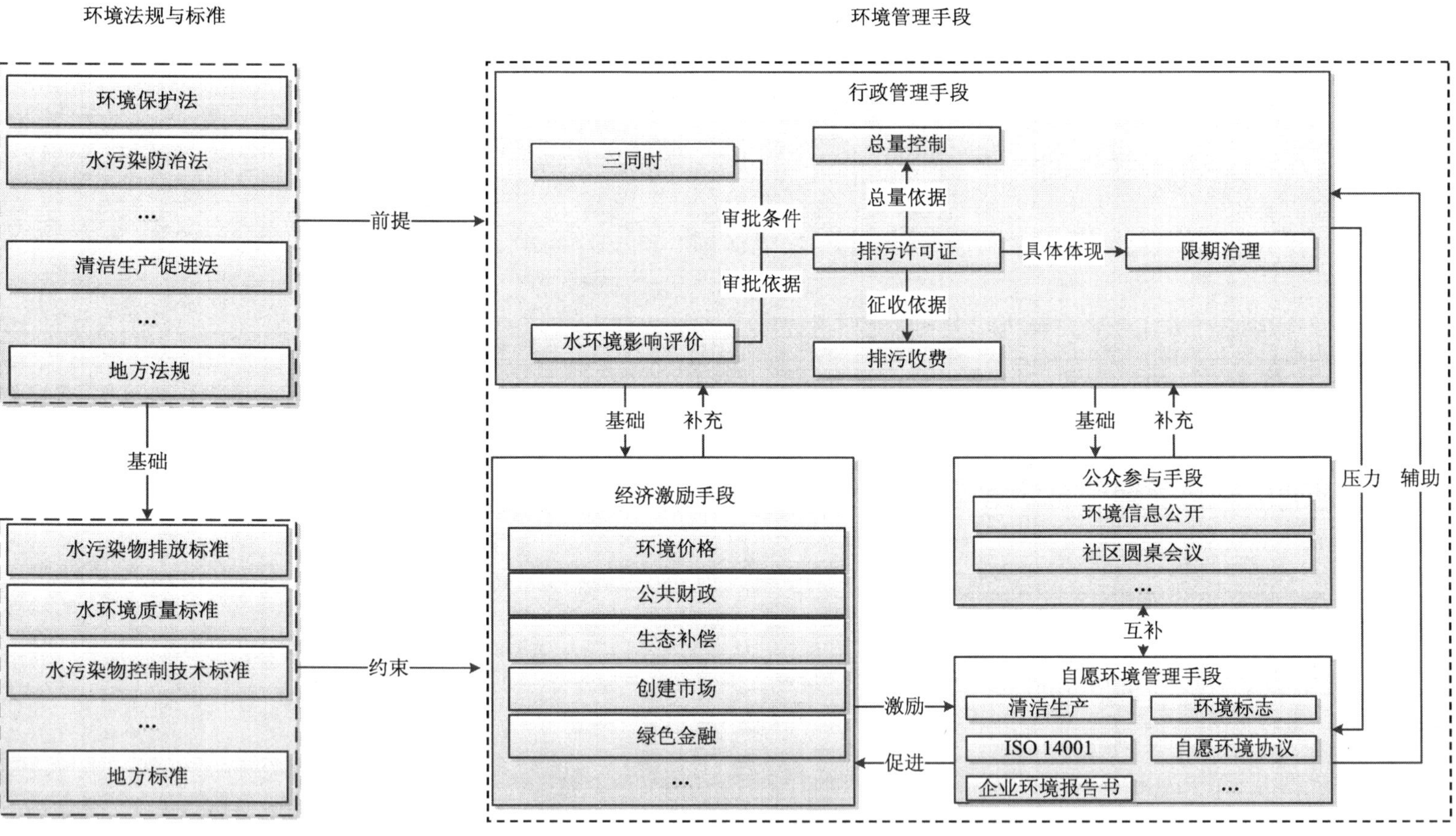

图 1-14 中国水环境保护自愿环境管理手段实施的战略框架

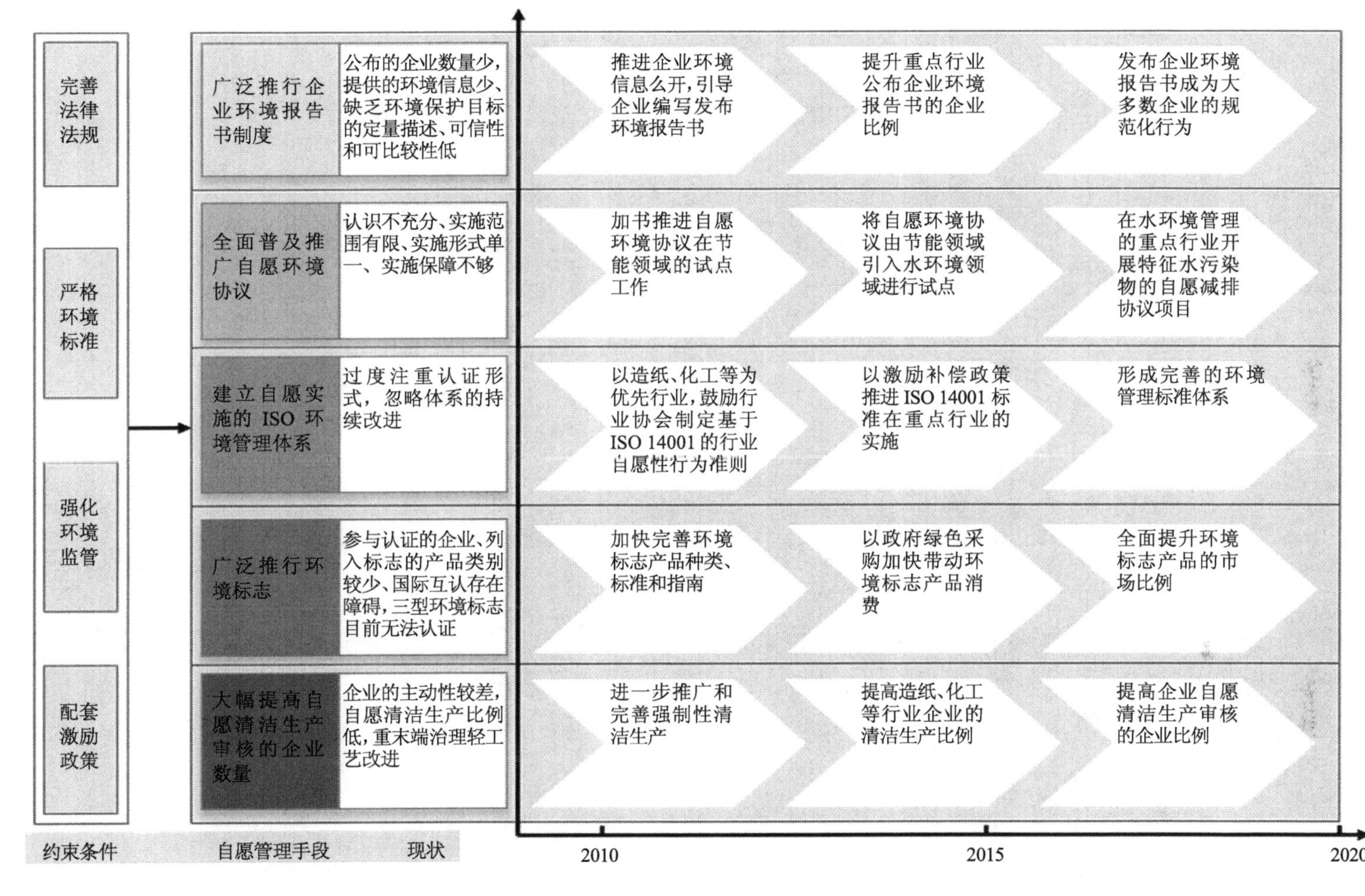

图 1-15　中国自愿环境管理手段实施的战略路线图

上述几种自愿管理手段的推行要各有侧重，由于清洁生产、环境标志和ISO环境管理体系已经具有了良好的开展基础，因此要作为优先加快推进的手段。而自愿环境协议目前是国外受到广泛关注的自愿管理手段，在节约能源、减少温室气体排放领域取得了重要成效，也应当成为加快推进的手段之一。由于我国企业的环境管理发展水平较低，企业普遍对发布环境报告书存在抵触心理，我国的公众参与机制也不够完善，因此企业环境报告书手段的推行应当结合我国不同地区企业环境管理水平发展的具体情况缓步实施。

（2）实施任务

具体到各项自愿环境管理手段的实施任务，主要包括以下几个方面：

清洁生产：要明确清洁生产对企业改进生产工艺、减少污染物排放的重要作用，以法律为依据，进一步推广和完善强制性清洁生产，鼓励工业企业在稳定达标排放的基础上进行深度治理；完善促进清洁生产的激励政策，逐步改变以政府为主导推进清洁生产的状况，提升重点流域化工、造纸等重污染企业清洁生产比例；开展重点流域农、牧、水产业互促型清洁生产模式研究，引导畜禽养殖企业开展清洁生产。“十三五”期间（2016—2020年），要实现清洁生产由重管理型方案向重工艺改造方案的转变，实现清洁生产由强制性审核向自愿性审核的转变，提高企业对工艺改造方案的投入和自愿清洁生产审核的企业比例。

环境标志：要加快完善环境标志产品的种类、标准和指南，尽快提高我国的环境认证标准；加快完善环境标志法律，如在《对外贸易法》中增加环境标志的相关规定；充分发挥政府绿色采购的作用，以政府绿色采购带动环境标志产品市场。完善《政府采购法》，补充采购环境标志产品的内容，制定和颁布适合我国国情的政府绿色采购实施条例或办法。建立绿色采购标准制度，根据认证标准而非产品清单采购产品。完善公开绿色采购信息，完善监督机制；积极开展环境标志的双边或多边相互承认工作，提高我国出口产品竞争力；鼓励企业调整发展战略，积极申请环境标志认证，参与国际绿色市场竞争。“十三五”期间，全面提升国内环境标志产品的市场比例，形成消费者广泛购买环境标志产品的局面。

ISO 14001：以造纸、化工等为优先行业，鼓励行业协会制定基于ISO 14001的行业自愿性行为准则，并在江苏、浙江等经济发达地区展开试点；研究对获得ISO 14001认证的企业，采取设立专项资金、财政补贴、排污费返还的形式进行经济激励补偿的优惠政策体系，并在江苏、浙江等经济发达地区展开试点；“十三五”期间，初步建立起较为完善的、企业自愿实施的ISO 14001环境管理体系，形成环境管理标准认证的监控、考核与评估体系，强化企业实施ISO 14001环境标准的监控和管理。

自愿环境协议：加快推进自愿环境协议在节能领域的试点工作，将自愿环境协议由节能领域引入水环境领域，鼓励地方加快研究自愿环境协议在水污染重点行业的实施办法，在江苏、浙江等发达地区开展水污染行业自愿环境协议试点，引导重点企业参与签署自愿环境协议；“十三五”期间，在水环境管理的重点行业开展重金属等有毒有害水污染物的自愿减排协议项目，运用自愿环境协议加强水环境风险防控，进一步挖掘主要和特征水污染物的减排空间。

企业环境报告书：加快推进企业环境信息公开，引导企业编写发布环境报告书，出台相应的管理办法和技术指南；加快制定对开展环境报告活动的企业的扶持和激励政策；研究建立中国的企业环境会计和审计制度，为全面准确地向公众报告企业环境信息提供基础保障；在山东省开展重点企业环境报告书试点的基础上，在其他地区推广试点经验，在水污染重点行业进一步开展试点工作。“十二五”期间，初步形成较为完善的企业环境报告书制度，发布企业环境报告书成为水污染行业重点企业的规范化行为，重点行业公布环境报告书的企业比例明显提升。

1.5.2.3　相关配套政策

（1）强化有利于自愿环境管理实施的水环境保护监管机制

强有力的环境监管是企业自愿实施环境管理的基础条件。各级政府应当进一步加大对企业环境行为的监管力度，通过强化法律手段，不断提高企业的违法成本，提高企业的环境法律意识。本研究提出，要健全以排污许可证制度为核心，综合运用环境影响评价、“三同时”、限期治理等行政监管手段的工业污染源监管机制；优化工业污染源的监督监测机制；健全重点流域层面的环境准入制度，细化水环境高污染企业的淘汰机制。

①完善以排污许可证为核心的行政监管机制。

应坚持以排污许可证制度为核心，综合环境影响评价、“三同时”、限期治理等制度，以污染源集中控制制度为重要手段，结合不同流域、区域的具体水环境保护目标要求，构建集多种行政管制政策于一体的综合行政监管机制。要进一步拓宽排污许可证制度的执行范围，优化其具体执行方式，建立更为科学高效、与其他制度有机结合的排污许可证制度体系。其中，排污许可证制度是总量控制政策的现实载体，环境评价制度和“三同时”制度为许可证的实施提供基础，而限期治理制度通过排污许可证制度得以充分实现，同时排污许可证制度还是排污收费、排污权交易等市场机制的制度依据。此外，还要完善排污许可证分配及发放、监督管理形式、分类分级方式以及处罚制度设计，使企业受到强有力的监管约束和压力。

②优化工业污染源的监督监测机制。

以在线监测系统为基础，以监督执法为保障，以行政督察为手段，进一步优化重点工业污染源的长效监督监测机制。一方面，要加快构建工业重点源自动在线监测系统，完善促进企业在线监测系统建设的相关法规政策，提升在线监测数据覆盖面。另一方面，根据具体流域和地区企业的环境绩效考核，以及区域水环境质量标准等因素，根据地区差异建立针对性的水环境保护督察制度，配套建立相应的法规政策，强化针对违规排放的打击力度。

③强化流域层面的准入与淘汰机制。

一方面，要建立健全水污染重点行业企业的准入机制。近年来，我国一些地区根据地区经济发展水平和环境承载能力，分别制定了区域产业环境准入标准，禁止非准入产业项目进入相应区域。为了进一步提升水环境质量，降低环境风险，各地区尤其是重点流域应构建更为严格、更为具体的企业环境准入机制，形成细致和量化的环境准入标准体系，限制低环境绩效新建企业进入和企业扩建项目的审批。另一方面，要构建按流域划分的水污染重点行业淘汰机制，强化重污染行业退出执行力度。要综合考虑各区域、流域，同一流域内不同上下游区域的水质功能区及水环境容量差异性，构建不同地区的重污染行业限期淘汰长效机制，对达到淘汰要求的企业坚决限期清退、搬迁。通过构建准入和淘汰机制，激励企业采取更为清洁的生产工艺，提高环境管理水平，从外部环境上给予企业开展自愿环境管理足够的压力。

（2）健全企业与政府共担的水环境保护责任机制

要推进自愿环境管理手段的实施，需要进一步转变政府职能，向社会分配环境权益，建立健全政府和社会、企业共担责任的水环境保护责任机制。通过逐步减少政府对企业环境管理的直接管制，由企业和社会更多地分担环境管理的职责和负担。这需要各级政府在进一步完善地方政府水环境质量目标和治理目标责任制的同时，鼓励社会各利益相关方以自愿性环境管理方式参与管理与监督，鼓励企业用自愿管理的方式更多地参与环境决策和合作，逐步强化和提升企业的环境责任意识。

近年来，一些地区对企业环境责任展开了积极探索，例如开展了企业环境信息公开、企业环境行为评级、企业环境报告书编写等工作。然而，当前的企业参与水环境保护的责任机制仍然存在诸多问题，例如法律法规不健全、缺乏完善的公众参与和社会监督机制、企业自我环境意识不足、信息公开与信息披露机制仍然需要进一步推进和完善等。因此，需要在进一步完善法律法规的基础上，严格落实执法各项措施，严厉打击违法排放行为，同时，通过开展企业环境道德意识宣传教育，使企业逐步认识到开展环境管理的意义和重要性。可以在一些经济发达地区开展企业环境道德意识培训计划，对企业内部员工展开培训。地方上应定期组织重点企业进行环境道德意识的学习与交流，邀请相关专家学者将环保先进理念和技术及时传播，提高企业环境管理的整体水平。

（3）完善促进水环境保护自愿管理手段实施的激励政策

①逐步完善促进水环境保护自愿管理手段实施的财政投入机制。

财政政策工具是国外推行自愿环境管理常用的政策手段。结合目前我国财政政策现状，建议采取以下财政政策激励企业开展自愿环境管理：一是对企业开展自愿环境管理并在既定水污染减排目标的基础上进一步增加环境绩效的，给予一定的资金奖励，资金来源可以从目前的各类环保专项资金、技术改造专项资金、环境基金、节能减排专项资金等中抽取，也可以从新设立的其他环保渠道筹集；二是设置企业开展自愿环境管理的专项补贴资金，中央财政通过设立专项资金的形式，并鼓励地方财政设置配套资金，以补贴的方式鼓励企业申报开展自愿环境管理。

②探索有利于水环境保护自愿管理手段实施的税收政策。

在国外，利用税收工具促进自愿环境管理是常用的做法之一。在国家层面，我国应加快税制绿化进程，环保税收政策创新改革考虑与实施自愿环境管理相衔接，相关规定应有一定的弹性和柔性，允许地方通过灵活运用税收优惠政策实施自愿环境管理项目。中央层面要重视税收优惠政策设计的可操作性，各地或行业利用国家税收优惠政策开展自愿环境管理项目时，应考虑如何更有效地贯彻和落实国家的税收优惠政策为自愿环境管理参与企业提供激励。

建议在现有环保税费政策中纳入自愿环境管理各项手段的相关规定，从国家层面上明确界定自愿环境管理手段的范围，并明确对参与自愿环境管理的企业从事水污染物减排技术、环保设备和产品等方面的研发和应用，可给予减免税额、降低税率、提高税前扣除比例、再投资退税等税收优惠；允许企业抵扣其购置的环保设备所含增值税进项税金，并对企业的节能减排给予税收返还配套政策；对于回收和利用废旧物资的，应在现行增值税法规定的基础上提高抵扣率；对企业从事符合条件的环保项目的所得免征或减征企业所得税，实行环保投资、再投资的税收抵免或者退税优惠。在税率设计上，考虑根据实施自愿环境管理的企业的水污染物减排目标情况，给予不同的退税率减免优惠。

③开展信贷政策用于自愿环境管理的试点探索。

建立评价企业参与自愿管理的评价评级体系，对参与自愿环境管理的企业按照一定的标准进行分级，并对评级较高的企业给予优先融资的优惠；出台财政贴息和税收优惠等利好金融政策激励商业性银行奉行“赤道原则”，加强对商业银行和政策性银行的信贷指导，制定适合中国国情的绿色信贷指导目录、污染行业信贷指南等，更好地为银行评贷、审贷提供支持，促进商业银行积极、自觉地支持企业开展自愿环境管理。

④充分利用排污收费返还政策激励企业开展自愿环境管理。

企业参与自愿环境管理意味着企业在短期内要投入更高的环境污染治理成本，水环境领域的造纸、化工等行业是排污收费的重要来源，因此，可以实行排污费减免或先征后返政策，在自愿环境管理实施中可以考虑将部分排污收费资金作为专项资金，补助给企业用于实施环境管理体系认证、环境标志认证、清洁生产或自愿环境协议项目。同时，建议排污费改革中考虑适当增加减免比例，灵活应用于推进自愿环境管理。

（4）推进基于企业环境信息公开的公众参与机制

要扭转政府“全包全管”的执政观念，充分认识到公众在解决环境问题过程中不可替代的主力军作用。群众参与环境保护不仅可以弥补政府监管力量的不足，还可以敦促污染企业采取自愿环境管理手段，改善环境行为。这其中，最重要的手段是企业环境信息公开，主要的渠道包括环境信访听证、社区环境圆桌会议和社会组织等。

环境信息公开是公众参与环境保护的前提条件和必要途径，要建立和完善环境信息公开制度，为公众参与环境监督提供基础条件。近年来，我国正大力推进环境信息公开制度。定期对企业的环境信息进行公开，不仅有利于企业环境意识的强化，更能使公众对企业进行有效的监督。信息的公布可能引起的社会反响和市场反应是企业必须考虑的。目前，我国绝大部分的企业环境信息未能对公众公开，有些只对特定的利益相关者公开。因此，应该鼓励更多的企业参与环境信息公开，并扩大信息公开的范围，强化企业的环境责任意识，让群众帮助政府监督污染者的环境行为，让企业行为是否“环境友好”成为公众选择其产品的标准和依据，激励企业主动采取良好的环境管理。

一是要重视企业环境信息公开制度建设的重要性，就企业环境信息公开的模式、范围、程序、平台建设、公开绩效的评估、法律法规支撑等关键问题进行系统调研和分析，加快相关政策出台，积极推动各地试点的深入推进。二是要在国家法规的基础上加强企业环境信息公开地方性法制建设工作，增加企业环境信息公开的内容，例如企业参与自愿环境管理的情况等。三是要统一环保部门的基础数据源，强化企业环境行为数据获取能力建设。按照企业环境行为评价和信息公开工作的需要，建立企业环境行为数据库和相应的管理信息系统，以保证数据来源的合法性及数据的准确性，做到数据的可判断、可收集和可核查。加强企业环境信息公开网络建设，重视环保部门内部不同机构间以及环保部门与相关政府部门间的联动能力建设，确保企业环境信息数据信息能够即时、有效公开，并对企业环境表现和信息公开进行动态评估和跟踪管理。四是在今后的企业环境信息公开工作中，将企业环境信息纳入政府、金融机构信用信息平台或建设环境信用体系，使环境守信企业在市场准入、公共服务、贷款授信等方面得到更多优惠或便利，失信企业受到多种限制，使企业的环境表现作为金融机构是否给予企业融资政策的先决条件。为此，环保、金融部门间要加强信息资源共享和联动能力建设。

在完善企业环境信息公开的基础上，还要构建与完善包含听证事项类型、听证参加人员筛选原则、信访人/被举报人权责义务、听证执行程序、最终解决形式等在内的环保信访听证机制。此外，还要在当前试点的基础上，进一步探索社区环境圆桌会议机制，明确企业、社会公众、环保 NGO、法律团体在其中的参与形式。通过推进企业环境信息公开和公众参与，激励企业改善环境行为，推动企业积极向“环保模范企业”、“环境友好企业”的目标迈进。

第 2 章　上市公司环境绩效评估与信息公开制度

2.1　实施绿色证券政策的重要意义

上市公司在经济发展和公众中的影响较大，资本所占份额也较高。截至 2010 年年底，中国境内有上市公司超过 2 000 家，上市公司的总市值超过 20 万亿元，占当年 GDP 的比例超过 50%。近年来，一些上市公司因环境污染受限批或受经济处罚带来的资本风险加大，给广大投资者和公众带来了严重影响，同时影响了证券市场和国民经济的健康、稳定发展。

为贯彻落实《国务院关于落实科学发展观加强环境保护的决定》中企业应当公开环境信息和《国务院关于印发节能减排综合性工作方案的通知》中加强上市公司环保核查的要求，引导上市公司积极履行保护环境的社会责任，促进上市公司持续改进环境表现，十分有必要开展绿色证券政策的研究与实践。根据《关于加强上市公司环境保护监督管理工作的指导意见》（环发[2008]24 号），绿色证券政策包括三个方面：一是上市公司环保核查；二是上市公司环境绩效评估；三是上市公司环境信息披露。指导意见要求进一步加强上市公司环境保护监督管理，要结合当前我国环保工作面临的新形势和新任务，进一步完善和加强上市公司环保核查制度，积极探索建立上市公司环境信息披露机制，开展上市公司环境绩效评估研究与试点，加大对上市公司遵守环保法规的监督检查力度。

2.1.1　有效遏制高耗能、重污染企业资本扩张的需要

一般而言，企业融资的途径主要分为间接融资和直接融资两类。间接融资是指企业通过商业银行等金融中介获得贷款的融资方式。而直接融资是指企业通过发行债券、股票等方式，从资本市场上直接获得资金的融资方式。在中国，企业往往可以通过获得上市资格，在股票市场上初次公开发行股票的方式融集基金。已上市的企业还可以通过向社会公众增发新股、向原股东配发新股或发行公司债券的方式获得后续发展资金。对于国有大中型企业，经过国家有关主管部门的批准，还可以通过发行企业债券和短期融资券的方式融集长期资金和流动性资金。

从企业融资的主要途径出发，对于高耗能、重污染企业的资金限制，可以从限制其间接融资和直接融资两个途径入手。对于间接融资渠道，主要的政策思路是鼓励并引导商业银行等金融机构通过“绿色信贷”政策手段引导资金和贷款流入促进国家环保事业的企业和机构，并从破坏、污染环境的企业和项目中适当抽离，实现资金的“绿色配置”。与间接融资渠道相比，直接融资渠道更是可以限制“两高一资”企业资本扩张的领域。因为企

业要从资本市场上获得资金，无论发行股票还是债券，在发行资格和发行规模方面，都要受到证券监管部门的严格约束。与直接“关停并转”和“区域限批”等行政手段相比，实行“绿色证券”政策能规范和促进上市公司加强资源节约和环境保护，推动上市公司健全环境管理制度，提高企业工艺技术水平，实施清洁生产，减排降耗，持续改进企业环境行为，主动承担保护环境的社会责任。因此，实施绿色证券政策，特别是加强上市公司环境绩效评估与信息披露是当前全国环保工作的一个突破口，是一个可以直接遏制高污染高能耗企业资金扩张冲动的行之有效的环境经济手段。

2.1.2 维护广大投资者和公众利益，保证证券市场健康稳定发展的需要

当前，我国环境形势十分严峻。一些地区建设项目和企业的环境违法现象较为突出，特别是一些上市公司因环境污染受限批或受经济处罚带来的资本风险加大。2005—2007年，原国家环保总局刮起的三次“环保风暴”，对电力等高能耗及高污染的上市公司形成较大的负面影响，其中受影响的上市公司有华电国际、华能国际、国电电力及粤电力等，造成火电公司股价下跌。除了电力行业以外，石化、造纸、公路、医药等行业也受到一定影响。尤其是 2007 年初的“区域限批”政策，使大唐国际、华能、华电、国电四大电力集团旗下的上市公司，包括刚上市不久的大唐发电，华能国际、华电国际、国电电力等股价表现都弱于市场。由于区域限批所带来的资本风险给广大投资者和公众带来了严重影响，同时影响了证券市场和国民经济的健康、稳定发展。

同时，在上市公司环境信息披露方面，目前我国上市公司对环境绩效的披露还很不到位。以 2009 年的上市公司年报为基础所做的研究分析表明，进行了环境信息披露的上市公司仅为 50%，且绝大多数披露都是定性描述，文字描述量较少，不能满足国家和公众了解其环境信息的需求。上市公司规模较大，其对中国经济和环境保护的影响力不容忽视，加强对上市公司环境绩效评估和信息披露，有助于提高全民的环境意识，有助于避免高污染、高耗能的上市公司因环境污染受限批或受经济处罚给广大投资者带来的资本风险，维护广大投资者和公众利益，保证证券市场和国民经济的健康、稳定发展。

2.1.3 进一步完善我国现有相关法规政策的需要

近年来，随着环境保护的日益加强，社会公众和上市公司社会责任意识的逐步提高，在环境保护、证券监督管理等部门的积极推动下，我国绿色证券政策取得了较大进展。目前，在上市公司环境保护监管方面，环保部门联合中国证监会先后开展了有关工作，并制定出台了相关法规。

2001 年以来，原国家环保总局陆续发布了《关于做好上市公司环保情况核查工作的通知》（环发[2001]156 号）、《关于对申请上市的企业和申请再融资的上市企业进行环境保护核查的规定》（环发[2003]101 号）、《关于进一步规范重污染行业生产经营公司申请上市或再融资环境保护核查工作的通知》（环办[2007]105 号）和《首次申请上市或再融资的上市公司环境保护核查工作指南》等，对上市公司环保核查的内容、程序、范围、时段、分级核查等做出了系统规定。2003 年 9 月和 2005 年 11 月，原国家环保总局又先后发布了《关于企业环境信息公开的公告》《关于加快推进企业环境行为评价工作的意见》，对公开企业环境信息提出了重要意见。2007 年 4 月，原国家环保总局又发布了《环境信息公开办法（试

行)》，专门对企业环境信息公开作了原则规定。2008 年 2 月，原国家环保总局发布了《关于加强上市公司环境保护监督管理工作的指导意见》，对建立上市公司环境信息披露机制提出了原则性指导意见。2010 年 7 月，环境保护部发布了《关于加强上市公司环保核查后督查工作的通知》，对完善上市公司环境信息披露机制专门作了要求，要求各省级环保部门将上市公司主动披露环境信息和发布年度环境报告书的情况，作为上市环保核查的重要内容。为满足公众的环境知情权，敦促上市公司积极履行保护环境的社会责任，环境保护部于 2010 年研究制定了《上市公司环境信息披露指南》(征求意见稿)。

同时，中国证监会也在《首次公开发行股票并上市管理办法》《上市公司信息披露管理办法》《上市公司证券发行管理办法》和《公开发行证券的公司信息披露内容与格式准则第 9 号——首次公开发行股票并上市申请文件》等重要规章、文件中规定了企业环保方面的要求。2008 年 5 月 14 日上海证券交易所发布了《上海证券交易所上市公司环境信息披露指引》，明确规定须以临时公告方式披露的环境信息、公司可以自愿披露的环境信息以及被环保部门认定为污染严重企业必须披露的信息范围，同时还明确了有关环境信息披露的程序性要求，如公告方式、报备文件等。

另外，除了国家层面积极推动外，一些地方也努力开展试点，出台相关文件办法，对加强企业环境监管取得了较好效果。江苏在上市公司环境信息的披露方面一直走在其他省市的前列，披露内容也由简单逐渐演变为完善。从横向看，近几年江苏省各上市公司的环境信息披露主要是在风险因素及对策中，占披露内容的 82%；从纵向看，近年来江苏省上市公司的环境信息披露范围逐步扩大，内容日趋详尽，各企业已从简单披露环保政策发展到披露环境财务影响，从行业风险、环保政策、环保风险扩展到环境质量体系认证等内容。辽宁省大连市环保局在全国率先推行“企业环境报告书”，专门制定了大连市企业年度环境报告大纲，推动了很多企业发布社会责任报告。2002 年以来，安徽省积极开展了企业环境信息公开试点工作，制定了《安徽省企业环境行为评价试点工作方案》《安徽省企业环境行为评价标准》和有关实施办法，为保障企业环境信息公开创造了良好条件。

上述法规制度的出台为我国绿色证券政策的建立打下了良好基础，也为规范和促进上市公司加强资源节约和环境保护，推动上市公司健全环境管理制度，提高企业工艺技术水平，实施清洁生产，减排降耗，主动承担保护环境的社会责任起到了重要作用，阻击了许多公司上市和项目融资，有效遏制了一批高耗能、重污染的上市公司资本的扩张，维护了广大投资者和公众的利益，保证了证券市场和国民经济的健康、稳定发展。目前，越来越多的企业开始注重对环保责任的承担，如海螺水泥、中国石化、民生银行、宝山钢铁等一批优秀企业积极参与环保事业，发布社会责任报告或环境报告书。通过承担环保责任来回报社会，已经成为许多企业文化的重要组成部分。

然而，在实践中，我们看到，由于上市公司环境保护核查制度这项工作开展的时间较晚，还存在许多不完善的地方，例如，上市公司环保核查的专家评议机制、培训机制、激励机制，环保部门与证券监管部门信息通报和联动机制以及地方环保部门的责任规定等还不完善，实施效果并不理想。同时，上市公司环境信息披露制度和上市公司环境绩效评估制度也亟待建立和出台。

如何使上市公司的环保核查工作和环境信息批露以及环境绩效评估规范化、系统化和常态化，并尽快形成一套行之有效的环境经济制度，是当前工作的重点。但是目前尚缺乏一个将上市公司的环保核查、环境信息批露和环境绩效评估工作进行整合的绿色证券政策指导性文件出台，缺乏上市公司环境信息披露的规范指南和强制性、自愿性披露内容及相关约束规定，缺乏上市公司环境绩效评估标准及相关政策办法。这些制度性空白，使企业上市环保准入审查和已经上市的公司环境信息和绩效评估工作并没有一套科学的标准和严格的程序，上市公司的环境管理效果并不理想。同时，缺乏规范性指南和方法，很难比较不同上市公司的环境绩效水平和管理状况，不能为利益相关者提供准确的环境信息，阻碍了资本市场发展对上市公司环境保护的关注，也不利于上市公司自身的环境管理。因此，结合我国的经济发展和环境保护现状，加强绿色证券政策研究，完善上市公司环境保护核查制度、上市公司环境信息披露和环境绩效评估的理论方法，明确各方的环境责任，对于我国上市公司的可持续发展具有重要意义。

总体上看，实施绿色证券政策可以在以下三个方面发挥作用：一是有助于企业管理者制定涉及环境保护和经济社会发展的决策。这样可以体现环境信息在可持续发展战略方面的决策价值，调动企业保护环境的积极性，增强企业环境责任感，保证实现最佳的环境效益和经济效益。二是有利于政府部门了解企业在环保方面的业绩。只有充分披露与环境保护有关的信息，才能有利于环保部门对整体情况的掌握，有利于政府相关部门对企业的社会贡献和经营风险作出公正的评价与决策。三是有利于社会公众、债权人及投资者了解企业环境情况和环保形象。社会公众只有了解了企业与环境有关的信息，才能作出正确的投资决策；债权人也只有了解了这方面的信息，才能真正把握企业的偿债能力。另外，投资者通过企业披露的环境信息，能够最大限度地规避企业环境风险，也有利于证券市场健康、稳定发展。

2.2 国内外研究与实践进展

国际上对环境保护与资本市场的认识经历了这样一个过程：自然资源与经济增长—环境问题与经济增长—环境问题与资金投入—环境问题与资本市场。学者们对各个认识历程的研究大致可分为三个历史阶段，分别包含在古典经济学、新古典经济学和生态经济学之中。2003 年美国学者 E.Radel 和 N.R.Allen 把资本市场与环境保护的研究推向了一个新阶段，他们合著的《产业生态学（第二版）》中构建了金融与环境保护的理论基础，从产业与环境的视角把金融作为服务业的一种纳入服务业与环境保护的理论框架中。上述观点和著述为绿色证券市场提供了扎实的学理基础，也成为世界各国进行绿色证券政策探索改革的理论契机。本节重点从绿色证券政策的两个方面——上市公司环境信息披露和上市公司环境绩效评估来系统总结和分析国际和国内的研究与实践进展，以为我国绿色证券政策的研究与制定提供经验借鉴。

2.2.1 国际研究与实践进展

2.2.1.1 上市公司环境信息披露

在 20 世纪 80 年代中期，环境信息披露最早是作为企业社会责任报告的一个组成部分，披露方式主要体现在公司年度报告中。从 90 年代开始，“绿色化”意识日益被官方和公众接受并强化，对公司环境信息披露产生了巨大的压力，大公司纷纷在年度报告中增加环境信息，并最终编制独立的年度环境报告。由于国际社会对环境问题的重视，一些重要的国际会计组织和国家对于环境信息的披露在理论上和实践上进行了大范围的探索。1989 年 3 月，在国际会计和报告准则政府间专家工作组第七次会议上，首次对有关环境信息披露在全球范围内的进展情况进行了讨论。此后，许多国际组织都设立了机构或工作组。1998 年，第十五届国际会计和报告准则政府间专家工作组会议召开，会上集中讨论了《企业环境会计和报告》的工作文件。该文件包括两部分内容：第一部分是《实现环境业绩与财务指标的结合：最佳实用技术调查》，主要分析了常规财务会计模式相对于环境会计目的的局限性及目前一些企业在反映环境业绩方面的做法，并提出了在企业年报中披露环境业绩的建议；第二部分是《企业环境会计和报告最佳实务的中期报告》，这是关于环境会计和报告的一份系统文件，它包括了与环境有关的主要会计概念的定义，环境成本和环境负债的确认、计量和披露。根据毕马威（KPMG）早期的一项调查，披露环境信息的跨国性大公司，1994 年已达 65%，1995 年继续增长为 77%；而最大的 100 家公司则全部编制环境报告。根据 KPMG《全球企业责任调查报告 2008》，在全球 250 强的公司中，编制独立的企业环境报告的比例为 52%，2008 年达到 79%。

环境信息披露尚无统一的国际专业标准，环境管理体系 ISO14000 系列是目前较为完整并获得公认的国际标准，专栏 1 介绍了国际上与企业环境信息披露相关的一些标准或准则。

专栏 1　与企业环境信息披露相关的标准或准则

最早的标准是英国 1992 年颁布的“环境管理制度”，对企业环境管理系统的开发、实施和维护提出了明确要求；1997 年英国的“环境报告与财务部门：走向良好务实”，对企业的环境报告标准作出了指导性的规范。

欧共体 1993 年发布的“环境管理与审计计划（EMAS）”，鼓励成员国企业设立环境目标和政策，外部独立机构验证和颁证。

现在公认的环境管理国际标准是 ISO14000 系列，包含六方面内容：（1）环境管理体系；（2）环境审计；（3）环境标志；（4）环境行为评价；（5）生命周期评价；（6）环境方面的产品标准。环境标志Ⅱ型和Ⅲ型产品要求企业根据产品生命周期清单（LCI）和产品生命周期影响分析（LCIA）作出相关的企业产品环境报告。

联合国国际会计和报告准则政府间专家工作组（ISAR）1992 年出版了《环境会计：当前的问题》一书，提出了环境审计、可持续发展会计、环境对国民经济核算的影响等方面的意见。1993 年，ISAR 印发的《跨国公司的环境管理》研究报告，介绍了部分跨国公司在其年度报告中公布的环境资料情况。

丹麦颁布了“绿色说明”法，要求大约 1 000 家公司发布年度绿色报告。

欧洲一些公司环境成本报告活动开展得很早。从 ABB 公司 10 年来的进展可以看出很多跨国企业的环境报告制度发展进程，基本上包括完善环境管理体制、制定环境保护目标、审核和报告目标进展情况几个方面（见专栏 2）。

专栏 2 ABB 公司 10 年环境报告制度历程

早在 1992 年，ABB 就建立了环境报告制度。1993 年，该公司把 38 个国家的子公司纳入环境评估，并在生产地进行有关的环境问题评价。1994 年该公司出版了第一本环境报告。1995 年，该公司出版了第一套环境保护目标体系，并建立了国际环境问题交流平台。1996 年环境质量标准体系 ISO 14001 公布后，ABB 的 50 余个子公司通过了此标准体系的认证，公司全面推行环境报告制度。目前 ABB 96%的分支机构通过了 ISO 14001 认证。1997 年该公司第二套环境保护目标颁布。1999 年，该公司在 23 个业务区域中完成了核心产品全部有关环境要素的报告。总公司每年度的环境保护报告被翻译成 22 种语言在集团内广为传阅，并在互联网上披露。在该公司 2002 的报告中，开始用可持续能力报告（Sustainability Report）代替原来的环境行为报告。

另外，ABB 注重从组织上保障环境报告制度的执行，在每个业务区域专设了环境保护控制经理，定期举办环境问题研讨会和有关培训。

随着 2002 年的全球报告活动（Globe Reporting Initiative）可持续发展能力报告指南（Sustainability Reporting Guideline）的颁布，欧洲一些跨国公司，如壳牌、ABB、UPM-Kymmene 等在 2002 年度的全面责任报告中，除了以往的环境信息外，纷纷加入了经济、社会、健康等方面内容，扩展了环境报告制度的内涵及其深度。

目前，从欧美整个情况来看，环境信息披露已深入到各行业和各个相关领域。美国环境信息披露属于法定披露项目，主要采取定量形式披露，定性描述为辅。美国要求上市公司在财务会计报告中考虑环境问题导致成本增加对公司财务产生的影响，对企业环境成本和负债的计量有清晰规范的指导。日本政府对于企业披露环境信息制定了许多规范，包括 1999 年 3 月颁发的《关于环境保护成本的把握及其公布指南（中间报告）》、2000 年 5 月发表的《建立环境会计系统（2000 年报告）》、2001 年 2 月发布的《经营者的环境责任指标》。尽管日本企业采取自愿性披露环境信息，但企业非常愿意向投资者公开自己的环境信息。加拿大是较早研究和实施环境会计的国家，其环境会计理论和实务一直处于世界前列。加拿大特许会计师协会还通过出版定期或不定期刊物，及时公布环境会计和审计的研究成果，其 1994 年发布的“环境绩效报告”还提出了披露环境绩效的建议。欧洲环境会计信息披露历史悠久，欧盟有关环境信息公开的主要法律是 1990 年 6 月通过的《有关环境信息公开自由指令》，由所有成员国在 1992 年 12 月 31 前在自己国内实施。

在国际上，关于上市公司环境信息披露研究，目前主要集中于联合国、美国、日本、欧盟等国家（或国际组织），典型的环境信息披露形式主要包括全球报告倡议（GRI）框架、联合国环境报告指南和日本环境报告书指南等。

从上述国外环境信息披露的实践看，有以下一些特征值得我们关注：

（1）信息披露内容具有多样性，但缺乏统一的标准

不同国家，不同的组织，其披露的侧重点不同，没有统一的标准。从环境信息披露的内容来看，有的仅仅披露环境管理政策、方针等没有实质性的内容；有的仅仅披露原材料使用和污染物排放等特征，并没有披露环境影响导致的环境成本增加和对公司的风险；有

的则不仅披露了企业的环境影响信息，如主要污染物排放指标，企业的环境目标与政策等，还披露了环境导致的财务影响，如环境污染可能招致的诉讼，恢复因土地污染可能发生的债务及支出，与环境相关的或有负债或与环境相关的成本和收益。

（2）信息披露的形式多样，但以环境报告书为主

从披露的形式上看，有的企业是在现有的年报或其他报告中增加内容或篇幅，而有的企业是作为公司年度财务报告的一个独立部分。但大多数国家和相关组织提倡以环境报告书或可持续发展报告书来进行环境信息的披露，并且在不断的实践中，环境信息的相关性、可验证性和可比较性有很大提高。在环境报告书编制的发展过程中，一些环境管理标准体系中的编制指南起了关键的作用。这些环境报告书的编制指南为那些要求环境业绩与财务业绩共同发展而自愿提供环境信息的公司提供了标准化的指导。

（3）企业对环境信息的披露依赖于企业的主动性

国外大部分国家对企业环境信息披露都是采取政府指引和企业自愿的形式进行的。除了某些行业被强制要求披露相关的环境信息外，大部分企业的环境信息披露依赖于企业采取的主动行为。许多企业自愿对外披露环境信息的原因多种多样。影响因素有：具有较高水准的企业文化；管理部门和外界特别是投资者希望了解企业有无履行必要的环境责任；企业希望以此吸引社会公众的注意和建立良好社会关系，树立良好的企业形象；信息披露可能影响到股票价格，使信息使用者及时对风险作出评估，降低风险；为其他企业和会计准则制订者提出要求之前进行有益的探索并提供经验等等。

（4）政府环境管理部门、会计职业组织在信息披露中的作用明显

国外政府对企业的环境信息披露要求大多采用强制性和自愿性相结合的方式，政府管理机构一方面通过法律和行政手段强制企业披露环境信息，另一方面则通过制定政策调动企业自愿披露环境信息。在政府部门制定的法律法规中，对违反环境保护法规的行为规定了相当严厉的惩罚，企业的违规成本很大。而一旦企业忽视环境因素，所面临的环境风险将导致其决策失误，企业从自身利益出发不得不关心环境保护。

企业环境信息披露由于技术性强，涉及面广，需要环境专业人才和会计人才的合作。尤其是环境会计作为一种新的领域，其发生发展更需要不断深入研究。国际各类会计积极投身于其中，如国际会计和报告准则政府间专家工作组（ISAR）、美国财务会计准则委员会（FASB）、美国注册会计师协会（AICPA）、日本公认会计师协会（JICPA）、英国特许管理会计师公会（CIMA）、英格兰及威尔士特许会计师协会（ICAEW）和加拿大特许会计师协会（CICA）等对环境会计领域提出多种指导原则。

（5）各国立法的重点是鼓励企业自愿披露环境信息

无论出于何种原因，企业自愿披露环境会计信息都是值得鼓励的。如为了鼓励各类实体自愿发现、披露、改正和防止违反联邦环境法的情况，美国环保局于 1995 年发布了《鼓励自我监督：发现、披露、改正和防止违法》（*Incentives for Self-policing：Discovery，Disclosure，Correction and Prevention of Violations*）的政策，该政策又被称为《审计政策》（*Audit Policy*）。《审计政策》使那些按该政策自愿发现、披露、改正其违法行为的实体获得避免法律处罚的优待，在鼓励自我监管的同时也维持了执法的公平与效率，因而被广泛采纳。

（6）披露环境信息的主要是上市公司和一些大型企业

由于上市公司和大型企业属于公众公司，都是各国政府监管的主要对象，证监会对其有严格的信息披露要求。在西方发达国家，环保理念深入人心，许多社会团体和个人自觉致力于环境保护工作，提倡人与自然和谐发展。在这种大的环境下，企业如果不重视环境保护，就会面临巨大的环境风险。例如，如果企业不进行环保型经营，可能会因造成环境污染而被迫承担环境责任。因此，企业不得不重视环境保护，自觉披露有关环境信息，以减少自己的环境风险。

2.2.1.2 上市公司环境绩效评估

（1）企业环境绩效评估理论研究进展

Walley 和 Whitehead（1994a）认为企业环境绩效的改善是政府管制的结果，提高环境绩效会增加企业成本，损害其竞争优势，企业环境绩效与经济绩效是负相关关系。随后，一些学者对这种观点提出质疑。Shrivastava（1995a）、Reinhardt（1998a）等学者发现，企业良好的环境绩效可以增加企业的竞争优势，例如，污染防治可以提高资源利用率，减少成本，或者通过绿色产品获得更多的市场份额。Klassen 和 MeLaughlin（1996a）认为，企业环境绩效（例如，企业因环境受到的奖励或惩罚）会影响投资人对企业未来经济绩效的预计，因此，在有效市场中，股票价格将反映环境绩效的经济收益。他们通过实证分析发现，企业环境绩效与财务绩效（如股票市场价格）之间存在正相关关系。Porter 和 VanderLinde（1995a）认为，企业环境绩效与企业竞争力的关系不是简单的负相关或者正相关，企业要根据成本和收益去选择环境管理的程度，适度的环境管理有利于促进企业提高资源生产力，从而提高企业的生产效率和竞争力。在实证中，Lin Roberts（1996a）使用 AMC 模型评估了五家钢铁公司的环境绩效与经济绩效，结果表明环境绩效与公司经济绩效正相关。Stanwick 和 Stanwick（1998a）通过对多个行业共 120 多家企业的研究发现，企业收益率与其污染物排放量存在显著的正相关。Christmann（2000a）对美国 88 家化工企业的实证分析也发现企业环境管理与企业经济绩效之间存在正相关。Stefan Schaltegger（2002a）对有关环境绩效与经济绩效的关系研究文献进行总结，分析了环境绩效与经济绩效的正相关和负相关两种相互矛盾的观点产生的成因和存在的差异，并予以解释。

在环境绩效评估指标体系构建和评估方法研究方面，Daniel Tyteca（1996a）提出环境绩效是一种能够使一个公司的多个工厂间或一个行业内多个公司间对其某些环境特征进行比较分析的工具。他认为应当从输入、产品输出和污染物（非产品的输出）三方面来建立环境绩效指标体系，并提出了基于数据包络分析（data envelopment analysis）方法的综合环境绩效指数。AnneY.Hinitch（1998a）使用了理论和实证方法评估企业环境绩效，提出需要一个明确的环境绩效标准为相关方提供更可靠、精确的信息，以此进行企业之间的比较和做出重要战略决策。Young C.W.（1998a）建议通过比较企业环境绩效目标的完成情况来评估企业环境绩效。由于一些企业没有制定环境管理目标，并且不同企业的目标也不相同，因此，评估结果不具有可比性，也不利于企业自身的环境管理。Johan Thoresen（1999a）讨论了环境绩效指标的构建和使用的主要影响因素，认为环境绩效指标应该在宏观层面和微观层面都能使用，建议使用生命周期评估方法评估和管理企业间的环境绩效，指标体系应分为产品生命周期绩效、操作绩效和环境状况指标。Bvon Bahr 等（2002a）利用六家水泥厂的污染物排放数据说明了操作绩效指标数据质量的重要性，建议企业建立排放数据质量保证系统，以便于企业间环境绩效的客观比较，并提出了一种方法来反映企业环境绩效的真正差异。Charles J.Corbett（2002a）提出了一种风险管理工具——系统能力指数（process capability indices），它在环境风险加强的情况下能及时准确地反映和评估环境绩效的改变情况，并建议在环境质量管理和数据分析方面发展和应用统计处理技术（statistical process control），从而建立有效的坏境绩效标准。Momoshima（2004a）使用生态效益指数（Eco-efficiency index，EEI）对日本 23 家化工企业进行了评估，发现该指数只适用于行业内企业间的比较，而对不同行业企业间环境绩效结果的比较适用性较差。

在国外资本市场，环境绩效作为企业可持续发展（经济、社会、环境）的评估内容之一，已经应用在基于上市公司社会责任的股票价格指数的编制中。目前，可持续发展股票价格指数有道琼斯可持续发展全球指数、Ethibel 可持续发展指数等。道琼斯可持续发展全球指数（DJSI 全球）主要反映道琼斯全球指数中可持续发展水平排行榜前 10%的公司的业绩情况，由 SAM 研究中心的企业可持续发展评估体系从 DJSI 全球可投资股票域中选定每个 DJSI 行业中领先的可持续发展公司。其评估标准包括：适用于所有行业的通用标准，以及适用于特定行业的专用标准。标准的制定源于对全球和行业面临的挑战的认定。在评估标准的选择上，环境绩效评估是可持续发展评估体系的组成内容之一。在编制过程中，根据公司调查问卷、公司文件、媒体报道与股东意见、与公司联系这四个方面获得的信息，对每个公司的可持续发展绩效进行评估，算出每个公司的可持续发展绩效得分。为了确保评估的质量和客观性，采用了外部审计和内部质量保证程序。

Ethibel 可持续发展指数（ESI）创建于 2002 年 6 月，其发布已经成为公司可持续发展和社会责任投入（SRI）的一个重要标准。Ethibel 讨论会确定成分股的选择，不断地更新、监控和扩大 Ethibel 投资注册名单，在部门和地区系统分析的基础上，挑选出社会责任最好的企业。Ethibel 可持续发展指数使用 Laspeyres 公式计算，测量价格相对于一个固定基本数值的变化，每个指数具有唯一的指数除数，它被调整用来维持指数值的连贯性，指标值随着公司行为而变化。

（2）环境绩效评估实践进展

联合国调查表明，企业界对于可持续发展并没有一个统一的、明确的认识。企业对于应该做什么以及能做什么才可以将企业的日常经营活动引导到可持续发展的道路上去，依然不是很清楚。从 1992 年在里约热内卢举行的有关可持续发展的联合国环境与发展会议发表了可持续发展议程之后，一些企业集团声称在环境问题方面已经取得了巨大的进步。而研究调查表明，仅有极少数企业将环境业绩看成是关系到企业的竞争力和具有战略意义的问题，只有少数企业在各种规范企业环境实务的环境宪章上签字。国际商会（ICC）的企业只有不到 5%的跨国公司公布环境报告，而且这些环境报告在相关性和可靠性方面仍需大力改进。在已有的企业环境报告中，对“可持续发展”和“环境”这两个概念未加区分，现行的环境报告书依然呈现出定性、描述性和片面性的特点，缺乏可比性，环境目标、环境耗费、环境成效和财务效果之间缺乏联系，难以比较企业之间的环境绩效水平。最近的大量研究表明，股票市场对环境绩效良好的公司行为是有回报的。科拉森（Klassen）和麦克郎林（Mclaughlin）在 1997 年所做的一项研究发现，当企业在环境问题上表现良好时，企业的股价倾向于上升，平均达到 0.82%，而当企业发生一次环境事故时，例如井喷，企业的股价大约会下降 1.5%。英国特许管理会计师公会在 1999 年所进行的一项研究表明，企业环境责任与企业盈利能力之间存在一定的联系。

为了建立和规范企业的环境绩效评估，使企业持续改进其环境行为，一些环境机构和组织在企业管理体系下制定了环境绩效评估指南，既方便利益相关者获取企业的环境绩效信息，也规范了企业环境绩效信息的披露行为。例如，国际标准化组织（ISO）设计了 ISO 14000 系列标准，其中包括 ISO14031 环境绩效评估（EPE）。全球报告倡议组织（Global Reporting Initiative，GRI）制定了企业的可持续发展报告指南，包括经济指标、社会指标和环境指标，其中环境指标体系反映了组织对自然系统的影响。世界可持续发展工商理事会（WBCSD）于 2000 年 8 月提出了全球第一套生态效益评估标准，用于企业的环境绩效评估。联合国国际会计和报告准则政府间专家工作组（ISAR）公布了企业生态效率标准化方法。欧盟环境管理与审计计划（Eu-management and Audit Scheme，EMAS）在其制定的环境管理体系中提出环境绩效评估指标，在欧洲推广和实施。一些发达国家也陆续发布了企业的环境绩效评估指南，如加拿大国家环境与经济圆桌委员会（National Round Table on the Environment and the Economy，NRTEE）制定了计算生态效率指标的工业手册，英国环境、食物和农业部门（Department for Environment，Food and Rural Affairs）2006 年出台了英国企业报告指南——环境关键绩效指标，日本环境省于 2001 年发布了《环境报告书指南——2002 年版》，以推动环境报告书的实施和普及。这些指南有效地推进了世界各国企业进行环境绩效评估工作，但是，在企业环境绩效与企业经济绩效的关系、企业环境绩效指标体系的建立和环境绩效评估方法等方面至今仍未形成统一认识，一直处于理论分析和实证研究当中。

从已有文献来看，目前已经建立环境绩效评估指标体系的国家（国际组织）或地区主要有联合国、美国、日本、欧洲等。采用的指标体系包括 ISAR 指标、GRI 框架内指标和 ISO 14031 等指标。

（3）国外环境绩效评估的主要特点

从上述国际和国外发达国家环境绩效指标的实践来看，有以下特点：

1）环境绩效指标体系标准较多，指标的内容不同

不同国家、不同的组织，其对环境影响的侧重点不同，导致了环境绩效指标体系没有统一的标准。大体上，从环境绩效指标的内容来看，环境指标体系反映了环境管理政策、方针等公司环境管理的内容，也反映了原材料使用和污染物排放等公司操作环境的特征。在指标的具体选择上，考虑到国家和区域的环境状况，一些指标也涉及国际环境状况和国际公约中的规定，如臭氧排放、温室气体排放等。在环境绩效指标的性质上，部分使用了一些定性指标，主要如环境管理方面企业的环境目标、政策、财务影响、诉讼等；部分使用了一些定量指标，主要如公司生产操作层面的排放量、水循环利用率等。

2）环境绩效指标体系的分类框架基本相同

虽然不同组织对环境的影响程度和范围不同，但其环境绩效指标本系都是针对公司环境绩效的各个方面，通常使用环境管理指标、环境操作指标和环境状态指标这三类指标去评估公司的环境绩效水平。环境管理指标主要是从管理学的角度去评估和反映公司的环境管理水平，包括取得的成绩、目标的完成情况等。环境操作指标则主要体现了公司生产的技术水平，包括物质的使用、能源的转换效率和污染物的防治等方面的技术能力。环境状

态指标主要体现了地区、国家和国际上的利益相关者关注公司对外部环境状况的影响，环境状况决定了公司的环境绩效需要达到的程度。

3）环境绩效指标的计量和组合方法不同，以定性、生产率和生态效率为主

在计量上，环境绩效指标有定性和定量指标。定性指标主要反映公司的环境管理状况，这些指标不能量化，或者量化后无法在公司间进行比较。定量指标主要反映公司的操作运行对环境的影响，在反映某方面效率时，有时采用生产率指标（如单位产品能耗），有时采用生态效率指标（如单位产值能耗），这两个指标均能体现公司的能耗水平。在构建指标体系的实践中，虽然环境绩效体系的分类上大体类似，但是具体指标的选择不仅要考虑各地法规对公司的要求，还要考虑不同利益相关者对公司环境保护的关注点不同。

4）政府管理部门、其他环境管理手段对环境绩效评估的作用明显

国外政府对企业的环境信息披露要求大多采用强制性和自愿性相结合的方式，政府管理机构一方面通过法律和行政手段强制企业披露一些环境法规规定的内容，另一方面则通过制定政策鼓励企业自愿性地披露其他环境绩效信息。政府部门制定的法规越详细，惩罚越严厉，企业的违规成本就越大，企业披露的环境绩效指标就越详细。

企业环境绩效信息由于技术性强，涉及面广，需要环境专业人才和会计人才的合作。环境管理体系、环境会计、技术、环境审计等领域的逐渐深入研究也为公司的环境绩效整体评估提供了很好的基础，特别是环境会计方面的研究，对加强环境标准化管理提供了很好的基础，有利于环境绩效指标的规范化和计量。

2.2.2　国内研究与实践进展

2.2.2.1　上市公司环境信息披露

环境信息披露作为企业促进环境保护的一项重要举措，其从出现到不断发展，不仅有企业自身意识提高的原因，也与国家法律法规的要求和地方政府的积极推进是分不开的。目前中国的企业环境信息披露分为自愿披露和强制要求披露等形式。如一些企业自愿编制年度环境报告书，而对于首次上市公司 IPO 时则需要通过环保部门组织的环保核查。

（1）国内环境信息披露的相关法规进展

1983 年第二次全国环境保护工作会议确立了环境保护作为我国一项基本国策的地位。《中华人民共和国环境保护法》（1989 年版本）第 31 条规定：“因发生事故或其他突发性事件，造成或可能造成污染事故的单位，必须立即采取措施处理，及时通报可能受到污染危害的单位和居民，并向当地环境保护行政主管部门和有关部门报告，接受调查处理。” 规范了污染者环境事故或环境突发性事件中的环境信息披露。

1992 年《里约宣言》原则 10 提出：“环境问题最好是在全体有关市民参与下，在有关级别上加以处理。在国家一级，每个人都应该适当地获得公共当局所持有的关于环境的资料，包括关于在其社区内的危险物质和活动的资料，并应有机会参与各项决策进程。各国应通过广泛提供资料来便利及鼓励公众的认识和参与，应让人人都能有效地使用司法和行政程序，包括补偿和补救程序。”这一原则的确立即环境信息公开作为一项环境管理措施获得国际社会普遍认同的标志。

在环境保护基本法对环境信息披露进行规范的统领作用下，之后的环境立法对环境信息披露作了进一步明确规定。1996 年修正的《水污染防治法》第 14 条规定："直接或间接向水体排放污染物的企事业单位，应当按照国务院环境保护部门的规定，向所在地的环境保护部门申报登记拥有的污染物排放设施、处理设施和在正常条件下排放污染物的种类、数量和浓度，并提供防治水污染方面的有关技术资料。前款规定的排放单位排放水污染物的种类、数量和浓度有重大改变的，应当及时申报。"这一规定在我国 1989 年《环境保护法》第 31 条对环境信息公开规定的基础上又迈出了一步，环境信息公开不再是局限于发生环境事故或其他突发性事件时污染者才负有的义务，而是在正常情况下，直接或间接向水体排放污染物的企事业单位就得向环境保护部门进行环境信息自主披露。该法第 28 条则是对突发性事件中的环境信息披露的规定。

1996 年，《固体废物污染环境防治法》第 32 条规定国家实行工业固体废物申报登记制度；第 53 条规定危险废物申报制度，即产生危险废物的单位，负有向所在地县级以上地方人民政府环境保护行政主管部门申报危险废物的种类、产生量、流向、贮存、处置等有关资料的义务。第 63 条规定了造成危险废物严重污染环境的单位在环境事故或其他突发性事件中的通报公众和报告行政主管部门义务。

1999 年中国证监会"关于发布《公开发行股票公司信息披露的内容与格式准则第六号〈法律意见书的内容与格式〉（修订）》的通知"针对"发行人的重大债权、债务关系"规定，要说明发行人是否因环境保护、知识产权、产品质量、劳动安全、人身权等原因产生侵权之债；"发行人的环境保护和产品质量标准"规定，要说明发行人的生产经营活动是否符合有关环境保护的要求，近三年来是否因违反环境保护方面的法律、法规而被处罚。

1998 年通过的《证券法》（2005 年修订）第 62 条规定："发生可能对上市公司股票交易价格产生较大影响、而投资者尚未得知的重大事件时，上市公司应当立即将有关情况，向国务院证券监督管理机构和证券交易所提交临时报告，并予公告。"

2002 年《清洁生产促进法》第 17 条规定："省、自治区、直辖市人民政府环境保护行政主管部门，应当加强对清洁生产实施的监督；可以按照促进清洁生产的需要，根据企业污染物的排放情况，在当地主要媒体上定期公布污染物超标排放或者污染物排放总量超过规定限额的污染严重企业的名单，为公众监督企业实施清洁生产提供依据。"第 31 条规定："根据本法第十七条规定，列入污染严重企业名单的企业，应当按照国务院环境保护行政主管部门的规定公布主要污染物的排放情况，接受公众监督。"

2002 年，《环境影响评价法》第 6 条规定，要建立必要的环境影响评价信息共享制度。

2003 年以来，原国家环境保护总局陆续发布了《关于对申请上市的企业和申请再融资的上市企业进行环境保护核查的规定》（环发〔2003〕101 号）、《关于进一步规范重污染行业生产经营公司申请上市或再融资环境保护核查工作的通知》（环办[2007]105 号）和《首次申请上市或再融资的上市公司环境保护核查工作指南》，对上市环保核查的内容、程序、范围、时段、分级核查等做出了系统规定。

2003 年 9 月和 2005 年 11 月，原国家环境保护总局先后发布了《关于企业环境信息公开的公告》（环发[2003]156 号）和《关于加快推进企业环境行为评价工作的意见》（环发[2005]125 号），对开展企业环境行为评价、公开企业环境信息提出了重要意见。2003 年证监会发布的《公开发行证券的公司信息披露内容与格式准则第 1 号——招股说明书》中第

47 条将环保因素引致的项目投资风险纳入募股资金投向风险范畴，并规定应于招股说明书中公布；第 48 条将环保政策的限制和变化引致的风险纳入政策性风险范畴，并规定应于招股说明书中公布；第 151 条规定发行人如直接投资固定资产项目，可视实际情况并购，根据重要性原则披露投资项目可能存在的环保问题及采取的措施。

2005 年，《国务院关于落实科学发展观加强环境保护的决定》（国发[2005]39 号）指出企业要公开环境信息。对涉及公众环境权益的发展规划和建设项目，通过听证会、论证会或社会公示等形式，听取公众意见，强化社会监督。

2005 年，《关于加快推进企业环境行为评价工作的意见》（环发[2005]125 号）明确指出，公开企业环境信息是保障公众环境知情权的重要措施，是促进工业污染防治工作的重要手段，是环境政策和管理制度的改革和创新。

2006 年 10 月，中国证券监督委员会公布的《上市公司信息披露管理办法》（中国证券监督管理委员会 40 号令）第 30 条指出："发生影响股票价格的重大事件，投资者尚未得知时，上市公司应当立即披露，说明事件的起因、目前的状态和可能产生的影响。"

2007 年 1 月最新公布的《企业会计准则第五号——生物资产》第一次对生物资产的确认、计量和披露从准则的角度做了明确而具体的规定，部分内容涉及环境信息。

2007 年 4 月，国务院《节能减排综合性工作方案》（国发[2007]15 号）规定要严格节能减排执法监督检查，强化上市公司节能环保核查工作。国家环境保护总局发布了《关于加强河流污染防治工作的通知》（环发[2007]201 号），规定环保部门要加强与证监会的沟通，对已经上市的公司，及时披露企业接受环保部门处罚的信息。国务院国有资产监督管理委员会发布《关于中央企业履行社会责任的指导意见》（国资发研究[2008]1 号）规定中央企业履行社会责任的主要内容包括加强资源节约和环境保护，建立社会责任报告制度。仅 2007 年，原国家环境保护总局就对 42 家公司开展了上市环保核查，在核查完毕的 26 家公司中，因不符合上市环保核查规定以及在核查过程中弄虚作假未通过或暂缓通过环保核查的公司就有 10 家。同时，对于一些环境表现好的公司，例如，核查时段内获得"国家环境友好企业"的公司，则简化上市环保核查程序。

2008 年 1 月，中国证监会发行监管部发布了《关于重污染行业生产经营公司 IPO 申请申报文件的通知》（发行监管函[2008]6 号）规定申请首次发行股票的公司应当提供国家环境保护部的核查意见。

2008 年 2 月，原国家环境保护总局发布了《关于加强上市公司环境保护监督管理工作的指导意见》（环发[2008]24 号）指出要进一步完善和加强上市公司环保核查制度，积极探索建立上市公司环境信息披露机制，开展上市公司环境绩效评估研究与试点，加大对上市公司遵守环保法规的监督检查力度。

2008 年 5 月，环境保护部发布了《环境信息公开办法（试行）》（国家环境保护部令第 35 号），其中专门对企业环境信息公开作出了原则规定。

2008 年 5 月 14 日上海证券交易所发布了《上海证券交易所上市公司环境信息披露指引》，明确规定须以临时公告方式披露的环境信息、公司可以自愿披露的环境信息以及被环保部门认定为污染严重企业必须披露的信息范围，同时还明确了有关环境信息披露的程序性要求，如公告方式、报备文件等。

2010 年，环境保护部发布了《上市公司环境信息披露指南（征求意见稿）》，对环境信息披露的内容和环境报告书的书写提供了规范。

（2）地方企业环境信息披露的试点工作

除了国家层面积极推动外，一些地方也努力开展试点，取得了较好效果，为进一步实施上市公司环保监督管理制度提供了良好示范。

江苏在上市公司环境信息的披露方面一直走在其他省市的前列，披露内容也由简单逐渐完善。一项统计研究表明，从横向看，近几年江苏省各上市公司的环境信息主要是在风险因素及对策中披露，占披露内容的 82%。在这一项目上又主要集中在行业风险中披露，占风险披露总数的 60.98%，通常是对环保问题重要性的认识及对策的讨论、分析；其次是在募集资金运用和发行人情况中进行披露，分别占 32%、26%；有的企业在发展规划中涉及环境信息披露，主要是对公司投资一些环保工程、项目的展望和规划。从纵向看，近年来江苏省上市公司的环境信息披露范围逐步扩大，内容日趋详尽，各企业已从简单披露环保政策发展到披露环境财务影响，从行业风险、环保政策、环保风险扩展到环境质量体系认证等内容。

最新一项调查显示，中国公众对环境问题的重视程度日益提高，环境保护意识进一步增强，自觉参与环保活动的人数较前几年也有很大增长。有 65%的被调查者认为，环境污染是当前世界面临的最重要问题；98%的被调查者曾参与环境问题的讨论和环境保护活动；31%的人表示愿意积极参与环境保护活动。在公众环境意识日益觉醒的今天，越来越多的企业开始注重对环保责任的承担，如海螺水泥股份公司、中国石油化工股份有限公司、中国民生银行等优秀企业积极参与环保事业，发布社会责任报告。通过承担环保责任来回报社会，已经成为许多企业文化的重要组成部分。

国内在企业环境信息披露方面进展迅速。辽宁省大连市环保局在全国率先推行“企业环境报告制”，推动了很多企业发布社会责任报告，而且大多数将报告定名为“企业环境报告”。据介绍，发布报告的都是通过 ISO 14001 环境管理体系认证的企业，整体上，这些企业在履行环境法律法规、污染治理、环境管理等方面都是规范的。一方面 ISO 14001 环境管理体系本身就要求企业管理的目标、计划、持续改进和完成过程并取得绩效，这些企业完全能够实事求是地履行其承诺的环境与社会责任；另一方面，环保部门对其进行日常的环境监督管理，如环境保护软硬件检查、污染减排指标落实情况等。大连市还专门制定了大连市企业年度环境报告大纲。

2002 年以来，安徽省积极开展了企业环境行为信息公开化试点工作。制定了《安徽省企业环境行为评价试点工作方案》《安徽省企业环境行为评价标准》和有关实施措施、办法、管理制度等 10 多项，为保障企业环境行为公开化制度的良好实施创造了条件。试点企业涉及化工、建材、电镀、酿造等行业。各市环保部门对涉及企业从污染物排放行为、环境管理行为、环境社会行为、遵守环境保护法律的情况等几个方面收集企业环境行为信息，科学分析，严格考核，并将考核结果向社会公布。截至 2005 年，共有五个市 240 多家企业参与了环境行为评价工作，占五市规模以上企业 80%以上，涉及企业的污染物排放量占五市污染物排放总量的 80%以上。

（3）我国上市公司环境信息披露的实证分析

目前国内关于上市公司环境信息披露的研究文献并不少见，但绝大部分仅仅限于简单说明披露不同环境信息内容的比例了事，并没有对深层次的影响因素进行分析和研究。部分原因是关于上市公司环境信息披露的研究时间并不长，企业和社会还需要一段时间来接受。

邵毅平（2004）等选择了我国在沪深两地上市的 79 家高污染企业，他们分别经营石油、化工、制药、钢铁、造纸等业务。通过对他们 1999—2002 年的会计年报的分析和研究，发现：①披露环境信息的企业少。1999 年有七家公司披露，2000 年有九家公司披露，2001 年、2002 年均有 14 家公司披露。②披露的连续性差。在 79 家企业中只有 4 家企业连续四年披露。③环境信息披露的内容差异大。三家上市公司详细披露了所募集的资金中的一部分用于环保设施的建设，其余披露环境信息的上市公司仅仅是在在建工程中写明某项环保设施的改造或建设正在进行。④披露信息的企业占样本总量的比率不断增大，有连续披露的发展趋势。

陈瑶（2005）等对材料行业的上市公司环境信息披露进行了研究。137 家上市公司中，披露环境信息的具体情况是：在招股说明书中披露的有 90 家，占 65.69%；在 2001 年年报中披露的有 57 家，占 49.57%；在 2002 年年报中披露的有 70 家，占 55.12%；在 2003 年年报中披露的有 74 家，占 54.07%。

王建明（2005）对化工行业的上市公司环境信息披露进行了研究。在所选定的 61 家样本公司中，有 46 家在招股说明书中披露了有关环境信息，占 75.4%。从 1996 年开始，上市公司基本上在其招股说明书中披露了环竟信息，比重平均达 90%以上。披露的环境信息主要内容为如下几个方面：①涉及环境风险及对策的信息披露；②涉及环境保护措施的信息披露（如中国石化的管理措施、机构设置和污染控制行动）；③涉及环境污染或环境保护支出情况的信息披露；④涉及环境或有负债的信息披露。如齐鲁石化在其 2001 年年报“会计报告补充资料”中陈述：关于环保方面的或有负债，公司至今没有为环保补救发生重大的支出，现时没有参与任何环境补救工作及没有为与业务有关的环保补救计提任何准备。根据现行法规，管理层相信没有可能发生将会对公司的财务状况或经营业绩有重大不利影响的负债。现时无法合理地估计现行的或未来的环保法规所引致的环保方面的负债后果，而后果也可能会重大。

（4）我国上市公司环境信息披露的案例分析

随着我国环境信息披露的不断进步，越来越多的企业采取企业社会责任报告的形式对包括环境信息的相关内容进行披露。如宝钢集团、海螺水泥、中国石油等通过社会责任报告的形式进行环境信息披露。以下将简要介绍上述上市公司环境信息披露的主要内容。

宝钢股份作为中国钢铁行业的领头羊，其在环境保护领域作出了卓越的表率。在其 2007 年度社会责任报告中，宝钢股份披露开展了以下的节能减排新技术研究：①高炉喷吹废塑料输送及燃烧特性研究；②高黏度冶金熔态渣处理工艺开发及应用研究；③利用钢渣吸收二氧化碳的基础研究；④蓄热燃烧用蓄热体研制及评价体系建立；⑤高热值燃气多孔介质燃烧技术开发；⑥中低温余热利用技术。关于环境成本，从 2003 年开始，宝钢尝试开展环境成本统计工作，初步建立了环境成本构成明细。2005 年，宝钢股份增发收购以后，公司又向各分公司推行了环境成本统计工作，年环境成本在 20 亿元左右。2007 年宝钢股份环境成本为 23 亿元。

中国石油作为石化行业的巨头之一，披露了 2008 企业社会责任报告。在报告中，关于环境保护信息的披露设单独一章，并加以详细阐述。在报告编制过程中，遵循了中国上海证券交易所《公司履行社会责任的报告》编制指引，参照全球报告倡议组织（GRI）2006

年发布的《可持续发展报告指南》和国际石油工业环境保护协会（IPIECA）/美国石油学会（API）发布的《油气行业可持续发展报告指南》编写，并对遵守全球契约十项原则的进展情况作了阐述和说明。

通过近年上市公司环境信息披露的内容和形式可以看出，随着国内环境信息披露的不断发展，上市公司的环境信息披露已经日趋完善。上市公司本身作为行业的标杆和先进企业，其对于环境保护的关注有助于促进全行业的企业对环境保护的关注和加强对环境信息的披露。

（5）我国上市公司环境信息披露存在的问题

一是信息披露的内容形式还不规范。其一，虽然有越来越多的上市公司对环境信息进行了披露，但发展不平衡。在首次上市时，所有公司基本都在其招股说明书中对有关环境信息进行了或多或少的披露，而一旦上市成功，就有相当部分公司在年报中不再披露其环境信息，或虽进行了披露，也比上市招股说明书所披露的内容要简单得多。在不同行业间（一般行业与重污染行业）披露程度差异明显。其二，披露内容方面，虽然披露内容由简单到复杂，逐渐详细，已从当初的简单披露环保政策发展到披露节能减排、气候变化、环境财务影响等，但披露内容还是相对简单，且以定性描述居多，缺乏统一性和可比性，导致环境披露传递的信息不够充分。其三，披露形式方面，目前越来越多的上市公司开始在年报中披露独立的社会责任报告（其中包括环境保护单独一章）。但是依旧缺乏统一标准，导致很难比较不同上市公司间的环境信息强度，导致作出比较时本身所带有的主观性。

二是信息披露的法规依据还不充分。目前，我国在上市公司信息披露方面已经建立了较为完善的法律法规体系，但针对规范上市公司环境信息披露的法律法规基本是空白的。环境保护部研究制定的《上市公司信息披露指南》（征求意见稿）对披露方式、标准、内容等方面做了一定规范，但没有明确相关方的责任和义务，没有相应的审核程序和奖励惩罚条款，不具有强制性。其主要原因在于对我国已有上市公司信息披露的监管工作主要由证监会负责，环保部门单方对于上市公司是否履行披露环境信息的行为没有相应的执法和监管权，相关法规需要环保部门与证券监管部门共同制定才行。

三是信息披露的合作机制还不健全。上市公司的环境信息披露监管具有跨部门性，无论是相关法律法规的制定，还是监管工作的具体执行都需要环保、证券等相关部门的合作。自 2003 年上市公司环保核查制度实施以来，环境保护部与中国证监会建立了相应的合作机制，特别是在建立跨部门的信息通报机制方面已做了很好的尝试，环保核查意见已作为证监会受理公司申请上市的必备条件之一，环保部门也定期向证监会通报上市公司环境信息以及未按规定披露环境信息的上市公司名单，由中国证监会按照《上市公司信息披露办法》的规定予以处理。然而，我们看到，环保部门与证券监督管理部门在上市公司环境信息披露的合作机制仍不完善，主要包括现有的信息通报涉及的内容范围较少、稳定的合作机构小组没有建立、部门间在协同决策方面明显不足、重大环境事件的应急处理能力有所欠缺、双方关于上市公司环境监督和奖惩机制不统一、相关方的权利和责任不明确等。

四是信息披露的会计审计还不完善。环境会计和环境审计是上市公司环境信息披露的一个重要保障。环境会计对环境要素的确认、计量、报告的要求使其成为上市公司环境信息披露的主要信息来源，但由于我国环境会计起步较晚，理论和实践基础都比较薄弱，缺乏强制性的准则规范，大多数企业不会主动披露环境信息，或者即使披露了一些，也往往指向对企业有利的方向，所披露信息的质量难以保证。另外，由于我国环境审计的理论基础薄弱，环境审计实施缺乏法律法规依据，在目前的审计准则和审计实践中几乎没有涉及环境信息披露的内容，而在审计报告中也很少涉及有关部门或机构对上市公司发布的环境信息鉴证等。由于环境会计和环境审计理论、法规及实践的不完善，在一定程度上影响了我国上市公司环境信息披露的进程。

当前，建立上市公司环境信息披露制度刻不容缓，为进一步促进上市公司进行环境信息披露，建议有关部门从以下几个方面着手加强上市公司环境信息披露：①管理部门应尽快出台上市公司环境信息披露的管理办法；②建立重点行业上市公司环境信息披露的技术规范，促使上市公司将环境信息披露融入到日常管理过程中；③鼓励上市公司发布公开独立的环境报告书；④完善上市公司环境信息披露的法律法规、环境会计、环境审计等基础保障。

2.2.2.2　上市公司环境绩效评估

（1）环境绩效评估的理论研究

随着国内对企业环境保护工作的逐渐重视，一些学者和机构也开展了不同层次和不同范围的企业环境绩效评估研究。

在企业环境绩效的内涵上，国内学者主要是采用 ISO 14031 环境绩效评估和 WBCSD 生态效率的定义。此外，刘焰（2003a）提出了企业绿色度的概念，分析企业绿色度指标设置的目的、原则与方法，并对企业生产链的各个环节设置指标体系，采用层次分析法进行赋权，建立企业绿色度的计量模型，考核企业的环境绩效。郑季良（2005a）认为环境绩效指人们在防治环境污染、减少生态破坏、改善环境质量方面所取得的成绩。他对企业环境绩效的内涵、特征、地位和作用进行了分析，提出了企业环境绩效评估的原则关系和内容，并探讨了提高企业环境绩效水平的途径。

在企业环境绩效评估的理论上，杨东宁（2004a）认为组织能力是企业环境绩效与经济绩效之间内在联系的纽带，一个基于企业组织能力的环境绩效评估体系能够对企业改善环境绩效产生持续的激励作用。据此提出“基于组织能力的企业环境绩效”的理论模型，旨在从环境管理能力建设的角度来讨论企业环境绩效评估的基础方法和原则。

在企业环境绩效评估的指标和方法上，成果相对较多。鞠芳辉等（2002a）设计了包括环境政策、环保行为、企业生产过程对环境的影响和产品或服务对环境的影响四个方面指标的企业环境绩效综合评估模型。赵丽娟和罗兵（2003a）提出了包括环境影响、能源消耗、资源回收和环境声誉四个方面指标的绿色供应链中环境管理绩效的模糊综合评估方法。贾研研（2004a）提出了从环境质量、环境技术创新投入、企业绿色化三个大类和企业环境成本与风险、污染与废弃物、外界认同绩效、环境教育与培训投入、环境技术创新投入、环境人员投入、绿色战略、绿色生产制造和绿色化组织与系统九个具体指标来评估企业环境绩效的综合评估模型。张艳（2005a）探讨了制造企业环境绩效的多层次综合模糊评估模型。陈静等（2006a）提出了从环境守法、内部环境管理、外部沟通、安全卫生和先进性五个方面对环境绩效进行评估的模糊综合评估分析模型。魏素艳等（2006a）认为，企业环境绩效评估应从资源消耗情况、污染控制情况和环保投入情况三方面进行，并分别设置基本指标、修正指标和评议指标予以评估。谢芳（2006a）探讨的是环境绩效评估标准的演进及整合过程：从最初的单一环境绩效评估到生态效益再到包括社会责任层面的可持续平衡计分卡。通过经济、环境和社会责任的不同角度对整合后的环境绩效评估标准以系统和整体的方法体现企业可持续发展的架构。唐建荣（2006a）通过企业环境绩效指标体系的构建并借助于 BP 人工神经网络方法实现了企业环境绩效的综合评估。陈静（2007a）借鉴 WBCSD 提出的生态效益指标体系，构建了环境绩效动态评估指标体系。在静态评估基础上，运用数据包络分析方法（DEA）建立企业环境绩效动态评估模型对 7 家钢铁企业 2002—2003 年的环境绩效进行了测算。谢双玉（2007a）提出使用环境集约度变化指数（Environmental intensity change index，EICI）作为企业环境操作绩效评估的基准。刘丽敏（2007a）对国际环境绩效评估标准进行了综述。

台湾和香港地区相对于其他地区在企业环境绩效评估的理论研究方面较为成熟。其中台湾省由其“经济部工业局”在 2002 年出版《环境绩效评估指标应用指引技术手册》，以推进环境绩效评估相关事务，内容含括 ISO14031 环境绩效评估介绍、环境绩效评估指标体系、标准与内容、环境绩效评估执行程序、应用及案例等；并于同年出版《生态效益指标——建立指引》，作为企业建立生态效益指标体系的工具书。香港在企业环境绩效评价方面的工作也开展较早，目前也已经形成了一套较完整并自我完善的评价规范和管理体系。Bikki 早在 1996 年就研究探讨了环境表现与环境报告对企业经理层和会计专业人士的影响，指出大部分企业对环境表现和报告都给予了足够的重视。CP Yuen and David Yip（2002a）通过对香港 CLP 电厂环境报告的实证研究，认为环境表现和环境报告在提高企业业绩方面是一个非常重要的工具。

（2）环境绩效评估的实践进展

在企业环境绩效评估实践上，以政府部门为主导评估企业外部环境绩效。2000 年 7 月，江苏省镇江市政府对市区主要工业企业率先实施工业企业环境行为信息公开化制度，首次向社会公布了市区 91 家工业企业（其污染占当时市区工业污染负荷的 90%以上）1999 年度环境行为评级结果。评判结果分黑色、红色、黄色、蓝色及绿色五种，代表环境行为从很差到很好。根据该制度，工业企业环境行为分级评判指标主要为：达标排放，屡次不达标，总量控制，违法行为，污染事故，按期缴纳排污费，按期进行排污申报，排污口规范化整治，“三同时”制度执行，环保机构、人员、制度，固废综合利用率达 80%，群众投诉，清洁生产、ISO 14000 认证等 14 项。

2003 年起，国家环境保护总局与世界银行合作，在部分省、市开展企业环境行为评估试点工作。2003 年江苏各地市，2004 年重庆市、安徽省的淮北市等五个试点地级市都发布了对企业环境行为进行评估的结果。国家环境保护总局 2005 年发布《关于加快推进企业环境行为评估工作的意见》，决定在全国范围内推广企业环境行为评估工作。文件要求按照企业环境行为的优劣程度评级，评判结果分为很好、好、一般、差、很差五个等级，依次以绿色、蓝色、黄色、红色、黑色标示。但由于缺乏法律依据和操作标准，这项工作的实施效果并不理想。

对全市重点企业进行环境绩效评价，是江阴市在环保工作新形势下推出的一项公众监督、社会参与和环保强化管理的创新做法。2002 年，江阴市首先对占全市污染负荷 80%以上的 100 家重点企业开展环境绩效评价，根据企业上年度达标排放、总量控制、群众投诉、违法行为、排污收费、污染事故等 11 个方面的实绩，开展了为期两个月的行为审计，分别对 100 家企业环境绩效评定出了绿、蓝、黄、红、黑档次，通过各种新闻媒体公布后，在当地公众中产生了强烈反响。舆论与公众压力，使那些“红色”与“黑色”企业坐立不安。江阴市实施企业环境绩效评估以来，已从首期 100 家参评企业扩大到 2003 年的 200 家，到 2004 年又扩大到 300 家。2005 年根据企业的排污量，市环保局在 300 家参评企业中置换了 50 家新建的污染企业和污水处理厂，使参评企业更具代表性。江阴市对企业环境绩效推出褒贬分明的规定后，引起了金融部门的极大关注。为了更好地执行国家宏观调控政策，有效发挥信贷政策的资金调配作用，提高资金的利用效率，2005 年 6 月，中国人民银行江阴支行及时向全市各类银行推出了《江阴市环境保护分类评定企业信贷政策指引》。金融机构实行“看色”发放贷款之后，更有力地促进了江阴市“环保成色”不佳的企业痛下决心，努力改善环境行为，积极向“绿色”靠拢，这也为全国其他地区树立了典范。2005 年上半年，江苏省江阴市永源印染有限公司从当地银行贷款 40 万元，用于生产资金的周转。两个月后，这家企业因环保方面污染严重，在江阴市企业环境绩效评价中被评为“黑色”企业。当地金融机构获悉后立即关闭对该企业的投融资大门，并及时追回所欠货款。

（3）环境绩效评估研究进展评述

①企业环境绩效评估的概念、内容和范围未统一。

目前，国内外的研究对企业环境绩效评估的概念尚未形成统一认识。对于企业环境绩效评估在企业对环境保护目标的完成情况、企业之间环境保护成效的比较、产品生命周期的环境影响、企业环境影响的评估范围以及评估的程序上存在分歧，使得环境绩效评估的名称有“企业环境管理绩效”、“企业可持续发展绩效”、“生态效率”等。企业环境绩效的评估内容上也存在差别，在指标数据的统计单位上，有实物量、价值量以及将实物量和价值量相结合的评估；在指标涉及的范围上，有单个生产工艺的评估，有整个企业的评估，有以产品为主的评估，有供应链的评估，还有整个产品生命周期的评估等。在评估的形式上，环境绩效评估与环境信息披露相混淆，国内许多文献将企业环境信息披露的内容作为环境绩效评估的内容。由此可见，企业环境绩效评估的范围、内容和结构等方面不规范，而形成这种现象的原因主要是对企业环境绩效评估的内涵、统计指标和方法存在不同观点。

②企业环境绩效评估的理论体系有待完善。

从已有文献来看，虽然有部分文献研究了企业环境绩效与经济绩效的关系，但这只是一些实证研究，对于企业是否需要进行环境绩效评估，在什么范围内进行评估，以及评估内容等缺乏理论分析。目前，企业环境绩效评估的理论基础是以企业社会责任为前提，认为企业应当承担一部分社会责任，而未明确政府、企业、公众以及其他相关者对企业环境行为的责任和权利，也未将企业环境绩效评估作为企业发展战略的一部分，分析企业成本和收益与企业环境绩效水平的关系。此外，上市公司作为企业的一种组织方式，有其独特性，虽然有些研究将其做为研究对象，也是从数据获取的容易程度来考虑的，而未考虑企业产权结构、规模等对企业环境绩效的影响。针对上市公司的环境绩效评估理论和方法在国内还基本处于空白。

③企业环境绩效评估指标体系的设计标准不同。

总体上，现有的环境绩效评估指标主要包括三个方面：一是管理绩效指标，包括企业的环境管理体系设计，环境管理目标的实现，第三方认证，生态标志等。二是操作绩效指标。包括污染物排放指标，如单位产品或产值的废水、废气等污染物的排放量指标；能源与原材料使用指标，主要包括单位产品的能耗、物耗等指标。三是环境状况指标，主要反映企业周围的环境状况，包括水体的性质和质量、区域空气质量、生物体组织中污染物浓度等涉及企业周围的一些环境指标。在已有的指标体系中，有上述单方面的指标构成的体系，也有将这些指标综合在一起形成的指标体系。这些指标体系的构建与环境绩效评估的概念和理论基础直接相关，在世界范围内对指标选择的依据和涉及的范围没有统一的标准。此外，指标体系设计的程序、原则、内容和方法也需要进一步规范。

④企业环境绩效评估方法有待于进一步改进。

企业环境绩效评估方法的选择受到许多因素的影响，如研究对象、数据、研究目的等。在已有的指标定量计算中，污染物和资源利用量一般采用实物量进行统计，而财务指标则使用销售额、生产总值或净增加值等经济数据进行统计。在确定指标体系的基础上，目前使用了模糊综合评估、神经网络分析、数据包络分析等方法对企业的环境绩效进行综合评估。这些方法的选择主要是根据数据获取的范围、研究角度、评估目的等确定的。特别是在一些实际数据不能获取的情况下，通常选择一种处理方式，得出企业或产品等环境绩效的大致信息。随着对企业环境影响过程的认识深入、数据获取规范等方面的完善，企业环境绩效评估方法的适应性和科学性可以进一步优化。此外，数据的精度、连续性、企业的经营范围、评估目标等也会对研究方法的选择产生影响，环境绩效评估方法需要不断完善和改进。

⑤上市公司环境绩效评估结果的应用研究不足。

企业环境绩效评估的结果可以为政府制定企业环境管理标准和政策提供参考，有利于企业发现自身在环境管理上的问题和薄弱环节。此外，上市公司的环境绩效评估结果，也可以为投资者、股东、消费者等利益相关者提供必要的环境绩效信息，引导资本市场的资金进入环境绩效较好的公司。目前，环境绩效评估的研究结果已经在国外应用于可持续发展指数的编制中，也部分应用于企业战略管理、社会责任投资等其他多个领域。由于我国上市公司环境绩效评估工作刚刚起步，一些相关法规、标准和政策还未出台，上市公司的环境绩效评估工作的实施和实践较少，因此，上市公司环境绩效评估结果在上市公司的环境监管、上市公司的环境信息披露、绿色金融等方面的应用研究明显不足。

2.3 上市公司环境绩效评估

上市公司环境绩效评估，是指有关机构选择适当的环境指标体系，运用一定的评估方法，对上市公司的环境保护行为和绩效作出总结、评价，最终得出各公司或所在行业的环境绩效综合得分的过程。作为绿色证券政策的“三驾马车”之一，上市公司环境绩效评估是环境保护主管部门对上市公司的环境绩效进行综合评价的一种手段，也是帮助管理者和社会公众对证券市场和上市企业的环境绩效进行决策的过程。

首先，上市公司环境绩效评估有助于完善上市公司环境监管的政策，以实现对高污染、高耗能的公司从申请上市、上市后再融资直至上市后的环境行为形成一套系统的监督、约束机制，以推动绿色证券政策的实施。其次，通过上市公司环境绩效评估，对其环境管理活动进行综合的、系统的审查分析和对提高企业环境管理绩效提出相关建议，有助于督促上市公司履行社会责任，促进其改进环境表现，从而树立企业良好的自身形象。第三，上市公司环境绩效评估的结论和政策可为投资者提供决策参考，避免高污染、高耗能的上市公司因环境污染受限批或受经济处罚给广大投资者带来的资本风险，维护广大投资者和公众利益。

2.3.1　上市公司环境绩效评估的框架

2.3.1.1　评估的一般流程

上市公司环境绩效评估是一个管理过程，可参考 ISO 14031 有关环境绩效评估的“策划—实施—检查—改进”模式，构建上市公司环境绩效评估的一般流程。具体流程框架如图 2-1 所示。

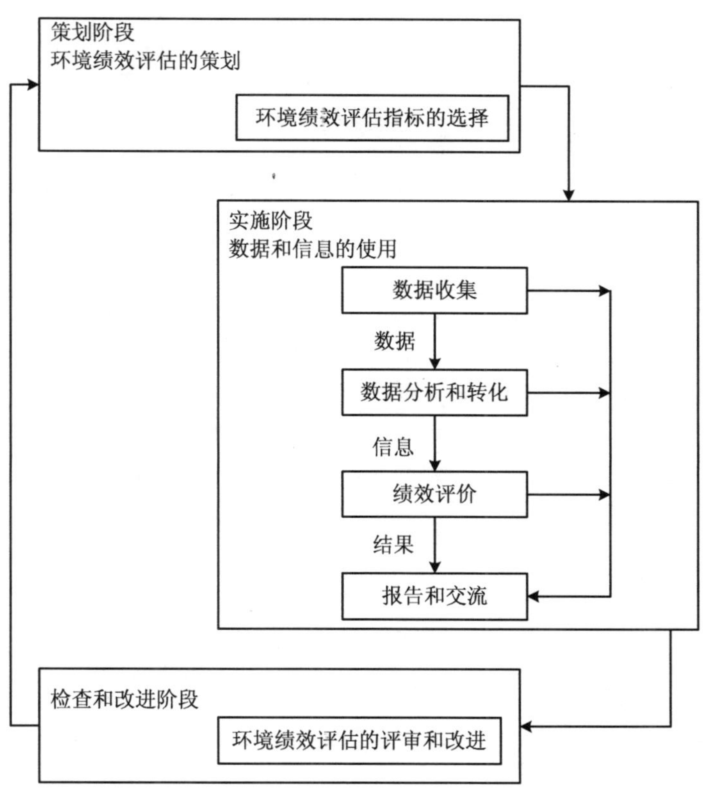

图 2-1　环境绩效评估的一般流程

（1）环境绩效评估的策划

上市公司环境绩效评估的策划阶段包括两方面的任务：一是明确上市公司环境绩效评估的范围。企业运营的法律和组织结构各不相同，包括全资业务、法人与非法人合资、子公司和其他形式。为了评估上市公司的环境绩效，要事先设定上市公司的组织边界，从而在一致的范围内评估上市公司的环境绩效水平。二是建立环境绩效评估指标。

（2）环境绩效评估的实施

环境绩效评估阶段的工作包括数据收集、数据分析和转化、绩效评估、报告和交流四个部分。上市公司的环境数据主要是来自于企业环境统计报表和其他方面的数据。具体而言，管理绩效指标数据主要来源于企业环境统计报表和公司发布的环境信息，操作绩效指标数据主要来源于企业环境统计报表，环境状态指标数据主要来源于企业所在地实地调研的环境质量数据。对数据进行收集、分析和转化后，就可以得到指标体系中各项指标的值。数据收集的流程如图 2-2 所示。

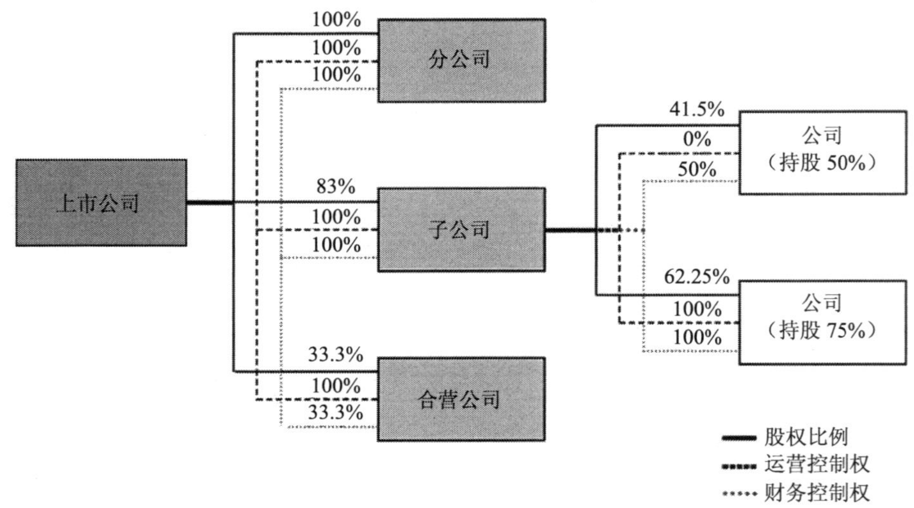

图 2-2 上市公司的数据收集范围举例

由于上市公司涉及的企业较多，如何将环境和财务数据进行合并，是获取上市公司环境和财务数据的关键。首先，要确定合并范围。由于上市公司的资本分散，什么是适当的合并范围，是否涵盖了应予以合并的范围，合并范围说明了哪些公司纳入了合并的数据而哪些公司未纳入。不知道合并范围就不能正确地解释合并数据。上市公司可以采用两种不同的方法合并：股权比例法和控制权法。如果上市公司持有其全部业务的所有权，不论采用哪种方法它的运营边界都是相同的。

在采用股权比例法的情况下，上市公司根据其在业务中的股权比例评估环境绩效水平。股权比例反映经济利益，代表公司对业务风险与回报享有多大的权利。通常情况下，一项业务的经济风险及回报比例与这家公司在业务中所占的所有权比例是一致的，股权比例一般等同于所有权比例。

在采用控制权法的情况下，上市公司并不评价其持有权益但不享有控制权的业务的环境绩效。控制可以从财务或运营的角度界定，上市公司可以在运营控制与财务控制标准之间做出选择。

在确定母公司的环境绩效评估合并方法（股权比例法或控制权法）后，上市公司的其他公司也遵循此方法合并。

根据“谁污染、谁治理”的原则和上市公司环境数据的特点，最终采用股权比例法和运营控制权法相结合的方法评估上市公司的边界范围。

在数据收集的基础上，选择评估方法进行评估（详见本章后续说明）。环境绩效的报告和交流提供了组织关于环境绩效的有用信息，根据管理者和利益相关者的需要将这些信息在内外相关方中进行报告和交流。

（3）环境绩效评估的检查和改进

在获得上市公司环境绩效信息后，管理者和利益相关者会根据这些信息作出决策。应定期评审上市公司的环境绩效以及效果，以确定改进的可能性，这可能有助于采取管理措施以改进上市公司的环境管理和操作绩效指标值，从而不断提高上市公司的环境绩效水平。对环境绩效评估及其效果的检查包括评审所取得的成本有效性和效益；为达到环境绩效标准所取得的进展；环境绩效标准的适宜性；所选择的指标的适宜性；数据来源、数据收集方法和数据质量等内容。以便找出评估过程中存在的问题，在下一次评估工作的策划阶段解决这些问题。

2.3.1.2　评估框架和程序

上市公司环境绩效评估的框架和程序如下（图 2-3）：

第一步，建立环境绩效评估指标体系。根据科学性、有代表性、可操作性、数据可得性等原则，建立既适用于所有上市公司的一般适用指标，又能体现各个行业和企业的特定环境绩效评估指标体系。

第二步，确定评估标准和方法。根据上市公司环境绩效的等级变化和实际情况，以有关法规、国内外先进清洁生产水平和污染物排放标准为目标，制定切实可行的环境绩效分级标准；运用“接近目标”的方法，将指标值与目标值相比较，得出各单项指标的分值；根据专家咨询，运用层次分析法和等权法确定各指标的权重；根据单项指标得分值和权重，计算环境绩效指标综合得分。

第三步，选择评估的上市公司范围。根据不同的应用目的和数据来源限制等要求，选择所要评估的上市公司的范围，可以是全部上市公司，也可以是所关注重点行业的上市公司，还可以是不同地区、不同流域的上市公司。

第四步，收集数据，建立数据库。根据所构建的环境绩效评估指标体系和选择的上市公司范围，开展数据和资料的收集工作，确定各指标值。为确保评估结果的客观、公正和透明性，评估数据应尽量采用政府、企业公开发布的官方数据。

第五步，选择确定成分股。根据各上市公司的环境绩效综合评估得分，依据选择标准（可以是不同行业的环境绩效得分位列前 10%的上市公司，也可以是同一行业中的排名前 50%的上市公司，根据评估的目的而定），确定进入环境绩效指数计算范围的成分股。

第六步，计算环境绩效指数。确定好成分股后，依据不同股票的股价和股份权重，根据 Laspeyres 公式计算环境绩效指数。上市公司环境绩效指数属于股票指数中的一种，是在对上市公司环境绩效评估的基础上，根据环境绩效得分情况，选择在环境绩效方面表现优秀的企业作为样本股，通过一定的方法（股价、股份和权重）计算得出，由第三方定期向投资者公开发布，为其提供环境绩效领先的上市公司的财务业绩状况。

根据环境绩效评估范围和应用要求的不同，环境绩效指数可分为综合指数（涵盖所有上市公司范围）和细分指数（例如，涵盖不同行业的指数、涵盖不同地区的指数、涵盖不同环境绩效领先公司组群的指数等）。每个分指数都是从综合指数衍生出来的，因此，必然是其子集。

第七步，专家论证、发布结果。每年一次的评估工作完成后，将召开相关专家和公司代表论证会，就指标体系的构建、评估方法的选择、评估结果（公司环境绩效得分和环境绩效指数）等广泛征求意见，在得到专家的鉴定认可后，由相关机构公开发布评估报告。

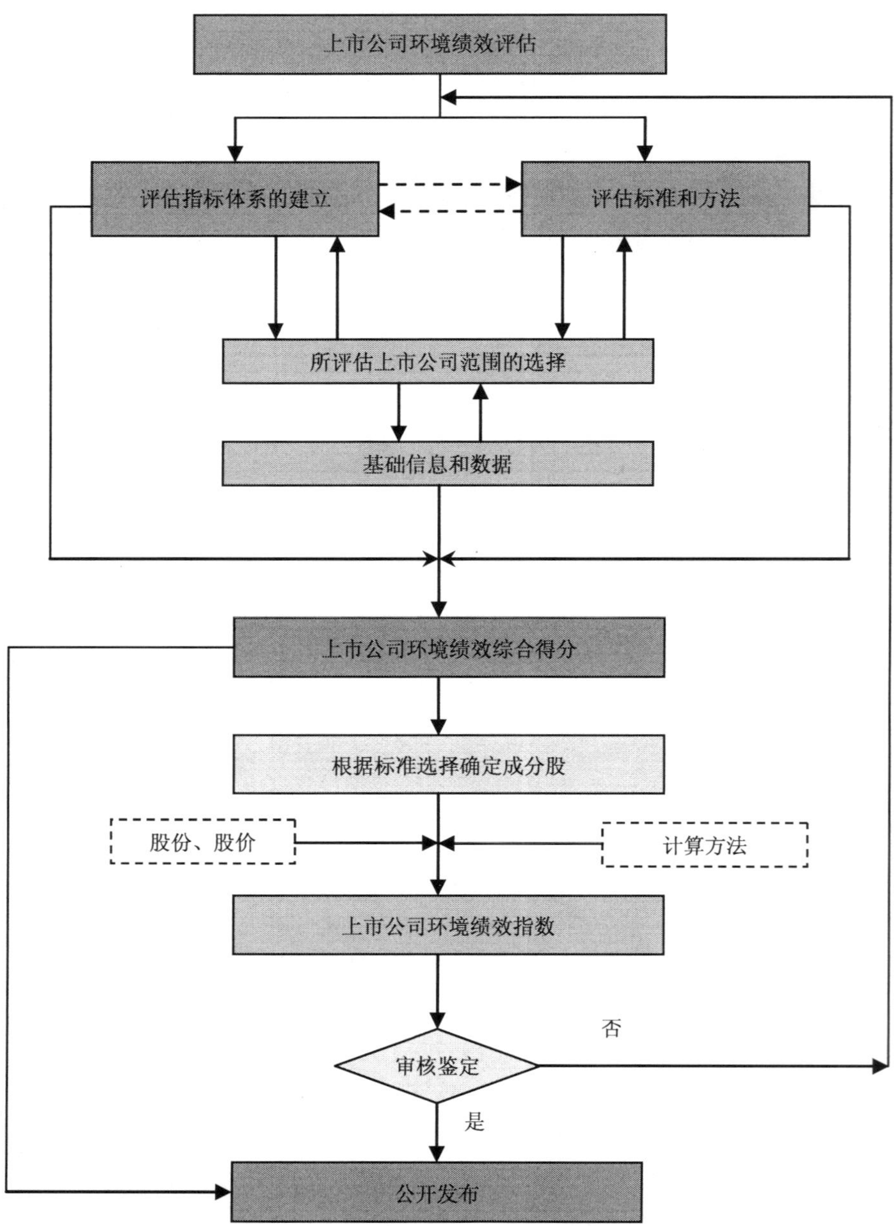

图 2-3 上市公司环境绩效评估程序

2.3.2 上市公司环境绩效评估指标

建立环境绩效评估指标体系是上市公司环境绩效评估的基础。借鉴国外指标体系的经验，结合相关影响因素分析，并参照国家相关法规中的规定，最终构建我国上市公司环境绩效评估指标体系。

2.3.2.1　指标选择的依据

选取上市公司环境绩效评估指标的主要依据有：

①环境绩效评估的理论基础。环境绩效指标的选取应该以物质平衡理论、外部性理论、委托代理理论和利益相关者理论等相关理论为基础，选择的指标能体现相关理论的思想内涵。

②环境绩效评估指标选取的原则。环境绩效评估指标的选取应该遵循相关性、适用性、可度量性、可得性、公平性等原则。

③上市公司进行环境绩效评估的动机和能力。环境绩效评估指标应该满足政府部门、证监会、上市公司、社会公众、投资人、媒体等相关利益方对环境绩效信息的需求，指标值能充分体现不同上市公司的环境绩效水平。

④借鉴国际通用指标，如 ISO 14031 环境绩效评估标准（国际标准化组织，1999 年 11 月 15 日颁布），WBCSD 的生态绩效评估指标体系（世界可持续发展工商理事会，2000 年 6 月公布），道琼斯可持续发展指数编制指南（道琼斯指数公司、斯托克公司、SAM 集团，2006 年）等。国际通用指标可以在世界范围内比较不同上市公司的环境绩效水平。

⑤国家相关法规和政策对上市公司的相关规定。如《关于对申请上市的企业和申请再融资的上市企业进行环境保护核查的通知》（环发[2003]101 号），《关于进一步规范重污染行业生产经营公司申请上市或再融资环境保护核查工作的通知》（环办[2007]105 号），《关于企业环境信息公开的公告》（环发[2003]156 号），《关于开展创建国家环境友好企业活动的通知》（国家环境保护总局，2003）等。这些文件的规定对象是所有企业，尤其是对污染严重的企业，文件中明确规定了需要披露的环境绩效信息。

⑥国家规定或建议的环境标准。环境标准主要指对公司的环境行为所规定的标准，主要包括环境质量标准、污染物排放标准和其他标准（表 2-1）。

表 2-1　我国环境标准列表

标准	类别	标准	类别
水环境标准	水环境质量标准 水污染物排放标准 相关检测规范、方法标准	土壤环境标准	土壤环境质量标准 土壤相关标准
大气环境标准	大气环境质量标准 大气固定源污染物排放标准 相关检测规范、方法标准	放射性与电磁辐射环境标准	放射性环境标准 电磁辐射标准 相关监测方法标准
固体废物污染控制标准	固体废物污染控制标准 危险废物鉴别标准 危险废物鉴别方法标准 固废其他标准	环境基础标准	环境信息分类与代码 环境信息术语 其他环境基础标准
环境噪声标准	声环境质量标准 环境噪声排放标准 环境噪声监测标准 环境噪声基础标准	其他环境标准	建设项目监督管理标准 清洁生产标准 环境标志产品标准 环境工程技术规范 环保产品标准 循环经济生态工业标准 其他环境标准

2.3.2.2 评估指标选择的过程

（1）数据和资料的收集与整理

我国企业环境绩效的相关数据可从环境统计公报、上市公司年报、临时信息、实地调查和媒体等途径获取。在收集数据时应注意以下几点：①必须是公司定期收集数据；②数据必须依照我国环境统计相关技术规范和标准进行统一收集，开展企业的确认、建档等基础工作；③要保证数据的可靠性。数据的来源主要是环境保护部门和企业自身公开的信息，其他方面的数据信息需要核实。

企业环境统计公报中，统计了大量的环境相关方面的数据，在整理过程中，对指标的准确含义和数据的收集方法要保持一致。如在收集能源数据时，包含原煤、石油、天然气等不同能源量，假设有一项指标是单位产品的标准煤耗，则对环境统计中的不同能源都应折算成统一的标准煤单位。对于上市公司年报中的数据，整理出与环境绩效指标相同的信息。对于企业生产所在地周围的环境数据要进行实地调研，收集整理。

由于上市公司包含的企业较多，因此，上市公司环境绩效的数据应当是其所有企业的数据信息。在进行数据收集和整理时，需包括所有上市公司的子公司、分公司、联营公司等企业的数据。

（2）指标选择和筛选过程

在选择上市公司的环境绩效指标时，要考虑环境绩效的影响因素和其子因素。指标选择的过程中要考虑上市公司的环境影响是什么，从哪些方面可以改进，哪些环境改进可以改善成本，环境指标必须与环境政策相适应。指标选择程序如图 2-4 所示。

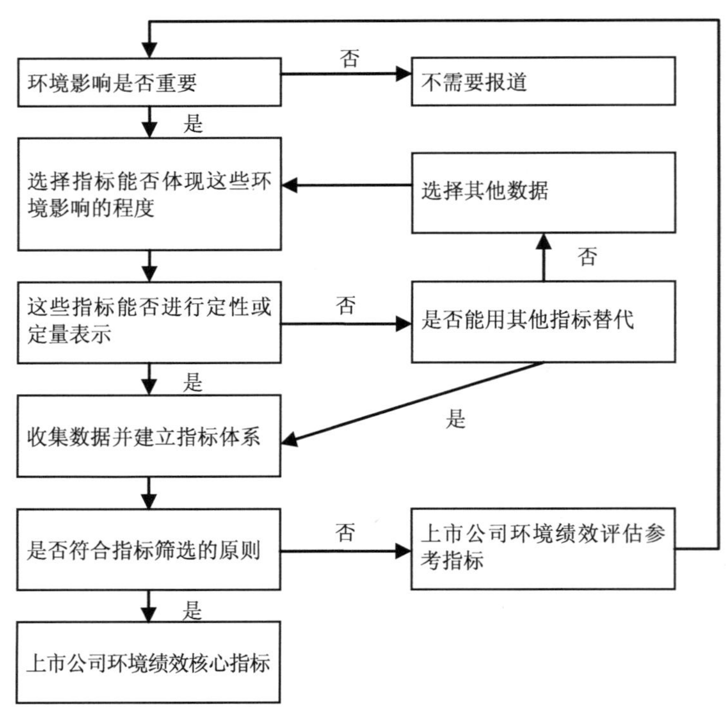

图 2-4 环境绩效指标选择的程序

2.3.2.3 指标选择的原则

环境绩效评估指标是用来衡量企业在一定的科学、技术、经济条件下，在一定时期内其环境管理所达到的水平和效果，它既是管理科学水平的标志，也是进行定量比较的尺度。因此，环境绩效评估指标体系应当分类清晰、内容全面，指标应该兼具科学性、可行性、简洁性和适应性的特点。为此，可以从以下几个方面确立指标制定的基本原则。

①相关性原则。指标的选择与全球性的环境主题或国内当前环境热点问题有关且具有意义，突出上市公司环境绩效的重点和关键环节；同时，以环境绩效为导向，尽可能全面，确保指标与环境绩效相关。

②适用性原则。既要有反映所有上市公司的环境绩效的指标（一般适用指标），也要有反映某一特定行业或企业的环境绩效的指标（行业适用指标）；同时，在数据的获取上可行，并且节约成本。

③可度量性原则。对于定量指标而言，应是可度量的，已经建立了公认的量测方法；对于定性指标，其定义应是被普遍接受的。

④数据的可得性。指标的数据来源要满足基本的要求，确保指标采用的数据为最佳的可得数据，尽量是官方确认和公布的数据。

⑤透明性原则。评估指标、评估方法、数据来源和评估结果要透明，要为政府、企业和公众等各方面所接受。

⑥公平性原则。评估指标体系和评估标准要对每个上市公司均适用，应能公平地反映各上市公司的环境管理效果。

⑦与其他指标相结合的原则。

2.3.2.4 评估指标体系的构建

根据指标选择的依据、一般流程和原则，构建环境绩效评估指标体系框架（图 2-5）。

参考 OECD 关于可持续发展的压力—状态—响应结构，结合 ISO 14031 指标体系设计指导，设计我国上市公司环境绩效指标体系框架。具体指标如表 2-2 所示。

指标体系框架参照 ISO14031 的分类标准，分为管理绩效指标、操作绩效指标和环境状态指标，并且和压力—状态—响应模型形成对应关系，体现了指标体系的设计思想。

指标体系的分类采用三级指标形式，其中一级、二级分类是定性指标，三级指标是核心计量指标，适用于所有的上市公司环境绩效评估。管理绩效指标主要是政府、消费者和股东等给上市公司的动力指标，是由上市公司环境绩效评估的动力影响因素决定的；操作绩效指标主要反映了上市公司改善环境绩效的能力；环境状态指标主要是企业所在地的居民、第三方组织给上市公司的动力指标。这三类指标体现了上市公司环境绩效评估的影响因素，可以为相关方提供所需的环境绩效信息。此外，还增加了一个辅助指标，这主要是考虑到不同行业的环境影响因素以及环境状态不同，在评估不同行业的环境绩效时，可以适当替换和补充相应的指标，以充分反映不同行业的环境绩效特征。

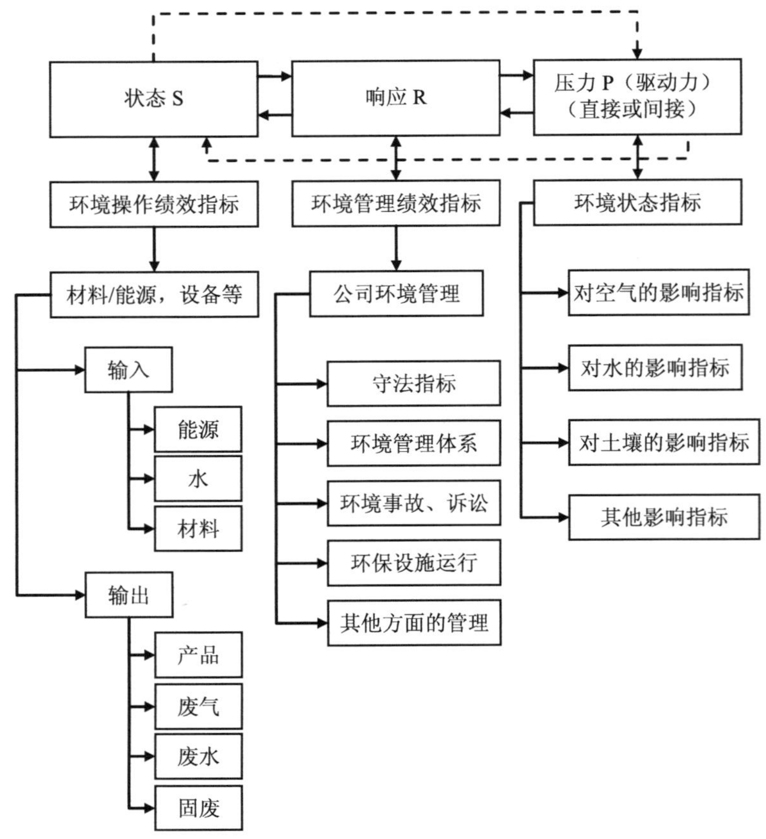

图 2-5 基于 PRS 的我国上市公司环境绩效评估指标体系

表 2-2 上市公司环境绩效评估指标体系

一级指标	二级指标		三级核心指标	表示法	辅助指标
上市公司环境绩效评估指标体系	管理绩效指标 MPI（动力）	守法指标	1.新、改、扩建项目的环评和“三同时”手续是否齐全	齐全或不齐全	其他可能增加的管理绩效指标
			2.排污许可的合法性	合法或不合法	
			3.主要污染物总量减排的要求是否得到落实	落实或未落实	
			4.污染物排放超标率	%	
			5.工业固废与危险废物安全处置率	%	
			6.环保设施稳定运转率	%	
			7.排污费是否按规定缴纳	按规定或未按规定	
			8.产品及生产过程禁用品的使用	有或无	
		管理指标	9.环境管理体系的建立	建立或未建立	
			10.环境信息披露情况	披露或未披露	
			11.年度相关投诉件数	件	
			12.环境事故发生情况	发生或未发生	

一级指标	二级指标		三级核心指标	表示法	辅助指标
上市公司环境绩效评估指标体系	操作绩效指标 OPI（能力）	投入指标	13.新鲜水耗系数	m^3/产量（或增加值）	生产水复用率
			14.综合能耗系数	kg（标煤）/产量（或增加值）	
		产出指标	15.废水产生量系数	m^3/产量（或增加值）	COD、BOD 等
			16.废气产生量系数	kg/产量（或增加值）	SO_2、NO_x 等
			17.固废产生量系数	kg/产量（或增加值）	煤矸石等
	环境状态指标 ECI（动力）	不同环境要素的标准	18.水环境标准		达到中上水平以上的环境标准
			19.大气环境标准		
			20.固体污染控制标准		
			21.环境噪声标准		
			22.土壤环境标准		
			23.放射性与电磁辐射环境标准		
			24.环境基础标准		
			25.其他环境标准		

2.3.2.5　指标解释和计算说明

（1）管理绩效指标

①评估企业新、改、扩建项目“环境影响评估”和“三同时”的执行率是否达到 100%，并经过环境保护部门验收合格。

②核定企业污染物排放是否在许可证发证范围内。在许可证发证范围内，是否认领排污许可证，是否达到许可证要求。未领取许可证时，是否有临时许可证，是否达到临时许可证的要求。

③主要污染物是指按照国家、地方政府、环境保护部门要求的减排污染物，核查污染物总量减排的要求是否得到落实。

④污染物排放超标率的计算：

当污染物排放不超标时：

$$I = \sum_{i=1}^{n} w_i \left(\frac{C_i}{S_i} \right) \tag{2-1}$$

当污染物排放超标时：

$$I_0 = \sqrt{\left(\frac{C}{S} \right)_0 \left[\sum_{i=1}^{n} w_i \left(\frac{C_i}{S_i} \right) \right]} \tag{2-2}$$

式中：I 为超标率；i 为企业排放污物的个数；w_i 为企业排放污染物的权重值，按同比例分配到各污染物，如企业排放三种污染物，则每种污染物的权重为 1/3；C_i 为实测污染物浓度；S_i 为规定的排放标准；I_0 为超标时综合污染指数；$(C/S)_0$ 为超标时分指标最大值，若有两个以上的污染因子超标时，按其中危害最大的因子计算；C 为危害最大因子污染物浓度；S 为其规定排放标准。

⑤工业固废与危险废物安全处置率的计算方法：

$$工业固废与危险废物安全处置率 = \frac{工业固废与危险废物安全处置量}{工业固废与危险废物产生量} \times 100\%$$

⑥环保设施稳定运转率的计算方法：

$$环保设施稳定运转率 = \frac{1}{n}\sum \frac{环保设施i稳定运转天数}{365天} \times 100\%$$

式中，i 为环保设施的个数；n 为环保设施的总个数。

⑦检查排污费是否按规定缴纳。

⑧检查产品中及生产过程中是否有国家法规禁用的物质。

⑨检查企业是否依 ISO14001 建立并运行环境管理体系，是否通过审核认证。

⑩检查企业是否按照相关规定进行了环境信息披露。

⑪统计企业年度环境污染或与环境相关的投诉件数。

⑫统计企业环境事故发生的件数。

（2）环境操作绩效指标

环境操作绩效主要包括新鲜水耗水系数、综合能耗系数、废水产生系数、污染物排放系数等，具体指标的计算要分不同行业进行，如钢铁行业、造纸行业、电力行业等。其衡量标准也要参考不同行业的清洁生产标准或其他标准。

①新鲜水耗系数，计算如下：

$$V_{ui} = \frac{V_i}{Q} \tag{2-3}$$

式中，V_{ui} 表示单位产品或产值所耗新鲜水量；V_i 表示在一定计量时间内企业生产单位产品需要从各种水源所取得的水量，不包括重复利用水量；Q 表示在同一计量时间内产品产量或产值。

②综合能耗系数是指单位产品综合能耗：

$$E_{ui} = \frac{E_i}{Q} \tag{2-4}$$

式中，E_{ui} 表示单位产品或产量综合能耗；V_i 表示在一定计量时间内产品生产的综合能耗；Q 表示在同一计量时间内产品产量或产值。

综合能耗是对实际消耗的各种能源实物量按规定的计算方法和单位分别折算为一次能源后的总和。综合能耗主要包括一次能源（如煤、石油、天然气等）、二次能源（如蒸汽、电力等）和直接用于生产的能耗工质（如冷却水、压缩空气等）。具体综合能耗按照我国不同行业企业总和能耗计算细则计算。

③废水产生量系数是指单位产品废水产生量：

$$W_{ui} = \frac{W_i}{Q} \tag{2-5}$$

式中，W_{ui} 表示单位产品或产值废水产生量；W_i 表示在一定计量时间内产品生产排放的废水量；Q 表示在同一计量时间内产品产量或产值。

④废气产生量系数是指单位产品废气产生量：

$$A_{ui}=\frac{A_i}{Q} \tag{2-6}$$

式中，A_{ui}表示单位产品或产值废气产生量；A_i表示在一定计量时间内产品生产排放的废气量；Q 表示在同一计量时间内产品产量或产值。

⑤固废产生量系数是指单位产品废水产生量：

$$S_{ui}=\frac{S_i}{Q} \tag{2-7}$$

式中，S_{ui}表示单位产品或产值固废产生量；S_i表示在一定计量时间内产品生产排放的固废量；Q 表示在同一计量时间内产品产量或产值。

（3）环境状态指标

环境状态指标要参考国家、地方对上市公司的分公司、子公司、联营公司所在地要求的环境标准进行具体选择。

2.3.3　上市公司环境绩效评估方法

2.3.3.1　管理绩效评估方法

环境管理绩效指标的评估使用模糊综合评估方法。在方法使用时，需要确定各项指标的分级标准以及权重。下面介绍分级标准和权重确定的方法。

（1）管理绩效评估分级标准

管理绩效指标确定的原则是：①能准确反映上市公司环境绩效的等级变化；②既要与当前各企业的实际情况相吻合，又要有利于促进各企业环境管理水平的提高；③分级标准切实可行，具有操作性。根据上述分级标准的制定原则和我国上市公司环境管理的实际情况，将上市公司环境绩效指标分为四个等级：优（86～100）、良（71～85）、中（60～70）、差（＜60）。

（2）管理绩效指标权重确定

①等权法：由于不同行业的性质、技术特点差异悬殊，导致企业能源、资源的使用情况不同；企业排放的污染物种类、数量不同，对环境的影响也不同。因此，二级指标中的环境指标，在不同行业间差别较大，甚至在行业内部不同企业间也会有所不同。对于某一具体行业，环境指标均应根据行业、企业特点进一步细化。环境指标的这一特点使得其权重难以确定，因此对于环境绩效评估指标体系中的环境指标采用等权法处理，即认为环境指标重要性都相同。

②专家咨询和层次分析法：对于上市公司环境绩效评估指标体系中的守法指标和管理指标，采用专家咨询法，建立判断矩阵，运行层次分析法计算求得。

根据指标的相对重要性，确定各项管理绩效指标的权重。现阶段，上市公司的环境管理首先要达到守法指标，又由于现阶段环境管理的不完善，因此，在专家咨询的基础上，确定守法指标权重为 0.8，管理指标为 0.2。对于管理绩效的三级核心指标，考虑到各项指标的重要性相同，采用等权法进行处理。各项指标的权重值见表 2-3。

表 2-3 上市公司管理绩效分级标准

指标名称 \ 指标等级	优（86～100）	良（71～85）	中（60～70）	差（<60）
守法指标（0.8）				
新、改、扩建项目的环评和“三同时”手续是否齐全（0.1）	新、改、扩建项目“环境影响评估”和“三同时”制度执行率达到100%，并经环保部门验收合格			新、改、扩建项目“环境影响评估”和“三同时”制度执行率未达到100%，未验收合格
排污许可的有效性/必要性（0.1）	依法领取排污许可证，并达到排污许可证的要求，或不在发证范围	有排污许可证，但未达到许可证要求	有临时许可证，符合临时许可证要求	未领取许可证，或有临时许可证，但未达到临时许可证要求
主要污染物总量减排的要求是否得到落实（0.1）	COD和SO_2两项主要污染物总量减排的要求得到落实			COD和SO_2两项主要污染物总量减排的要求未得到落实
污染物排放超标率（0.1）	<0.5	0.5～1	1～3	>3
工业固废与危险废物安全处置率（0.1）	100%			<100%
环保设施稳定运转率（0.1）	≥95%	≥80%	≥70%	<70%
排污费是否按规定缴纳（0.1）	按规定缴纳			未按规定缴纳
产品及生产过程禁用品的使用（0.1）	产品及其生产不含有或使用国家法规禁用的物质			产品及其生产含有或使用国家法规禁用的物质
管理指标（0.2）				
环境管理体系的建立（0.05）	依ISO 14001建立并运行环境管理体系，通过审核认证	依ISO 14001建立并运行环境管理体系，未通过审核认证	计划按照ISO 14001建立并运行环境管理体系	未考虑按ISO 14001建立并运行环境管理体系
环境信息披露情况（0.05）	定期披露环境信息，发布环境报告	定期披露环境信息，但披露内容不规范	不定期披露环境信息，且披露内容不规范	没有披露环境信息，发布环境报告
年度相关投诉确认件数（0.05）	0	1	≥2	≥4
环境事故发生情况（0.05）	0			≥1

2.3.3.2 操作绩效评估方法

由于操作绩效涉及多投入多产出，为了比较不同上市公司的操作绩效水平，使用数据包络分析（DEA）方法评估操作绩效水平。

（1）DEA 方法简介

DEA 通过选择决策单元，评估决策单元投入和产出的效率。多投入和多产出给生产上提供了可能的输入和输出组合，也就是存在许多生产可能集。在对决策单元进行评估时，这些生产可能集满足凸性公理、最小性公理。在上市公司绩效评估中，将上市公司作为决策单元，运用 DEA 模型计算上市公司操作绩效水平。得到目前的产出水平，分析其投入要素是否可以减少，若可以，则认为生产缺乏效率，反之则认为生产有效率。在 DEA 模型下，计算得出技术有效性和规模效率，判断决策单元是否技术有效和规模有效。

DEA 是一种线性规划方法，它根据一组关于输入－输出的观察值来估计生产前沿。生产前沿是通过联接所有最有效的观测点形成的分段曲线组合，而得到的一个凸性的生产可能性集合。前沿观测值的集合作为前沿将所有的观测值包含在其中，其效率值最高，而其他的决策单元及其线性组合在输入既定的情况下不能生出更多的输出，也不能以更少的输入生出既定的输出量。根据对各决策单元（Decision Making Unit，DMU）观察的数据判断 DMU 是否为 DEA 有效，本质上是判断 DMU 是否位于生产可能集的前沿面上。使用 DEA 方法和模型可以确定生产前沿面的结构，因此又可将 DEA 方法看做是一种非参数的统计估计方法。使用 DEA 对 DMU 进行效率评价时，可以得到很多在经济学中具有深刻经济含义和背景的管理信息。生产前沿及其剖面见图 2-6。

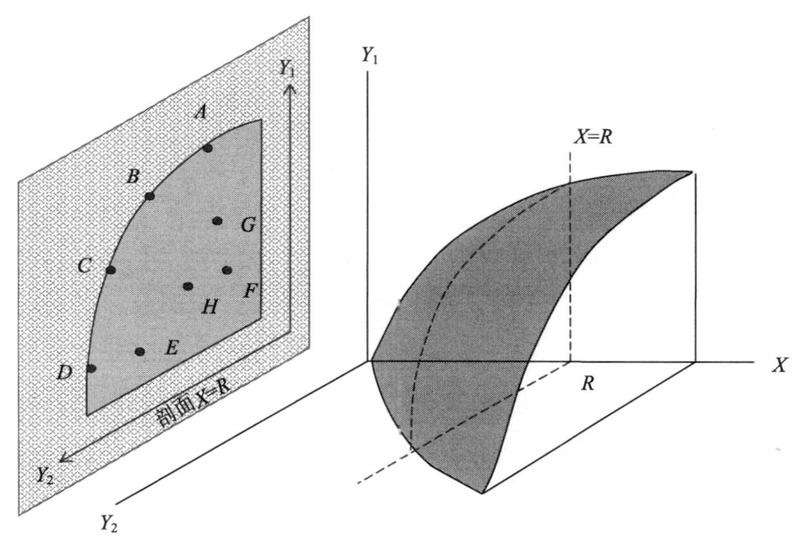

图 2-6　效率前沿及其剖面图

（2）DEA 方法的应用步骤

①确定评价目的：DEA 方法的基本功能是评价，特别是进行多个同类样本间的相对性的评价。这样就有一系列问题需要明确，如哪些 DMU 能够或适宜在一起进行评价，通过什么样的 DEA 模型进行评价等。为了能使 DEA 方法提供的信息具有较强的科学性，对上述问题的确定并非是随意的，它应该服从于我们应用 DEA 方法的具体目的性。明确评价的目的是应用 DEA 方法的首要问题。

②选择 DMU：选择 DMU 就是确定参考集。由于 DEA 方法是在同类型的 DMU 之间进行相对有效性的评价，因此选择 DMU 的一个基本要求就是 DMU 的同类型。同类型的 DMU 是指具有三个特征的 DMU 集合：具有相同的目标和任务；具有相同的外部环境；具有相同的输入输出指标。在实际工作中也常通过以下两点帮我们选取 DMU：用 DMU 的物理背景来判断，即 DMU 具有相同的环境，相同的输入和相同的任务等；用 DMU 活动的时间间隔来构造。

③建立输入输出指标体系：建立输入输出指标体系是应用 DEA 方法的一项基础性前提工作，主要考虑以下几点：要能够实现评价目的，也就是说输入向量与输出向量的选择要服务、服从于我们确定的评价目的；要能全面反映评价目的，一个评价目的需要多个输入和多个输出才能较全面地描述，缺少某个或某些指标常会使评价目的不能完整的得以实现；要考虑输入向量和输出向量之间的联系，由于在生产过程中，DMU 各输入与输出之间往往不是孤立的，因此某些指标被确定为输入或输出后，会对其他指标的认定产生影响；要考虑输入输出指标体系的多样性，由于 DEA 方法的核心工作是评价，因此很难讲对某个评价目的，指标体系的确定是唯一的，特别是我们一般希望各 DMU 在 DEA 分析中的有效性有显著差别，或者希望能观察到哪些指标对 DMU 有效性有显著影响，要做到这些，一个常用的方法就是我们可以在实现评价目的的大前提下，设计多个输入输出指标体系，在对各体系进行分析后，将分析结果放在一起进行比较分析。

④DEA 模型的选择：DEA 模型有多种形式，在应用 DEA 方法时，一要看 DMU 的实际经济背景，二要看评价目的。具体说来，主要从以下几个方面考虑问题：第一，选用基于输入的 DEA 模型，还是选用基于输出的 DEA 模型这主要看对输入输出指标的可控性和可处理性。第二，由于 DEA 模型在判定 DMU 是否为 DEA 有效以及将原来无效的 DMU 投影到相对有效面上时均有方便之处，所以实际中这一模型经常用到。第三，就有效性本身而言，CCR 模型是同时针对模型有效性和技术有效性而言的总体有效性，而 BCC 模型只能评价技术有效性。特别的，如果生产可能集为凸锥的，输入输出指标特别多的话，这时选用具有锥结构的 BBC 模型就比较合适。

⑤评价工作的设计与表述：主要是如何把分析工作设计得细致些、全面些，以便尽可能多地比较信息。

（3）DEA 方法在环境绩效评估中的应用

在企业的环境绩效评估当中，总是期望投入指标越小越好，而产出指标，如产品或产值越大愈好。根据物质平衡理论，产出中也包含着污染物的排放，这些产出指标是非期望指标，因此，希望它越少越好。为了实现该目标，在计算上市公司操作绩效指标时，将污染物排放作为输入指标，运用 DEA 中的 BCC 投入模型对上市公司的操作绩效进行评估。计算出的效率值表明了上市公司的操作绩效水平，而松弛变量值表明了上市公司环境绩效改进的方向和目标。

2.3.3.3 环境状态绩效评估方法

在指标体系的构建过程中，环境状态绩效指标的评估是根据不同环境要素的环境标准值进行确定。由于上市公司包含一个或多个生产企业，在统计时，需要统计每一个企业的环境绩效信息，最后综合得出上市公司的环境状态绩效得分。采用常规综合评估法计算综合指标得分，计算公式如下：

$$F_i = \frac{1}{m}\sum_{j=1}^{m} w_i f_j \text{，} \quad \sum_{i=1}^{n} w_i = 1 \tag{2-8}$$

式中，F_i 为上市公司环境状态绩效水平的综合得分值；m 为上市公司所含企业数；f_i 为上市公司环境状态绩效水平的三级指标得分值；j 表示上市公司含有的企业数目；i 表示指标值。w_i 为各三级指标的权重，取均值。各项指标值的分级标准如表 2-4 所示。

表 2-4 上市公司环境状态绩效指标分级标准

	指标值	优（86～100）	良（71～85）	中（60～70）	差（<60）
环境状态指标 ECIs	18.水环境标准	一级标准	二级标准	三级标准	三级标准以下
	19.大气环境标准	一级标准	二级标准	三级标准	三级标准以下
	20.固体污染控制标准	一级标准	二级标准	三级标准	三级标准以下
	21.环境噪声标准	一级标准	二级标准	三级标准	三级标准以下
	22.土壤环境标准	一级标准	二级标准	三级标准	三级标准以下
	23.放射性与电磁辐射环境标准	一级标准	二级标准	三级标准	三级标准以下
	24.环境基础标准	一级标准	二级标准	三级标准	三级标准以下
	25.其他环境标准	一级标准	二级标准	三级标准	三级标准以下

2.3.3.4 环境绩效评估的综合得分

上市公司环境绩效评估的综合得分包括管理绩效得分、操作绩效得分和环境状态绩效得分三部分。在求得各单项指标得分值和权重的基础上，采用常规综合评估法计算综合指标得分，计算公式如下：

$$F=\sum_{i=1}^{n}W_iF_i \tag{2-9}$$

其中，

$$\sum_{i=1}^{n}W_i=1 \tag{2-10}$$

式中，F 为在加权平均下的上市公司环境绩效综合得分值；F_i 为上市公司环境绩效水平的二级指标得分值，包括管理绩效指标、操作绩效指标和环境状态指标；W_i 为各二级指标的权重。二级指标的得分值是在各自选择评估方法的基础上获得，二级指标的权重在咨询专家意见的基础上获得，均为 1/3。

2.3.3.5 环境绩效指数的计算

依据上证综合指数和道琼斯可持续发展指数的计算方法，在确定了进行环境绩效指数计算范围内的成分股后，按以下公式计算环境绩效指数：

环境绩效指数＝报告期成分股的自由流通市值/基期成分股的自由流通市值×基期指数

其中：

基期自由流通市值=调整系数×∑（基准日股票的收盘价×自由流通股数）；

报告期自由流通市值=∑（报告期时的股票价格×自由流通股数）；

基期指数是以 2008 年 1 月 10 日为标准按 1 000 点计算；

基准日即为 2008 年 1 月 10 日。

与上证综合指数采用上市股票总市值所不同的是，环境绩效指数拟以自由流通市值来分配权重。成分股的权重以已发行总股份数量的自由流通部分为基础。自由流通股数为已发行总股数减去限售股数量。限售股是指由公司、政府和家族等持有的数量超过 5%的股份，但是不包括投资公司和基金持有的部分。环境绩效指数的筛选标准、发布时间、指数修正规则等需要另行研究确定。

2.3.4 上市公司环境绩效评估案例研究

2.3.4.1 上市公司环境绩效整体及单项表现均不容乐观

本书收集了大量上市公司环境基础数据，选择2009年在上海证券交易所上市的，特别是对水资源消耗和水污染物排放较为严重的火电、钢铁、化工、造纸、纺织、食品饮料和建材7个行业的161家上市公司及其1 454家下属企业开展环境绩效评估实证研究。

从环境绩效综合得分来看，7大行业161家上市公司中，得分在90分以上（绿色，优）或80分以上（蓝色，良）的上市公司极其稀少，大多数在70分（橙色，中下）或60分以下（红色区域，不及格），位于（黄橙，中）的上市公司占了绝大多数。其中，得分在90分以上的只有1家，仅占总数的0.6%；得分在80～90分的公司有9家，占总数比例为5.7%；有42家公司得分在70～80分，其比例为26.8%；60～70分的公司数最多，为41.4%；有40家公司得分在60分以下，占了25.5%。因此，从总体上看，我国上市公司环境绩效水平的优良率还很差。目前，受评公司中还没有任何一个上市公司已经实现了长期的环境可持续发展，迫切需要加强社会责任意识，提升环境管理能力，减缓资源消耗和环境污染对公司发展造成的压力。

评估结果表明，上市公司的规模和发展水平是其环境绩效的重要驱动因素，但同时，好的环境绩效与其环境治理水平、环境守法意识和社会责任意识更加相关。此外，一个上市公司对其下属企业（子公司、分公司、联营公司或合营公司）的环境管理显得尤为重要，在一些大型国有上市公司表现得更为明显。例如，宝山钢铁和中石化在环境管理方面做得非常好，建立了良好的环境管理体系，十分注重节能减排，加强环境信息披露，定期发布社会责任报告，但由于宝山钢铁和中石化下属一家分公司发生了居民投诉事件，被环保部门罚款，导致其综合得分较低。

从单项环境守法指标得分看，161家上市公司中，得分在90分以上的只有2家，仅占总数的1%；得分在80～90分之间的有42家，比例为27%；得分在70～80分之间的有36家，比例为23%；得分在60～70分及60分以下的有78家，比例为49%。7大行业中，火电、钢铁、纺织、食品行业的环境守法情况相对较差，70分以下的公司超过了50%，火电行业为76%，食品行业则超过了90%；而化工、造纸、建材行业环境守法情况相对较好，其中化工行业80分以上的公司比例超过了60%。

从单项环境管理指标得分看，161家上市公司中，得分在60分以下的公司数有66家，占总数的42%；得分在60～70分的公司比例为23%；只有16%的公司得分在80分以上，环境管理情况较好。7大行业中，钢铁、化工行业环境管理情况相对较好；火电、造纸、纺织、食品饮料和建材行业相对较差，得分在70分以下的超过了50%，特别是食品和造纸行业，得分在60分以下的公司比例分别高达61%和81%。

从单项环境效果指标得分看，161家上市公司中，得分在90分以上的有6家，占了总数的4%；得分在80～90分的有15家，比例为9%；得分在70～80分的有31家，比例为20%；得分在60～70分及60分以下的分别为61家和45家，两者之和占了总数的67%。7大行业中，除造纸行业得分70分以下的公司比例为46%外，其他行业比例都超过了50%，火电行业高达 84%，食品行业为 74%，化工行业为 67%。

2.3.4.2　上市公司需切实加大环境绩效的改进力度

通过综合得分排名和分专题得分排名的方式对每个行业的上市公司进行对比聚类分析，发现任何一个行业，都不存在在环境守法、环境管理、环境效果指标得分三个方面全部领先的上市公司（尽管其环境综合绩效得分可能位居同行业第一）。因此，每一个上市公司在环境绩效方面都有改进的余地，同时在某些方面可从其同行业上市公司吸取成功经验。

火电行业，环境绩效综合表现较差的公司问题集中于：废气排放严重超标，特别是二氧化硫问题比较突出；水资源消耗强度较大；未建立环境管理体系和环境信息披露制度。此类上市公司需要从各个方面提升环境绩效水平，在环境守法方面，应严格环保法规审批程序，加强环境管理；加快淘汰落后产能，引入高效去污设备，减少环境污染；在公众参与方面，加强群众监督，严肃处理环境投诉，消除环境安全隐患。

钢铁行业，环境综合绩效表现较差的公司首要问题是废气超标、总量减排目标没有落实，其次是工业固废与危险废物处置率低及由此引起的环境投诉、环境事故问题；其废水超标问题虽不严重，但也存在较多问题。这类上市公司，在环境守法方面，应认真落实总量减排、工业固废与危险废物处置等工作；在环境管理方面，加快建立环境管理体系，披露环境信息，杜绝环境事故发生；在环境效果方面，加强废气废水处理力度，深化节能减排，降低水资源、能源消耗强度和污染物排放强度。

化工行业，环境绩效综合表现较差的公司，虽然在环境守法方面表现较好，但在环境管理水平上表现一般，特别是在节能减排绩效方面表现较差，主要是污染物排放超标问题，如鲁北化工、金发科技、河北宝硕等存在不同程度的污染物超标、环保设施运转率低等问题。未来应在继续保持良好的守法表现的同时，加快建立环境管理体系，加强环境信息披露，减少环境投诉，不断提高单位产品资源能源使用效率，降低污染物排放量。

造纸行业，环境绩效综合表现较差的公司共有特点是环境守法、环境管理和环境效果三项指标得分均属中等偏差水平。其中守法指标得分略高，在 70～80 分之间，而管理指标和环境效果指标得分均较低，近 60%的造纸行业上市公司在环境信息披露、环境管理体系建立以及环境投诉案件等方面存在问题；另外，部分公司在重复用水率、单位产品新鲜水耗、能耗以及废水、COD 排放方面存在问题。未来应在环境管理、环境守法以及节能减排三个方面同时进行改善，不断缩小与行业平均水平的差距。

纺织行业，环境绩效综合表现较差的公司存在的主要问题是环境管理体系、环境信息披露等环境管理机制不健全。另外，不同程度地存在废水污染严重，工业固废与废险废物处置率低，水耗、能耗较大等问题。要提高此类公司的环境综合绩效，首先要加强环境管理，提高环境守法意识，完善环保审批手续，以相关法律和标准规范公司活动；采用国际先进环境管理体系，定期披露环境信息；加大节能减排力度，严格按照行业环境标准实现废水达标排放，完成 COD、氨氮等水污染物总量减排目标。

食品行业，环境绩效综合得分在同行业中欠佳的公司存在的主要问题是废水、废气排放超标严重，污水处理设施建设滞后，环境管理体系和信息披露机制不健全，环评审批手续不全，环境事故和环境投诉较多等。这类上市公司应该增强环境守法意识、完善各项法律手续，建立健全环境管理体系和信息披露机制；切实做好节能减排工作，降低水资源消耗；提高能源利用效率；增强废水处理水平，减少 COD、氨氮等水污染物排放。

建材行业，环境绩效综合表现较差的上市公司共有特点是环境效果指标和守法指标得分较高，在 70～85 分之间，而管理指标得分较低，在 60 分以下。这一类上市公司在节能减排和环境守法方面表现较好，但在环境管理方面表现却较差，主要是由于排污超标、项目“三同时”手续不全等原因受到不同程度的环境行政处罚和群众投诉举报。未来在继续保持良好的守法行为、节能减排的同时，还应加快完善环境管理体系，加强环境信息披露，减少环境事故发生。

2.3.4.3 加强上市公司环境绩效评估研究与应用建议

建立并完善上市公司环境信息系统。上市公司环境基础信息资料不全和质量不可靠，是阻碍上市公司环境绩效评估工作正常开展和影响评估结果排名的重要原因。因此，必须建立和完善上市公司环境信息数据系统，结合上市公司环境绩效评估指标体系的建立，从环境守法、环境管理、环境效果等方面提出一套科学、完整的上市公司环境基础信息统计调查体系。同时，应在政府部门积极支持下，持续开展上市公司相关数据资料的收集、存储和分析工作。此外，对数据质量必须给予高度重视，通过专家论证和第三方独立鉴定保证评估数据来源和质量的可靠。

进一步规范上市公司环境信息披露。上市公司环境信息披露是环境绩效评估工作数据资料获取的一个重要来源。目前我国上市公司环境信息披露机制还不完善，披露的内容简单、不详细，定性披露多、定量披露少，好的披露多、坏的披露少；披露的形式不规范，公司之间缺乏统一性和可比性，在一定程度上影响了环境绩效评估的开展和促进上市公司加强环境管理、降低环境风险、维护广大投资者利益等方面作用的发挥。建议尽快出台相关办法和指南，对上市公司披露环境信息的内容范围做出明确规定，同时对上市公司环境信息披露的事务管理、监督管理、法律责任、奖励与惩罚等方面予以规定。

完善上市公司环境绩效评估指标体系。评估指标体系的构建应与上市公司环境绩效评估的理论基础和政策导向直接相关，然而在世界范围内对指标选择的依据和涉及的范围尚没有统一的标准。本研究的评估指标主要包括三个方面，一是环境守法指标，反映上市公司遵守环保法规情况，这是基本要求；二是环境管理指标，反映公司为改善环境所做的环境管理方面的努力；三是环境效果指标，反映公司环境管理的最终效果。今后，可根据数据来源是否可得和满足政府部门、上市公司、社会公众、投资人等相关利益方对环境绩效信息的需求目的，对指标体系做进一步完善。

进一步改进上市公司环境绩效评估方法。上市公司环境绩效评估方法的选择受到许多因素的影响，如评估范围、数据质量、政策导向等。在确定指标体系的基础上，本研究目前主要使用了专家打分法确定指标权重，采用加权法进行综合评估。随着对上市公司环境影响过程的认识深入、数据获取规范等方面的完善，环境绩效评估方法的适应性和科学性可以进一步优化，可采用神经网络分析、数据包络分析等方法对上市公司环境绩效进行综合评估并对其影响因素进行深度分析。

加强上市公司环境绩效评估结果的应用。目前，在国外已将环境绩效评估的结果应用于上市公司可持续发展指数、股票指数的编制中，投资者可用于进行投资，也部分应用于企业战略管理、社会责任投资等其他多个领域。由于我国上市公司环境绩效评估工作刚刚起步，相关法规、标准和政策还不完善，环境绩效评估结果在上市公司环境监管、证券市场投资、战略管理等方面的应用研究明显不足，迫切需要加强。

2.4　上市公司环境信息披露

2.4.1　上市公司环境信息披露的内容

对于上市公司环境信息披露的内容，要分清哪些是强制性披露，哪些是自愿性披露。强制性环境信息披露的应当是目前环境保护法、公司法、证券法等法律中规定的对上市公司环境信息进行强制披露的内容，适当加入环境影响较大，公众较关注的环境信息，有一定的硬性要求和处罚措施。自愿性环境信息是参考国际和其他国家对上市公司环境信息的规定，上市公司自愿披露的一些环境信息，对其没有硬性要求。

（1）确定强制性环境信息披露的内容

强制性披露的环境信息包括国家有关环境保护的法律、法规和标准、制度和政府文件中对上市公司环境信息的规定的披露内容，主要包括：

1. 企业环境保护方针（针对重污染行业）

2. 污染物排放总量（针对重污染行业）

（1）废水排放总量和废水中主要污染物排放量；

（2）废气排放总量和废气中主要污染物排放量；

（3）固体废物产生量、处置量。

3. 企业环境污染治理

（1）企业主要污染治理工程投资；

（2）污染物排放是否达到国家或地方规定的排放标准；

（3）污染物排放是否符合国家规定的排放总量指标；

（4）固体废物处置利用量；

（5）危险废物安全处置量；

（6）产品及其生产过程中是否含有或使用国家法律、法规、标准中禁用的物质以及我国签署的国际公约中禁用的物质。

4. 环保守法

（1）环境违法行为记录；

（2）行政处罚决定的文件；

（3）是否发生过污染事故以及事故造成的损失；

（4）有无环境信访案件；

（5）环境影响评价制度的执行情况；

（6）其他由国家、地方法规或行业标准要求的有关事项。

5. 环境管理

（1）依法应当缴纳排污费金额；

（2）实际缴纳排污费金额；
（3）是否依法进行排污申报；
（4）是否依法申领排污许可证，并达到排污许可证的要求；
（5）排污口整治是否符合规范化要求；
（6）主要排污口是否按规定安装了主要污染物自动监控装置，其运行是否正常；
（7）污染防治设施正常运转率；
（8）“三同时”执行率；
（9）环境目标责任制的落实和执行情况；
（10）被纳入城市环境综合整治的事项、原因，分配的责任指标及其完成情况，以及在城市环境综合整治定量考核工作中的成绩和问题。
6. 重大事件
（1）新公布的环境法律、法规、规章、行业政策可能对公司产生重大影响的；
（2）公司因为环境违法违规被环保部门调查，或者受到刑事处罚、重大行政处罚的；
（3）公司有新、改、扩建具有重大环境影响的建设项目等重大投资行为的；
（4）由于环境保护方面的原因，公司被人民政府或者有关部门决定限期治理或者停产、搬迁、关闭的；
（5）公司由于环境问题涉及重大诉讼或者主要资产被查封、扣押、冻结或者被抵押、质押的；
（6）《环境信息公开办法（试行）》规定，并可能对上市公司证券及衍生品种交易价格产生较大影响的其他有关环境的重大事件。

（2）确定自愿性环境信息披露的内容

上市公司环境信息自愿性披露的内容主要包括：

1. 序言——经营者的理念
上市公司最高经营责任者对环境报告书的要点进行概述，表明上市公司推行可持续发展战略的决心和积极推动环境保护活动的姿态。
2. 上市公司概况
（1）上市公司名称、所有制形式、总部所在地、创建时间。
（2）主要产品及服务。
（3）企业业务相关信息，包括：总资产额、销售额、员工数、场地面积等。
（4）利益相关者及其与企业的关系，包括员工、投资方、供应方、顾客、政府、公益团体、非政府组织。
（5）市场及顾客对象的种类（如零售、批发、政府等）。
（6）报告书的相关说明：包括报告书的范围（界限和时限）、咨询及意见反馈方式。对于结构复杂的企业，即由多个分支机构组成的企业，在披露上市公司业绩尤其是上市公司生产经营活动所伴随的环境负荷时，应明确说明报告界限。
（7）补充说明：报告期间发生的上市公司规模、结构、产品/服务的重大变化信息。

3. 上市公司的环境方针、管理结构和环境目标

（1）公司的环境保护方针。环境方针应与企业的活动、产品/服务的规模和特点，以及伴随产业活动产生的主要环境负荷相适应，其制定时期、制定方法应与企业整体经营方针相协调。简单介绍企业环境方针的背景、具体内容和前景。

（2）公司遵守的法规、协议等。企业应当并承诺遵守的国内外法规、协议等的名称、发布日期和内容。

（3）公司的管理组织。包括公司的管理结构和环境管理结构。管理公司管理结构包括：企业管理结构图、分支机构数量、管理机构职能、责任及管理人员数量；企业环境管理结构包括：企业内部环境管理机构、各部门权限及责任分工、管理机构的运转流程及实施状况。

（4）环境目标。应当介绍与环境方针相适应的中长期目标和目前以及下一阶段的目标、指标的完成情况。目标不应当是单纯的努力目标，而应当是实际上应完成的目标，在尽可能使目标具体、量化和可测量的情况下，应当用易于理解的方式，对目标完成情况的分析/评价结论进行具体阐述，如对主要目标无法完成的原因的分析和今后行动计划及新目标的展望等。

4. 环境管理

（1）获 ISO14001 认证及开展清洁生产。

（2）遵守法律、条约及承担其他责任：

- 环境违法行为记录；
- 行政处罚决定的文件；
- 是否发生过污染事故以及事故造成的损失；
- 有无环境信访案件；
- 环境影响评价制度的执行情况；
- 其他由国家、地方法规或行业标准要求的有关事项。

（3）与环保相关的教育及培训。

（4）与利益相关者进行环境信息交流。

（5）环境监测、测量的实施。

（6）企业环保设施的建设和运行情况。

（7）企业在生产过程中产生的废物的处理、处置情况，废弃产品的回收、综合利用情况。

（8）企业环保投资和环境技术开发情况。

（9）环境风险管理体制、紧急状态和应急准备情况的建立。

（10）环境管理体系的审核、实施及结果改进等。

5. 环境操作

（1）能源消耗量及削减措施。

（2）资源（除水资源）消耗量及削减措施。

（3）水资源消耗量及削减措施。

（4）废水产生总量及削减措施。

(5) 废气产生量及削减措施：包括 SO_2，NO_x，CO_2 等。
(6) 固体废物产生及处理处置情况。
(7) 有毒有害化学物质管理。
(8) 绿色采购状况及相关对策。
6. 产品环境业绩
(1) 单位工业增加值原材料消耗量。
(2) 单位工业增加值水耗。
(3) 单位工业增加值能耗。
(4) 单位工业增加值废水产生量。
(5) 单位工业增加值化学需氧量排放量。
(6) 单位工业增加值二氧化硫排放量。
(7) 单位工业增加值二氧化碳排放量。
(8) 单位工业增加值固体废物产生量。
(9) 运输的环境负荷及消减对策。
(10) 获得的环境保护荣誉。
(11) 获取环境标志情况。
7. 其他环境信息
(1) 致力于推动环境保护的援助。
(2) 向社会提供的环境教育项目情况。
(3) 绿化、植树、自然修复等情况。
(4) 生物多样性保护方面所采取的行动。
(5) 企业其他方面的信息。

2.4.2 上市公司环境信息披露的形式

目前，大多数国家和相关组织提倡以环境报告书或可持续发展报告书来进行环境信息的披露，并且在不断的实践中，环境信息的相关性、可验证性和可比较性有很大提高。在环境报告书编制的发展过程中，一些环境管理标准体系对编制指南起了关键的作用。这些环境报告书的编制指南为那些要求环境业绩与财务业绩共同发展而自愿提供环境信息的公司提供了指导。在发达国家，一些大型公司已经开始连续编制环境报告书，如日本的王子造纸公司、松下电器集团公司，美国的巴科斯塔公司等。联合国环境规划署会同其他机构也联合制定了环境报告书的编制指南，鼓励企业以这种方式披露环境信息。

在对西方国家企业环境信息披露的形式和我国环境信息披露的现状分析之后，针对我国上市公司的特点，对其环境信息披露提出以下建议。

2.4.2.1 注重对财务指标的影响

对于在财务报表的附注文字说明部分增加环境成本和环境管理绩效等信息披露说明，有关西方企业会计披露的调查报告显示，由于采用的标准不同，而且有的报告内容采用大量的环境经济专业词汇，晦涩难懂，一般的投资者和社会公众很难理解。建议我国企业在财务会计报表的附注中进行环境信息披露时，应该着重于环境信息对财务指标的影响，尽量避免对环境信息的直接披露。具体可以表述为以下几个方面：

①环境成本现实发生。在本会计年度内，发生的环境成本的合计数及其分类，包括用于环境污染罚款的支出额，用于购买环境保护设备的金额等。

②环境成本潜在发生。根据专业人员的估计，企业因环境污染可能会承担的潜在损失。

③环境成本变动情况。与上一会计年度相比，环境成本的变化额和变化率。这也符合目前我国企业会计准则对附注内容披露的要求，使会计报表使用者对环境成本的财务影响有更完整的了解。

2.4.2.2　处理好与现行制度的关系

上市公司环境信息披露制度并不是一个完全独立的制度。在推行这项制度时，要注意与现行其他环境管理制度的衔接。这些制度主要包括公司环境行为公开、环境友好企业评选、环境管理体系审核认证、环境标志产品认证以及公众参与制度等。

2.4.2.3　单独环境会计报表披露

将环境绩效信息分散到现有的会计信息披露工具之中加以揭示，主要运用在财务报告中叙述、在现有报告中添加新项目、附注等三种方法来对环境绩效信息加以披露。就正常运转的企业来说，平时主要通过年报加以披露，而且年报中的许多地方都是可以承担此任的，包括公司简介、会计数据和业务数据摘要、董事和总经理的业务报告、董事会报告、财务会计报告（包括会计报表正表、附表、补充报表、报表附注等）、重大事件报告等部分。具体来说，一方面可将财务影响信息在现行的财务报表项目及附注中披露，另一方面可将环境影响信息在年报的董事会报告中披露，如披露企业的环境政策，环境法规的执行情况等。

企业编制环境会计的数据信息可以来自企业环境管理部门和财务会计部门的数据统计资料，但由于环境会计报表使用者的目的和目前我国有关法律法规的规定，环境信息的披露方法与传统财务会计披露有很大不同。首先，披露的范围和内容不同。环境信息披露的内容局限在企业环境保护活动所发生的行为，如环境资产的取得，环境成本的构成及金额，而企业财务会计披露的是企业整体截止披露基准日的资产负债情况和经营成果。其次，披露的标准不同。环境信息披露的标准是环境保护法和环境保护部门确定的环境指标，而财务会计披露的标准是企业会计准则。

因此，在我国环境信息披露，建议采用在单独编制的环境会计报表中披露的方式，与财务会计报告共同构成企业年度报告的一部分。在环境信息披露的标准方面可以根据环境污染物的指标进行：大气污染物指标（3 个），包括烟尘、工业粉尘、二氧化硫；废水污染物指标（8 个），包括化学需氧量、石油类、矾化物、砷、汞、铅、镉、六价铬；固体废物指标（1 个），包括工业固体废物排放量。披露内容可包括各指标的排放数量，量化财务金额，历史数据比较，控制效率等。

2.4.2.4 与财务会计报表合并披露

以上是结合国内的实际情况，对环境信息分别采取的披露方法。除以上方法外，建议部分企业在环境管理制度完善、环境会计处理比较熟练的情况下，直接采用财务报表的报告形式披露环境信息，包括：资产负债表、营业利润表、现金流量表和会计报表附注。这种披露方法是在各报表的具体科目中，增加相应的环境成本科目。

环境成本报告披露的方法是随着信息使用者要求的不断变化而改变的，因此，在目前状况下，企业不必拘泥于某种固定的方式。但可以预测的是，随着环境法规和企业财务会计准则的完善和可操作性的增加，以及企业对环境成本的界定、计量和披露的标准化，环境成本报告披露也必将作为企业财务会计披露标准的一部分。

2.4.2.5 单独出具环境报告书披露

编制单独的环境报告书，是指采用一定的方法和形式，对上市公司环境信息通过编制独立的报告来加以披露。单独编制的环境报告书可以同时使用表格、文字、图形等多种方法。这种方式是以环境报告书作为企业披露环境信息的载体。环境报告书是反映企业及其所属业务部门和生产单位在其生产经营活动中产生的环境影响和财务影响，以及为了减轻和消除有害环境影响所进行的努力及其成果的书面报告。

上市公司单独出具环境报告书，不拘泥于财务报告的形式，可直接反映企业的环境管理的理念、管理方法、管理绩效等。这种环境信息的披露方法可以结合企业自身环境管理的战略、计划、方法、目标等，参考国外企业的环境信息披露的方法恰当应用。

2.4.2.6 上市公司环境信息披露的工具

上市公司环境信息披露可以数据、表格和文字说明结合的形式提供，应尽量使环境信息做到内容完整、表述清晰、信息真实。

（1）文字叙述的方法

文字叙述是最基本和最简单的作法。以文字说明提供的环境信息，又称定性信息。定性信息主要包括那些难以量化的环境事项和环境成本。如企业负责环境问题的人员配置、企业及其人员的环境意识、环境教育；企业资源的耗用情况；企业在环境治理、减少污染和排放等方面的努力和行动；企业对社会环境项目的资助以及企业举办的环境保护活动等。除上述企业对环境做出的贡献外，还应披露不良的环境行为，这些行为可能是无意识的行为，如化学物质泄露污染环境、火灾破坏环境、排放超标受处罚次数等。定性环境信息披露可以作为相应报告的附注内容，也可明确地形成独立的环境信息报告。

（2）表格表达的方法

以表格方式提供的环境信息，也称为定量披露的环境信息，定量披露的环境信息主要报告企业的自然资源耗减成本、生态环境降级成本、污染治理成本、环境发展成本、环境污染造成的经济损失等定量信息。目前，包含大量指标的表格是长期以来报告所采取的最为主要的信息披露方法。传统报告中使用表格的一个重要特征是，表格内的项目大都是货币指标，而且这些指标在历史成本原则的约束下也具有很强的客观性和可验证性。披露环境信息时要使用大量的表格，但是，这些表咯中的指标应该是多样性的：从性质上看，环境信息包括环境实物数据、货币（或经济）数据、生态效率数据；从形式上看，环境信息指标包括绝对数指标和相对数指标。需要注意的是，以表格方式提供的环境信息需要与以文字说明方式提供的环境信息结合使用，才能对一些关键问题表述清楚。

（3）图形表示的方法

作为信息披露的工具，完全可以在报告中列示一些诸如反映某一（几）现象、指标一段时间（几个年度、月份等）以来的走势图。毫无疑问，这种图形所提供的信息是非常形象的，并极易让读者看到发展趋势。

（4）定性说明与定量计算相结合的方法

一些环境信息可以通过文字进行适当说明，主要包括环境方针、管理等方面的情况。可以量化的环境信息，如能源和物质投入量、生态效率数据等，应当结合货币数据，定量计算。

（5）混合形式

混合形式指以数据、表格和文字说明相结合的综合环境信息报告形式。如要披露上市公司某一年度的环境成本。其报告内容包括以下两方面：

①环境成本核算。主要包括环境项目分类、环境成本各项科目的核算结果、各类环境成本占总成本的比例、本期发生的环境成本、全年发生的环境成本等内容。

②环境成本分析。环境成本分析主要包括环境成本构成分析和环境成本的关键内容分析；环境项目成本分析或环境事件成本分析；环境成本项目的计划指标、计划完成情况，本期与上期对比及成本变动趋势分析；环境成本与环境效益分析，包括综合分析和分项目分析；对环境管理活动和环境管理体系运行的有效性和经济性的评价；环境成本关键问题和重点事项的说明等内容。

2.4.2.7　上市公司环境信息披露的媒介

上市公司环境信息披露的结果可以通过媒介发布，让利益相关者及时获得。随着信息技术的发展，形成了多种信息传播渠道。

（1）电视、报纸和期刊

上市公司可在电视、报纸（《中国证券报》《上海证券报》《中国环境报》等全国性报刊或地方性报刊）和主要财经类期刊或环境保护期刊上及时发布其环境信息。这种方式的特点是传播范围大，快速方便，利益相关者可以便捷地收到环境信息，特别是可以很快获取突发事件或重大事件的环境信息。利益相关者自主获取相关方面的信息。

（2）网络媒介

通过网络发布环境信息是目前上市公司环境信息披露采用的主要媒介方式。实际中可通过中国证监会和环境保护部共同指定的官方网站、所在上市公司网站或上海证券交易所等券商网站发布环境信息报告。这种方式既可让利益相关者方便获取环境信息，也便于对环境信息的重复查询与使用。使用网络发布的环境信息应当保持完整、准确和权威性，网站应当由中国证监会和环境保护部共同确定。

（3）新闻发布会

上市公司可通过举行新闻发布会发布上市公司环境责任报告或信息披露报告。这种方式可以让利益相关者集中获取相关方面的环境信息。上市公司报告环境信息披露的内容，让利益相关者更容易理解和掌握。

（4）出版物

上市公司也可通过出版专门的出版物来发布环境信息，如有的大型上市公司每年单独出版上市公司环境责任报告书。

2.4.3 上市公司环境信息披露的机制

2.4.3.1 审核审查机制

上市公司的环境信息披露要遵守相应的审核审查程序，主要包括上市公司的内部审核、第三方机构的审核、相关信息的发布以及相关监管部门的审核等。明确上市公司环境信息披露的审核审查程序对于提高上市公司环境信息披露工作的效率以及所披露环境信息的质量具有重要的意义。

（1）对上市公司内部审核的建议

环境信息属于《上市公司信息披露办法》中所指信息的一种，对“上市公司应当制定信息披露制度”的要求同样适用于上市公司环境信息的披露。同时，环境信息又有其特殊性，一方面，对一般企业来说，以往的相关报告中往往很少涉及，对于环境信息披露事务的处理经验可能不足；另一方面，环境信息具有很强的专业性。这就要求上市公司在已经建立起的“信息披露事务管理制度”中增加对环境信息的考虑，在公司高层管理人员中指定专门人员负责环境信息披露的相关事务，全程跟踪并负责环境信息披露过程中的相关事务，并承担相应的责任。

对于独立的环境报告，应当由上市公司的高层管理人员中的环境事务负责人负责起草，并由董事会秘书交付董事长，由董事长提请董事会进行审议。

上市公司的其他报告一般由公司的高级管理层负责起草。在起草过程中，环境事务负责人应当积极参与，负责向报告的起草人提供所要披露的环境信息，并对相关信息的质量把关。报告需有董事会秘书交付董事长，由董事长提请董事会进行审议。

上市公司监事会应当对董事会编制的公司定期报告进行审核并提出书面审核意见。此规定同样适用于上市公司定期报告中的环境信息。同时，对于上市公司的环境报告，除董事、高级管理人员外，上市公司的环境信息披露事务负责人也应当对环境报告或者包含环境信息的其他报告签署书面确认意见；监事会应当提出书面审核意见，说明董事会的编制和审核程序是否符合法律、行政法规和环境保护部、中国证监会的规定，报告的内容是否能够真实、准确、完整地反映了上市公司环境管理方面的实际情况。

在环境信息依法披露前，上市公司应做好保密工作，特别是确保可能对上市公司股票及其衍生品种的价格产生影响的环境信息不提前泄露。

在上市公司的内部审核过程中，上市公司董事、监事、高级管理人员应当保证上市公司所披露环境信息的真实性、准确性、完整性和公平性。

（2）对第三方审核的建议

在现有条件下，建议由会计师事务所作为审核主体，承担实施上市公司环境信息披露“第三方”审核的任务。有关部门应该尽快制定并完善会计师事务所对上市公司环境信息披露实施“第三方”审核的相关准则，规范审核内容、程序等。

对于非独立环境报告中的环境信息的“第三方”审核，可以由承担上市公司定期报告（财务报告）的会计事务所实施。建议由财政部、环保部、证监会对相关会计师事务所的注册会计师组织培训，丰富其在环境管理学、环境经济学、生态学等领域的知识体系，并提高相关的实务水平。对于独立环境报告的“第三方”审核，相关会计师事务所的资质应当获得环境保护部的认可，审核人员则需要通过一定的资格认证后方可执行独立环境报告的审核。

同时，建议在相关会计人员的培训中，加入环境类相关课程，或者对环境会计专业人员实施定向培养。

（3）对政府监管部门实施审查的建议

对我国上市公司环境信息披露的审查可以由环保部门和证券监管部门联合实施。

对于专门环境报告书的审查可以由环保部门组织实施，由上市公司所在地的环境保护局（厅）负责重点对环境报告的编制是否符合相关法律、法规、标准的规定，内容的真实性、准确性、完整性和公平性进行审查。对于上市公司重大环境事件的临时环境报告的审查，在审查过程中除重点关注其披露信息的真实性、准确性、完整性和公平性外，还应对其相关信息披露工作的及时性进行审查。一些跨省域重污染行业的上市公司的环境报告书需要环境保护部组织实施审查。

对于上市公司非专门的环境定期报告书及上市公司临时报告或其他会计报告中涉及的环境信息内容的审查，可以由证券监管部门联合环境保护部门组织实施，审查结果报送至环境保护部门。

审查可以采取事前登记、事后审查的方式。审查结束后应形成审查报告，审查结果应当及时告知被审查上市公司董事会、证券监管部门，同时报送至环境保护部。

2.4.3.2　部门联动机制

（1）环境信息通报机制

环境保护部与中国证监会在建立跨部门的信息通报机制方面已做了很好的尝试。目前，环境保护部已经开始按照《环境信息公开办法》定期向证监会通报上市公司环境信息以及未按规定披露环境信息的上市公司名单，相关信息也向公众公布。

目前针对上市公司的环境信息披露工作，环境保护部门与证券监督部门已经建立了信息通报机制，但还有待完善。现有的信息通报机制所传递的信息主要集中在对于申请上市的企业或申请再融资的上市企业环保核查以及重污染企业名单等的相关信息，在现有信息量比较小的情况下，基本可以满足需求。但随着规定的上市公司报告、公告中披露环境信息的数量和内容不断增加，特别是如果规定上市公司披露独立的环境报告，将对部门间的信息传递和共享提出更高的要求，不仅要满足及时性的要求，同时要满足大信息量传递和共享的要求。建议在跨部门上市公司环境信息披露工作小组成立后，协调在环境保护部门和证券监管部门之间建立上市公司环境信息披露管理系统，该系统不仅承担处理各部门内部的上市公司环境信息披露的信息存储、查询、统计及其他处理工作，更是部门之间相关信息传递和共享的直通渠道。

鉴于上市公司环境信息披露数量和频次的增加，建议增加披露的渠道，例如，增加监管部门编印的报刊；与上市公司环境信息披露管理系统结合，在环境保护部及省级环境保护局（厅）的政府网站开辟上市公司环境信息披露专栏等。

（2）协同决策机制

对环境保护监管部门和证券监管部门来讲，上市公司所披露的环境信息不仅服务于投资者和其他社会公众，而且也是监管部门及时、正确做出相关决策的重要依据。日益严峻的环境保护形势以及公众越来越高的环保呼声，对部门间的协同决策能力提出了越来越高的要求，而以往对于上市公司的环境监管，证券监管部门和环境保护部门往往各自为政，部门间在协同决策并执行决策方面明显不足，重大环境事件的应急处理能力有所欠缺。因此，部门间协同决策机制的建立与完善势在必行。

部门间协同决策贯穿于上市公司环境信息披露监管工作的全过程之中，从相关法律、法规的制定，到奖惩和惩罚措施的执行，都可以通过部门之间的协同决策提高监管的效率和效果。而跨部门上市公司环境信息披露监管工作小组的成立以及信息通报机制的建立无疑是协同决策机制实施的基础。

上市公司的环境信息披露监管具有跨部门性，无论是相关法律法规的制定，还是监管工作的具体执行都需要环保与证券等相关部门的相互合作。因此，目前应尽快成立跨部门上市公司环境信息披露监管工作小组，客观分析我国上市公司环境信息披露的形势，通过协同决策完善法律法规基础及信息通报共享机制，建立上市公司环境信息披露管理系统，从而加强上市公司环境管理监管工作，促进上市公司持续改进其环境绩效。

2.4.3.3 监督和奖惩机制

（1）监督机制

目前，我国证券监管部门和环境保护部门对于上市公司的监管工作，虽然侧重点不同，但都有一套相对成熟的体系。对于上市公司环境信息披露的监督，则刚刚起步，该项工作的实施与完善需要各部门既各司其职又相互配合，确保政令统一，避免“多头领导”。

1）环境保护部门

自 2001 年以来，原国家环保总局开展了重污染行业上市公司的环保核查工作，特别是近几年，对上市公司的环保核查工作持续加强，不仅在改善上市公司环境绩效方面取得了很好的效果，同时也在对上市公司的监管方面积累了不少经验，为进一步完善上市公司环境信息披露的监督机制奠定了良好的基础。

环境保护部门对上市公司环境信息披露的监督应将重点放在上市公司所披露环境信息的合法合规性、真实性、准确性、及时性和全面性等方面。近些年，环境保护部及地方环保部门、中国证监会及其派出机构相继颁布了一些有关上市公司环境信息披露的法规，环保部门在执行监督工作时，不仅要参照本部门制定和公布的法规，同时也要参照证券监管部门的相关法规。

2）证券监管部门

中国证监会对上市公司信息披露工作的监管具有多年的经验，取得了丰硕的成果，同时也在不断地完善。2007 年颁布实施的《上市公司信息披露管理办法》对上市公司定期报告、临时报告、信息披露事务管理以及监督管理和法律责任等方面都做了相应的规定，已经成为相关工作实施的主要依据。

按照协同配合的原则，证券监管部门在实施上市公司环境信息披露工作监督时，应着重于上市公司内部信息披露事务管理制度执行与完善的监管，监督上市公司在信息披露事务管理制度中增加环境信息披露事项。

（2）奖惩机制

就国际和国内的相关经验来看，奖惩机制无疑是上市公司环境信息披露的重要保障。对于上市公司环境信息披露的激励，可以采取多种形式，以促进上市公司规范强制性环境信息的披露，增加自愿性环境信息的披露。

目前，环境保护部门和证券监督部门分别制定了多种奖惩措施，比如《环境信息公开办法（试行）》第二十三条规定："对自愿披露企业环境行为信息、且模范遵守环保法律法规的上市公司，环保部门可以在四个方面予以奖励：（一）在当地主要媒体公开表彰；（二）依照国家有关规定优先安排环保专项资金项目；（三）依照国家有关规定优先推荐清洁生产示范项目或者其他国家提供资金补助的示范项目；（四）国家规定的其他奖励措施。"《上市公司信息披露管理办法》中对于未按规定披露相关信息的上市公司，分别依照《证券法》第一百九十三条、二百零一条、二百零二条、二百零六条、二百零七条等规定予以处罚。另外，还列举了其他由证监会执行的处罚措施，比如，信息披露义务人及其董事、监事、高级管理人员，上市公司的股东、实际控制人、收购人及其董事、监事、高级管理人员违反本办法的，中国证监会可以采取六项监管措施：①责令改正；②监管谈话；③出具警示函；④将其违法违规、不履行公开承诺等情况记入诚信档案并公布；⑤认定为不适当人选；⑥依法可以采取的其他监管措施。

我国目前上市公司的环境信息披露仍然以自愿性信息披露为主，强制性信息披露为辅的实际情况决定了在没有相应的法律法规依据的情况下，有关的奖惩机制应当以奖励为主。而随着相关法律法规基础的不断完善，奖惩机制也将逐步完善。比如近期可以首先制定《上市公司环境信息披露管理办法》，明确规定对相关违规行为的惩罚措施和实施主体，同时，丰富对自愿性环境信息披露的奖励措施。

2.4.3.4　权利与责任机制

（1）上市公司管理层相关责任与权利

1）制定管理制度

上市公司应当制定环境信息披露事务管理制度，环境信息披露事务管理制度应当包括：①明确上市公司应当披露的环境信息，确定披露指标和标准；②未公开环境信息前的传递、审核、披露流程；③环境信息披露事务管理部门及其负责人在信息披露中的职责；④董事和董事会、监事和监事会、高级管理人员等的报告、审议和披露的职责；⑤董事、监事、高级管理人员履行职责的记录和保管制度；⑥未公开环境信息的保密措施，内幕信息知情人的范围和保密责任；⑦对外发布环境信息的申请、审核、发布流程；与投资者、证券服务机构、媒体等的信息沟通与制度；⑧环境信息披露相关文件、资料的档案管理；⑨涉及子公司的环境信息披露事务管理和报告制度；⑩未按规定披露环境信息的责任追究机制，对违反规定人员的处理措施。

2）董事会职责

对于定期环境报告，编制完成后，董事会秘书负责将报告送达董事审阅，董事长负责召集和主持董事会会议审议定期环境报告；董事会秘书负责组织定期环境报告的披露工作。

对于重大环境事件的临时报告，董事长在接到报告后，应当立即向董事会报告，并敦促董事会秘书组织临时报告的披露工作。对于临时环境报告，董事会秘书应当及时地组织编制工作，提请董事会审议。

董事除了了解并持续关注公司一般性的生产经营情况、财务状况和公司已经发生的或者可能发生的重大事件及其影响外，还应当关注公司的环境管理状况，并主动调查、获取决策所需要的资料，及时掌握公司生产经营中的环境影响、环境财务信息以及已经发生或者可能发生的重大环境事件及其影响。

3）监事会职责

监事会负责审核董事会编制的定期环境报告；对于报告中的环境信息，监事会可要求董事会秘书、环境事务负责人进行解释。

监事应当对公司董事、高级管理人员履行环境信息披露职责的行为进行监督；关注公司环境信息披露情况。一旦发现环境信息披露存在违法违规问题，应当进行调查并提出处理建议。

监事会对定期环境报告出具的书面审核意见，应当说明编制和审核的程序是否符合法律、行政法规、中国证监会和环境保护部门的规定，环境报告的内容是否能够真实、准确、完整地反映上市公司环境管理活动的实际情况。

4）高级管理层职责

上市公司高级管理层中应有专门的环境事务负责人，负责环境信息的披露事务，参与报告的编制，在董事会上做必要的阐述，并负责向监事会、上市公司监管部门以及投资者作解释。

高级管理人员应当及时向董事会报告有关公司经营或者财务方面出现的重大环境事件、已披露事件的进展或者变化情况及其他相关环境信息。

上市公司董事、监事、高级环保管理人员应当对公司环境信息披露报告的真实性、准确性、完整性、及时性、公平性负责。董事、监事、高级管理人员对定期报告内容的真实性、准确性、完整性无法保证或者存在异议的，应当陈述理由和发表意见，并予以披露。

公司董事、高级管理人员应当对定期环境信息报告签署书面确认意见，监事会应当提出书面审核意见，说明董事会的编制和审核程序是否符合法律、行政法规和环境保护部、中国证监会的规定，报告的内容是否能够真实、准确、完整地反映上市公司的环保活动实际情况。

（2）环保部门和证券监管部门的责任与权利

环境保护部和中国证监会依法联合对上市公司环境信息披露文件及公告的情况、环境信息披露事务管理活动进行监督，对上市公司控股股东、实际控制人和环境信息披露义务人的行为进行监督。

1）权利

在上市公司环境信息披露监管工作中，环保部门和证券监管部门的权利主要集中在：有权对上市公司所披露环境信息的真实性、准确性、全面性、合规合法性进行核查；有权要求相关责任人做出必要的解释、说明或者提供相关资料，并要求上市公司提供保荐人或者证券服务机构的专业意见；环境保护部、中国证监会对保荐人和证券服务机构出具的文件的真实性、准确性、完整性有疑问的，可以要求相关机构作出解释、补充，并调阅其工作底稿。

上市公司及其他环境信息披露义务人、保荐人和证券服务机构应当及时作出回复，并配合环境保护部和中国证监会的检查、调查；对上市公司控股股东、实际控制人和环境信息披露义务人的行为进行监督；有权执行相关法律法规中规定的对相关违法违规行为的处罚措施，督促上市公司完善信息披露机制等。

2）责任

环保部门和证券监管部门的主要责任集中在：及时向社会公开对上市公司的环境行政处罚情况等信息；执行相关法律法规中规定的对上市公司的奖励措施；依法严格保守公司的商业秘密和技术秘密；有责任在相关规定的范围内向环境保护部门通报及时、准确、全面、公平的上市公司的环境信息以及履行部门间信息通报机制所要求的其他相关义务等。

环境信息披露义务人及其相关人员违反有关规定，不履行披露义务的，中国证监会和环境保护部可以采取以下监管措施：①责令改正；②监管谈话；③出具警示函；④将其违法违规、不履行公开承诺等情况记入诚信档案并公布；⑤依法可以采取的其他监管措施。

对于上市公司环境信息披露义务人及其相关人员积极履行披露义务，定期编制环境信息报告，且模范遵守环保法律法规的，环保部门可以予以奖励：①在当地主要媒体公开表彰；②依照国家有关规定优先安排环保专项资金项目；③依照国家有关规定优先推荐清洁生产示范项目或者其他由国家提供资金补助的示范项目；④减免上市公司再融资核查程序和手续；⑤国家规定的其他奖励措施。

（3）媒体和公众的责任与权利

公众有权向上市公司以及相关政府部门要求查阅已经披露的有关上市公司环境信息的公告文稿和相关文件，并要求其做出解释；有权检举和揭发有关上市公司环境信息披露的违法违规行为。

相关报刊、广播、网站等媒体应当客观、真实地报道涉及上市公司的环境信息，发挥舆论监督作用。任何机构和个人不能提供、传播虚假或者误导投资者的上市公司环境信息。任何机构和个人编制、传播虚假信息扰乱证券市场，或媒体传播上市公司信息不真实、不客观的，应承担相应的法律责任。

2.4.4　上市公司环境信息披露的保障

2.4.4.1　法律法规保障建议

（1）修订环境保护基本法的相关规定

修改环境保护基本法的相关规定，特别是修订 1989 年《环境保护法》，在其总则部分应以法律的形式明确确立环境信息披露制度。特别是对企业环境信息披露的地位和作用给予重视，使企业特别是上市公司环境信息披露有法可依。

（2）修订《会计法》，加强环境会计立法

要加强环境会计立法，现阶段可以从三个方面着手：一是修订《会计法》，将环境会计核算和监督列入会计法，以法律形式确定它的地位和作用，这也是将它付诸实施的最强有力的手段；二是完善会计准则，将涉及环境的内容列入会计要素，成为必须披露的内容，防止有关部门和企业的短期行为，同时应保证环境会计工作的规范性和可操作性；三是建立、健全会计制度，会计制度依据会计准则所规定的有关环境原则进行设计，规定企业披露环境成本、环境绩效等方面的信息，使环境会计具有可操作性，便于会计人员掌握。

（3）组织制定上市公司环境信息披露管理办法

建议环境保护部、证监会等相关部门以《公司法》《证券法》《清洁生产促进法》《环境信息公开办法》等法律、行政法规为基础，在《上市公司信息披露管理办法》和《上市公司环境信息披露指南》的基础上，尽快共同制定出台《上市公司环境信息披露管理办法》，办法除了统一上市公司环境信息披露的方式、范围、内容以及强制性公开和自愿公开、定期环境报告和临时环境报告的具体内容外，还可对上市公司环境信息披露的事务管理（如环境信息的确认标准；未公开环境信息前的传递、审核、披露流程、保密措施；相关文件、资料的档案管理等），上市公司（董事、监事、高级管理人员）、环保机构、证券监督机构以及媒体等相关方的权利（权力）和责任，公司内部和第三方审核程序，监督管理与责任追究机制，奖励处罚措施等作出具体要求。总之，办法应同时具有自愿性和强制性的特点，只有这样，才能真正避免高污染、高耗能的上市公司因环境污染事件给广大投资者带来的资本风险，推动上市公司环境信息披露向更透明、更公开、更健康的方向发展。

2.4.4.2 环境会计保障

（1）加强环境会计理论研究，增强对环境会计的认知

由于环境会计方法体系的多元化，核算对象的复杂化，尤其是在计量环节上尚未突破，使得当前环境会计缺乏与实务相结合的理论支点，其结果是环境会计实务没有相应的理论指导，环境会计信息披露出现盲点。对此，建议财政部联合会计理论界及其他相关部门对环境会计这门新兴学科进行深入的探讨与研究，力求解决诸如计量、成本确认等基本理论问题，尽快突破环境会计信息披露中的障碍。同时，政府部门还应当采取多元化的方式实施宣传教育，提高企业和公众的环境保护意识，增强对环境会计的认知。

（2）明确环境会计实施的法律依据

将环境会计核算和监督列入《会计法》，确定环境会计的法律依据是推动环境会计实施的最强有力手段，但法律的修订有着严格的程序，周期较长，短期内难以实现。会计准则是会计人员从事会计工作的规则和指南，可首先进行完善，将涉及环境的内容列入会计要素，规定必须披露的环境信息，作为环境会计工作实施的依据，增强环境会计的可操作性。另外，财政部可以联合环境保护部、证监会等相关部门，针对当前工作的需要，率先出台促进上市公司环境信息披露的环境会计法规，规范和指导相关工作，同时也为会计准则乃至《会计法》的修订提供经验参考。

（3）提高企业会计从业人员的综合素质

可从以下四个方面入手：①针对企业现有的环境会计从业人员组织环境会计培训，该培训应该是内容涉及环境、生态、工业、可持续发展等跨学科领域的综合培训，在培训过程中可以提倡企业环境技术人员参与；②有针对性地进行环境会计专业人员培养，鼓励高校采取多种方式加强环境会计人才的培养，可以通过设立跨学科专业或者在现有的会计学

科中增加环境会计的内容的方式予以实现；③通过多种方式提高会计师事务所及其他相关第三方机构中会计从业人员的环境会计能力，如组织培训或者设立资格认证等；④当《会计法》针对环境会计做出修订后，或者环境会计准则出台后，应增加相关的培训内容。

2.4.4.3　环境审计保障

（1）加强环境审计理论研究，增强对环境审计的认知

我国上市公司环境信息披露工作才刚刚起步，环境审计的作用和重要性还没得到足够的认识。在这种情况下，财政部门、证券监管部门和环境保护部门等相关政府部门的推动显得尤为重要。首先，相关部门要加强环境审计的理论研究，在借鉴国外相关经验的基础上，结合我国国情完善环境审计理论体系；其次，要通过多种方式组织实施环境审计的宣传教育，重点增强企业及环境审计从业人员对环境审计的认知水平；最后，上市公司环境信息披露工作的推进可以通过试点的方式，边试点，边总结，边普及，边完善。

（2）加强环境审计的立法工作，建立并完善环境审计准则

建议对环境审计进行补充立法，从根本上保证环境审计制度的实施。在修订《环境保护法》《审计法》和“独立审计准则”时增加环境审计的内容，明确环境审计的具体实施办法和评价标准。在《证券法》《公司法》中进一步明确对上市公司披露的环境信息必须经过具有环境审计资格的注册会计师审计，出具有环境信息披露内容的审计报告等。

建议证监会、财政部和环保部联合中国注册会计师协会等以联合国国际会计和报告准则政府间专家工作组（ISAR）的《环境会计公告》以及国际会计师联合会 1998 年 3 月颁布的有关在财务报表审计中考虑环境事项的实务公告为指导，尽快制定中国环境审计规范、准则，作为环境审计人员执行相关工作的依据和指导。在环境审计规范、准则的制定过程中，应当组织会计师事务所的环境审计从业人员和上市公司的环境管理人员及其他环境审计相关人员参与，以提高所制定的规范和准则的适用性和可操作性。

（3）加大对专业从业人员的培养

在环境会计专业人员的培养计划中，定向培养环境审计专业人员。对于非独立环境报告（环境财务信息）的审计，从审计类型上看，仍属于财务审计范畴，可继续采用财务审计的技术和方法进行审计验证，执行该项审计的审计人员仍应是注册会计师，可以通过专门的培训，有针对性地拓宽注册会计师的环保知识领域，提高其环境审计的能力；对于独立环境报告的审计人员，则需要通过一定得资格认证后方可执行独立环境报告的审计，或者与环境保护部门联合进行。

（4）完善上市公司环境审计准则规范

为确保上市公司所披露的环境信息的真实性、合法性、有效性和完整性，上市公司除了应对将要披露的环境信息进行内部审核外，还应邀请会计师事务所等单位对相关文件和信息进行“第三方”审核。目前，由于我国环境审计理论与实践基础薄弱，缺乏立法的支持，使得环境审计的开展步履维艰。建议中国证监会、财政部和环保部联合中国注册会计师协会等单位，尽快制定中国环境审计的规范准则，作为上市公司环境审计人员执行相关工作的依据和指导，并加强环境审计人员的培训，为上市公司环境信息披露制度的实施提供重要保障。

第3章　太湖流域环境信息公开与公众参与试点研究

本章以太湖流域社区环境圆桌会议为试点，着重研究以社会为基础的公众参与模式。

3.1　社区环境圆桌会议的理论基础

3.1.1　理论的提出

从理论上说，“圆桌”的含义是各参与会议的主体具有完全等同的地位，不分主次高低。圆桌会议的要素包括：目的、时间、会址、主持者、组织者、与会者、议题、议程、信息、实现信息有效传递所需要的基本物质条件等基本要素；名称、服务机构、秘书机构、经费、文件材料、专用设备工具、各种消耗性材料等其他要素；以及特别需要强调的领导方式、民主气氛、平等态度、合作程度、与会者的关系形式、决策方式等智能要素。

圆桌会议除了具有传统会议的功能，如信息传递、思想交流、解决问题、宣传政策外，还至少存在以下几个方面的特征：

（1）平等性

圆桌会议的核心价值基础就是平等性，这是圆桌对话的基本前提。只有在平等的情况下，圆桌会议才可能成立，对话、协商、合作才可能实现。这是圆桌会议区别于传统会议的最本质特征，在国际事务中，为了体现各个独立主权国家的平等地位，由多个国家参与的会议往往采用圆桌会议的方式来举行，在这种情况下，不管是联合国常任理事国，还是人口和经济总量都很小的国家，都具有平等的地位，享有同等的权力，这便是对圆桌会议最好的注解。在我国的现实生活中，也有一些与圆桌会议相似的政府与公众交流的形式，主要以听证会的形式出现，如行政听证制度、信访听证制度，各种决策听证会、价格听证会，还有一些立法草案或重大规划的公开征询意见，它们是对传统的“政策—制度模式”的改革，体现了政府在公共事务管理方面的进步，但其在形式和内容方面和真正意义上的圆桌会议还有很大的不同，其中最主要区别是政府和公众主体的平等性问题。

（2）合作性

随着人们参与决策的要求越来越强烈，随着环境污染等社会问题的复杂程度越来越高和相互联系性越来越强，关于合作决策的需求是必然的。公众要求更多地了解决策的过程，或参与制定影响他们生活的决策，而个人或领导决策显露出越来越大的局限性。圆桌会议适应这一社会需求而出现，召开圆桌会议的最终目标，就是试图找到议题的各利益相关者合作解决方案，即达成会议的合意。要实现这一目标，要遵循以下原则：

重视群体讨论。心理学实验证明，群体决策优于个人决策。当把一项群体得出的最终答案与群体成员各自原有的方案比较时，前者几乎总是在后者平均水平上的提高，而且它常常优于最好的个人方案。在圆桌会议的群体讨论中，要做到：不要为自己的观点争辩；当讨论陷入僵局时，积极寻找各方都最能接受的可选方案。不同意见的存在是正常的，也是需要的。求同存异，合作共赢，让每个人都参与合意形成过程，正是圆桌会议的一贯精神和内在要求。

寻求全体一致。从理论上说，只有当与会的每个成员都在未做任何妥协的情况下接受某个决策时，才是达成了全体一致。与会者能否达成全体一致取决于诸多因素，包括问题的复杂程度、信息的完备程度、主持人的协调能力、决策时间的长短和与会者之间的信任程度。在寻求合意形成的过程中，会激励与会成员真正深入了解所讨论的复杂问题，为达成一致意见创造条件。

（3）互动性

圆桌会议的根本作用在于通过各利益相关者的平等对话、协商和合作，寻求与会者认同的具有可操作性的会议决策。要实现这一目标，必须让与会者能在会议过程中持续地互动、交换意见、表达自己的想法。实现互动的关键在于会议主持人和出席会议的领导能否把握圆桌会议的基本要点，同时其他与会者要积极配合，形成主持人—领导者—与会者的互动修正系统。首先是主持人。主持人要始终保持中立，不在会议上发表自己的意见，也不评论别人的观点，其职责是保证会议在平等、友好的气氛下顺利进行，并保证每个人都有参与的机会，在有不同意见存在激烈交锋的情况时，抓住双方都能接受的意见，促进会议合意的达成。其次是领导者，领导者也是会议的参与者，他们可以与会议的其他参与者平等讨论，甚至为自己的观点辩护，但是不能把自己的观点强加给别人，而且他们肩负着见证并敦促与会人员接受并执行会议决议的职责。第三是与会者。与会者是会议的积极参与者，与会者要监督主持人保持中立，与会者拥有对会议讨论过程和合意形成的控制权。如果会议偏离的正常的轨道，互动系统就会自动修正，把会议推回正常轨道。当主持人游离自己的角色，与会者和领导者就会以适当的方式使其归位；如果与会者相互间进行人身攻击或领导者把自己的观点强加于人，主持人则会马上干预；主持人还可以对与会者或领导者偏离主题的话语进行引导或者干预，提高会议的成效。圆桌会议没有集权，每个人都可以影响会议的结果。主持人、领导者和与会者都对会议的成功和高效起着不可替代的作用。

圆桌会议的这些特征对解决诸如环境问题的复杂社会问题提供了有益的借鉴。环境问题除了在物质层面的表现之外，还涉及精神层面，属于认识、认同方面的问题。而在认识上，环境问题不仅是一种事实判断，而且有时也体现为价值判断。对于环境问题不仅仅要考虑如何解决，而且要考虑为何如此解决，因而在解决的方法之外，还涉及解决的机制等深层次问题。在传统模式下，政府拥有在环境治理中的绝对主导权，其好处是能在短期内取得一些成效，但同时也存在很多问题，比如由于“环境保护靠政府”思维所导致的路径依赖。政府解决环境问题的有效性被称为社会普遍的心理预期，而一旦环境问题不能得到妥善处理，政府部门也就常常成为问题和责任的“被承担方”，虽然很多环境问题的产生有着诸多复杂的原因，并不仅仅是政府管制不力造成的。这就是传统的环境治理模式造成的现实困境。

以对话模式为基础的环境问题解决机制，是对传统的命令控制手段和方兴未艾的市场手段的辅助和弥补，其体现了社会力量和政府力量、市场力量在解决环境问题上的协同作用，也体现了环境利益在公众、政府和企业之间重新配置经济机会的制度交易，即环境利益在三者之间的均衡。

社区环境圆桌会议是在政府的主导下，社区自然环境利益相关者——政府部门、企业和居民代表，以及环境专家、环境 NGO 和媒体等为了社区环境保护而进行平等、自由对话的会议形式。这种会议形式，为公众和政府环保部门、企业之间就环境问题通过对话、协商，达成环境合作创造了条件，可以促进公众在环境保护中的主体性存在和功能性实现。

3.1.2 主要特点

（1）政府主导

政府主导是各方参与的积极性和公众参与的有效性的前提。在现有的体制内，没有政府支持的公众参与是很难取得实效的，政府的主导提供了可靠的政治保障，降低了各参与方的心理成本，同时，政府的主导也有利于对企业形成一定的强制性。十七大报告提出的“党委领导、政府负责、公众参与、社会协同”社会管理机制改革理论正是这一点的重要注解。在这种模式下，才可能考察公众参与环境保护的各种影响因素和实际作用机制。

（2）社区居民直接参与

该特点体现了自下而上的环境治理模式。这种模式和传统环境管理中单一的自上而下的模式相互补充，共同构成现代环境治理模式的两翼，为政府环境治理模式改革探索提供了试验的舞台。在社区环境治理中，本土知识和民间智慧具有政府部门难以比拟的信息优势和感情基础，他们在环境保护中的作用已经为很多国内外环境治理的成功实践所证明。社区环境圆桌会议通过社区居民的直接参与，不仅形成对企业环境行为的一种监督和制约，而且成为对政府环境决策和环境治理实践的一种有效的辅助力量。

（3）公众的组织化

公众的组织化可以改变在环境博弈中力量对比不均衡的状况。在现有的环境治理格局下，原子化的公众个人很难形成和政府、企业的博弈能力，而社区圆桌会议客观上形成了一种环境利益共同体——为了社区环境保护而走到一起的公众代表，他们的代表性和公益性使他们具备了和政府、企业对话、博弈的可能。

（4）为社区环境民意提供表达机会

在中国《国家人权行动计划（2009—2010 年）》中明确提出了公民的“环境权利”，提出要“强化环境法治，维护公众环境权益”，要保障公民的知情权、参与权、表达权和监督权。如“探索城市社区社会组织参与社区管理和服务的方式和途径，健全城市社区民主听证会、协调会等社会参与形式”，“推进决策民主化、科学化，增强决策过程中公众的参与度”。国家领导人也多次提出，要“强化对行政权力的制约监督”，“要创造条件让公众监督政府”。社区环境圆桌会议是保障公众的环境知情权、参与权、表达权和监督权的重要载体，是实现公民环境权利的有效形式。

（5）为公众提供维护自身环境权益的重要途径

在现实中，公众由于环境维权成本过高，要么没有维权的积极性，要么维权很难实现。而社区环境圆桌会议机制，在环境信息提供、环境协议达成和实施情况监督制约方面，都具有潜在的推动作用，有可能较大程度地降低公众维权的交易成本，改变传统条件下公众参与环境维权的成本—收益格局，有助于公众参与环境维权，推进环境问题的改善。

（6）设计的可调控性能考察各种因素在公众参与环境保护中的作用

在本章所讨论的三个典型案例中，环境信息公开、专家支持、环境 NGO 参与、媒体报道等因素在其中发挥了积极的作用。同样，这些元素也都可以被引入到社区环境圆桌会议的设计框架中来，通过对这些元素所发挥作用的考察，有助于设计出有效的社区环境保护的公众参与模式。

3.1.3 社区环境圆桌会议的政策设计

由环境问题利益相关者、政府官员和环境科学家参与的对话机制被认为是解决环境冲突，提供环境信息，促进公众参与，提高环境决策被接受度的有效手段（T.Dietz，E.Ostrom，P.C.Stern，2003）。社区环境圆桌会议制度是我国创新的公众参与环境决策手段。社区环境圆桌会议的与会者主要是社区内相关利益团体，如社区居民、政府、企业和新闻媒体、社团、环保 NGO 和环境专家等，各方面代表为解决社区环境问题而进行平等对话和协商，共同致力于社区和谐发展。社区环境圆桌会议是促进环境保护的社会手段，是对环境保护行政手段和市场手段的监督与补充。

社区环境圆桌会议制度引入后，一方面，作为对原有环境政策的补充，将有助于打破政经一体化的运作机制，形成对政府和企业环境行为的制衡，从而将会对政策执行的效果起到较好的监督和约束作用。在管理资源环境方面，社区被描绘为具有自己在长期的历史中形成的本土知识的生态系统，任何保护行为要想成功或者更加有效，都需要这样的本土知识的参与；同时，社区成员作为资源拥有者和使用者，他们自主拥有资源时的激励力量是任何别的主体所不具备的优势。因此，在环境资源治理中将社区排除在外，将导致失败（陶传进，2005）。

更值得关注的是，社区环境圆桌会议将会通过社区内各种利益团体之间的平等对话与协商，为社区公众提供良好的环境利益表达、疏导、协调和保障平台，通过增进环境信息的交流和沟通，使公众从被动接受环境现状转变为主动为改善环境质量为努力，引导其对环境质量的理性需求；与此同时，平等的对话机制让公众有一种被尊重和认同的感觉，如果政府和企业在改善环境的过程中与公众形成合作共赢的良性互动局面，并且能与公众在治理环境问题上建立起共同的价值认同，将在客观上降低公众的环境需求。

表 3-1 环境圆桌会议政策的效果

	环境质量供给	环境质量需求	人与自然不和谐程度
现有环境政策	+	0	–
实施社区环境圆桌会议	++	–	——

注：+、– 分别表示在原有基础上的增幅和减幅；0 表示与原来相比没有变化。

基于环境信息公开的污染控制手段已在中国展开，通过企业环境行为信息公开化制度和社区污染控制报告会，信息手段在中国环境保护实践中已取得一定成效（王远，陆根发，罗轶群等，2001）。信息手段是环境管理政策和制度创新的一种形式，为包括社区环境圆桌会议在内的环境保护社会手段提供了实践启示和技术支持。从 2008 年 5 月 1 日起正式施行的《环境信息公开办法（试行）》强制环保部门和企业向全社会公开重要环境信息，为公众参与环保提供了条件。社区环境圆桌会议以环境信息公开为基础，但其作用已经超越环境信息公开的范畴，和社区污染控制报告会相比，它更突出社区公众的主体性，强调政府、企业和公众三方的平等性，虽然其落脚点在环境保护上，但却兼具社会和谐、环境民主、公众参与、利益协调、公民社会等多方面的意义。

3.2 社区环境圆桌会议实施方法与实践

3.2.1 实施方法

3.2.1.1 社区环境圆桌会议制度总则

社区环境圆桌会议制度，是促进政府、企业、公众就本地区环境问题定期开展平等对话的一项公众参与环境保护的创新型制度。其为搭建环境信息交流平台，拓宽公众参与渠道，促进环境矛盾的有效解决，维护人民群众的环境权益，努力实现构建社会主义和谐社会的目标提供了制度保障，是在《环境信息公开办法（试行）》和“党委领导、政府负责、社会协同、公众参与”的社会管理体制的框架下制定的。其工作原则是：定期沟通、自愿参与、平等对话、协商解决。会议的举行，应公开、公正、透明。

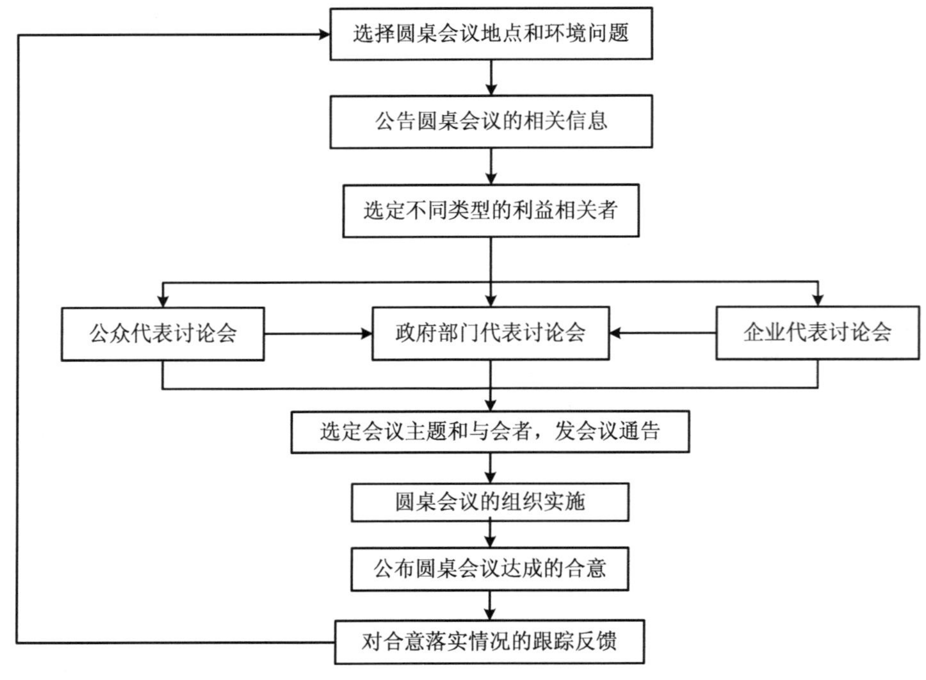

图 3-1 社区环境圆桌会议程序

一般而言，应由省级环保主管部门负责推进、指导、协调、监督本区域的社区环境圆桌会议工作。县级以上地方人民政府环保部门负责组织、协调、监督本行政区域内的社区环境圆桌会议工作。

3.2.1.2 会议准备

会前准备是社区环境圆桌会议能否取得成功的前提。

社区环境圆桌会议是环境公众参与制度的创新和探索，为使对话取得预期效果，在召开会议之前组织方须做好宣传策划、主要参会者的确定及沟通、会场布置等各项准备工作。

对话议题的选择，必须本着贴近群众切身利益、贴近社会关注热点、贴近政府工作要求的原则，结合本地区实际情况确定。会议议题的范围为：

①本地区群众关心、反映强烈、矛盾突出的环境问题；

②本地区近期或远期准备开展的环境保护具体内容；

③其他环境保护、生态建设方面的议题。

确定了会议地点和主要环境问题后，会议主办方应及时发出即将召开社区环境圆桌会议的通告，遴选不同的利益相关者团体的代表，主要是公众代表、相关企业代表以及政府相关部门和环保部门代表。

会议主办方要召集以公众、企业和政府部门代表为主的不同利益相关者团体举行会前讨论会，在团体内分享环境信息，达成内部合意，并在不同的团体间传递环境诉求，以便各方提前做好应对准备。

根据不同利益相关者团体讨论会的结果，明确社区环境圆桌会议的主题，发出正式会议通知。

3.2.1.3 社区环境圆桌的实施

一般而言，社区环境圆桌会议由所在地政府或环保部门组织，并邀请其他相关职能部门参加，会议主持人由环保部门负责人或专家、环保非政府组织成员担任。主持人必须熟悉会议所涉及的环保项目，做到公平、公正、坦诚，及时了解各方需求，做好沟通交流的工作，并具有一定的活跃现场气氛的能力。社区环境圆桌会议应配备专门的记录员。

（1）会议代表的选择和邀请

在代表的遴选和邀请工作中，会议组织方应当认真分析相关材料，在获得充分的信息的基础上，确定与会代表候选名单。

环保主管部门可以向同级人民政府、上级主管部门或上级政府申请协调，进行代表的邀请。

与会代表对自己所代表部门负有一定责任并能做出相关决定或承诺。

会议应邀请政府部门代表参加。

会议须邀请利益相关方——社区居民代表参加。

①组织方须提前告知利益相关方对话举行的时间、地点和议题，设计符合地方实际的报名方式和原则，采用简单、易行、快速的方法在短时间内回收代表的报名申请。在展开

报名工作的同时，应全面和准确地告知代表的相关责任和义务。

②最终确定公众代表后可在相关利益受影响的社区进行公示，无异议后方可举行会议。

③被确定的参会人员要尊重自己的参与权利，按时参加会议，并保证用语文明、礼貌和相互尊重，以利于对话取得圆满效果。

参加会议的利益相关方应包含公众代表。公众代表应具备的基本条件为：

①热心公共服务，具有一定的奉献精神；

②有一定的专业知识和技能，或具有学习专业知识的能力；

③充分理解和认识到圆桌会议的精神和宗旨，以高度重视的态度参加圆桌对话会议，珍惜自己在会议上的话语权。

会议须邀请利益责任方（企业、政府各相关部门代表等）参加。

利益责任方应对自己所代表的组织具有一定的决定权，或被赋予相当的代表权，按照主持单位要求准备相关的信息。利益责任方承担的义务为：

①在会议现场回应相关信息，避免消极应对，避免变成通报或新闻发布；

②对没有解决或不能解决的问题说明原因，并针对这些问题作出整改承诺，提交主持方公开发布。

会议可酌情邀请环保专家参加。

环保专家在现场可以起到桥梁和纽带的作用，其观点必须中肯而科学。利用他们的公信力，可以使问题得到更加充分的沟通和理解，有利于缓和会场气氛，有利于将专业的环境问题解释的通俗易懂，从而有利于公众的理解和接受。

会议应邀请新闻媒体代表作为列席人员参加。

会议可邀请环保组织、志愿者、居民、自愿参会的非相关部门代表及其他观摩人员列席参加，列席人员不得发言。

（2）会议安排

会场不设主席台。除设主持人位置外，其他座位要体现平等、尊重和民主的原则。

会议程序为：

①会议开始时，由会议组织方先发放会议信息通报、会议议程以及调查问卷等。

②主持人介绍会议议程，包括会议目的、内容、注意事项以及与会人员，主持人的发言不能具有导向性和偏向性。

③部门主管人员介绍议题情况以及讨论的目的等。

④由各方代表发言，提出各自的问题和观点：主持方代表可以提供相关的政策法规、当地环境状况信息、造成相关环境问题的原因简析、近期开展的相关环境建设活动信息，对于信息沟通不畅所造成的问题进行说明和解释；利益相关方在听取各方发言后，分别就不同的问题向责任方和主管部门进行质询和提问；责任方就代表提出问题做出回答，并提出解决矛盾的建议和安排。

⑤主持人作总结报告，形成通过会议产生的由各相关方达成一致意见的会议公告。

⑥会议组织方发放会议调查问卷并组织回收。

⑦会议宣传、监督及评估。新闻媒体可以对会议进行全程跟踪记录和会后采访，并在当地新闻媒体播放，对公众关注的热点问题，可以进行深度报道。会议结束后，应在当地环保部门官方网站上公布会议内容和达成的合意，组织方也可采用多种方式对会议进行宣

传，对会议达到的效果进行公示，提高公众的关注度。公众根据会议达成的合意，有权向环保部门申请了解合意执行的情况，环保部门须提请相关政府部门或责成相关企业在申请送达起 15 个工作日内通过书面形式向申请人进行回复。

会议召开后一定时间内，由相关机构或主管部门进行评估和总结，通过问卷、访谈以及事后回访等形式，认真分析和评估会议的效果及经验教训，为开展下一次工作提供经验，也为问题的解决提供后续保障。

3.2.2 影响社区环境圆桌会议效果的关键要素

3.2.2.1 第一行动人的角色

政府是第一行动人。由于社区环境圆桌会议是现有环境制度和政策框架的补充，目前还是一种非强制的手段，必须由政府主导才能有效实施，因此政府官员的认识水平和支持程度决定了一个地区是否会实施这一制度以及实施这项制度的效果。

社区环境圆桌会议虽然对环境保护和公众环境权益维护有重要意义，但是其对现行环境行政管理体制还是有较大的冲击。在现行的环境管理体制中，政府是环境保护的第一责任人和主要责任人，他们在承担完全责任的同时，也享有比较独立的环境决策权，这对于地方政府推进经济建设项目和地方环保部门独立行使环境管理权而言是非常有利的。而社区环境圆桌会议的实施，必然要让公众参与环境决策的过程，这是推进科学决策和民主决策的重要手段，但是从地方政府角度来看，它有可能降低环境决策的效率，导致一些项目的推进不力；而从地方环保部门的角度来看，公众参与环保影响到他们对环境管理的单一决定权，分享了他们的权力，在没有外界压力的情况下，他们对此类环境政策创新措施的兴趣不大是可以理解的。

在实地调研中，某些环保部门官员的态度验证了上述观点。他们认为环保主要是政府部门的事，没有必要实施公众参与。这与其说是无知，不如说是他们对部门利益或者个人利益的狭隘考虑。

社区环境圆桌会议是一种客观上承担了以下功能的制度安排：即降低环境公众参与的交易成本，促进有利于公众维护自身环境权益、重新配置环境机会的制度交易的发生。直观的说，就是要通过环境圆桌会议这种方式，逐步改变环境优势和环境利益在政府、企业和公众之间的不均衡分配的状态，逐步实现环境机会在不同利益相关者之间的均衡配置。在对地方政府、企业和公众之间客观存在的环境权益失衡现状缺乏有效的制度化约束的情况下，组织化的公众是形成对地方政府和污染企业之间的恶性利益共同体的制衡作用的重要力量。问题是同样没有法律支持，地方政府为什么要让这些公众来“革自己的命”？

3.2.2.2 公众参与的引领者

由于环境问题的负外部性以及环境公共产品的非竞争性和非排他性，理性的公众在参与环境保护问题上都是潜在的“搭便车者”，因为绝大多数人都不希望自己的努力成果让别人分享，而是希望享受别人努力带来的成果。但是，如果所有人都抱有这种心理，环境问题的改善就没有推动力，这是公众参与的第一个现实困境。

公众参与的另一个现实困境是，公众参与环境维权的成本往往高于潜在的收益，由于环境信息公开不充分、法制保障不完善、地方政府支持不够、与政府和企业的博弈能力不足等原因，公众环境维权的交易成本非常高昂。

因此，需要一些有着强烈环境意识的公众直面这些现实困境，成为公众参与环境保护的引领者，他们肩负着唤醒大众环境意识的责任和使命。在这些公众参与引领者的福利函数中，生态环境指标是重要的自变量，他们可以超越一般人的成本—收益分析框架，推动环境保护的进程。

3.2.2.3 企业家中的先行者

除以上两种关键人物的作用外，企业家的环境意识和环境战略也越来越成为企业环境表现的重要影响因素。按照传统的企业理论，企业以追求利润最大化为主要目标，环保投入是不经济的。随着利益相关者理论的发展，企业不仅要关注经济利益，而且要顾及劳动者权益和环境保护等相关利益者的利益。根据波特的竞争理论，重视环保的企业有可能形成“先动优势”和“竞争优势”。近年来，越来越多的案例正在验证波特的理论。

中国企业的环境表现总体情况不容乐观，但是一些有战略眼光的企业家已经意识到如何正确处理企业发展和环境保护之间的关系，并且通过技术革新等手段，在实践中取得了经济和环境双赢的效果。

在国家环境规制日益严格、国际贸易绿色供应链越来越被重视的背景下，企业家对环境保护的看法也在发生着明显的变化，从抵制环境保护到积极应对环境压力，通过工艺技术革新和新兴市场的开拓，通过积极应对环境保护的规制形成企业的先动优势和竞争优势，逐步将环境保护目标纳入提升企业竞争力的总体战略规划中来。这体现了基于企业家视角的环境行为变迁过程，在环境规制日益严格、资源费用日益高涨、环境技术水平提高的条件下，企业的环境保护成本—收益发生了显著的变化，治理污染成为企业实现可持续发展和经济收益最大化的理性选择，环境保护逐步从以前的“排污者受益”转变为现在的“治污者收益”模式。

社区环境圆桌会议等环境管理政策创新的举措，是促进这种转变的社会性政策，其必将会得到环境保护企业家先行者的积极响应，这也是会议取得成效的关键因素之一。

3.2.3 社区环境圆桌会议在江苏的实践

2006 年，由世界银行资助和发起，世界银行和江苏省环境保护厅合作开展环境信息对接和圆桌对话会议的试点工作，旨在促进政府和企业环境信息公开化，开展政府、企业和公众的对话，推动地区环境矛盾的解决和环境问题的改善，努力推动一种环境保护新机制的建立。项目分别选择了苏南的常州市、苏中的泰州市和苏北的盐城市进行试点。

2006 年 3 月 26—28 日，在江苏省泰州市召开了“江苏省环境圆桌对话会议”项目的首次培训会。到场的专家有世界银行专家、国家环保总局以及江苏省环境保护厅的官员，参加者有来自省政府政策研究室的人员和江苏省十三个地级市的环保局法规处官员。

培训通过理论基础和法律基础的分析、国内外经典案例解析和江苏省前期开展试点工作的经验交流，向与会人员详细阐述了开展本项工作的意义和价值，拉开了本项目在三个试点城市开展的序幕。

3.2.3.1　项目实施情况

表 3-2　项目实施情况

会议地点	主办方	主持人	会议主题	前期准备	各方互动及参与情况	配套服务
常州市武进区横山桥镇	市人民政府	市环保局副局长	市民们较为关心的环境问题	市民代表对环保的基本知识了解较少，提出的问题比较空泛	主要是环保部门在介绍其工作情况，各参与方没有平等对话的机会，媒体没有发言，企业代表也基本没有讲话	无
盐城东台市安丰镇	东台市环保局	市环保局局长	安丰镇环境保护建设中的一些问题	会前信息交流不够充分，会议质量有待提高	居民代表所提出的问题更加具体和实际；企业代表积极参与对话；官方代表能够提出合理的解决方案；媒体参与仍显不足，在会议中仅起到记录的作用	无
盐城市滨海县临海化工园区	滨海县环保局	县环保局相关人员	沿海化工园区在建设过程中的环境保护问题	提供了与会人员名单，能够及时对照；但与会人员名单中缺少联系方式	企业代表较少，环保部门代表回答陈述过多，问题互动性不强	会议发放了效果评估表，有利于会议总结经验，但缺乏会议后效果评估
泰兴市姚王镇尔康药业公司	泰兴市环保局	官方代表	姚王镇镇区内的环境保护问题	会议开始之前的工作通报和当地情况介绍占用时间过长，可以考虑将其改成书面通报的形式	虽然当地最高长官出席会议，但是仍然缺少其他政府职能部门的代表；领导讲话过多；会议安排了记者和媒体的出席，对会议有全程的录像记录	没有安排调查表进行测试，不能很好地总结会议经验
姜堰市兴泰镇镇政府大会堂	姜堰市环保局	姜堰市环保局人员	镇区内的环境保护以及本镇拉丝行业带来的环境压力和矛盾等问题	环保局制定了会议的章程，并将参加会议的人吸纳成为“松散的会员”，规范了会议的形式、内容、成员、任务和运作方式	将会议章程和会议议程安排发放给与会者，使得会议进行较为流畅；但会议开始阶段介绍情况部分较多，会议还是将出席的领导作为汇报对象，而不是为参加会议的人而召开	召集了几乎所有镇内的拉丝企业负责人到现场旁听会议，大大扩大了会议的影响力
姜堰市罡杨镇镇政府大会堂	老年干部协会	青年志愿者	镇区内的环境保护以及本镇大气污染带来的矛盾等问题	制定了会议的章程，并将参加会议的人吸纳成为会员，并颁布了会议的章程	第一次由民间协会主办，政府和环保部门仅仅起到了技术支持和出席会议的作用；首次采用了青年志愿者担任会议的主持人，整个流程衔接较为流畅	在上一次的基础上又体现了更好的创新意识，勇于尝试，并取得了良好的效果

会议地点	主办方	主持人	会议主题	前期准备	各方互动及参与情况	配套服务
南京市六合区山潘街道扬子宾馆	六合山潘街道	南京市环保局人员	环境信息公开与社区环境教育以及社区居民所关心的大气和水等问题	与会人员在会议召开前共同参观了位于山潘镇的国家级绿色社区——扬子八村，系江苏省首家、国内第二家通过 ISO 14001 认证的社区	从形式上和内容上都比较符合召开圆桌会议的宗旨，对话中居民代表所提的问题也都是与社区居民的生活息息相关的具体问题，与会的环保局官员和开发区领导都给予了诚恳和翔实的解答，双方对话友好而坦诚	没进行与会代表通讯录的编制，没将社区的环境建设等材料编制成册，影响了对话效果
泰州市	泰州市环保局	泰州市环保局相关人员	泰州市环境信访听证会议	充分	促进了政府及其职能部门的科学决策和依法行政；提高了政府工作效率，促进疑难信访更好地解决；改善了政府和群众之间的关系，促进社会稳定和和谐发展；提高了环境保护队伍的素质	是泰州市政府积极发展的各种形式的对话和交流会议中最为有效的一种

3.2.3.2 会议实施效果的分析

在试点过程中，进行了四次较大规模的会议问卷调查，获取了与会人员对于会议本身的看法的第一手资料。

四次会议共发放问卷 126 份，回收有效问卷 110 份，回收率为 87.3%。从性别比例上来说，其中男性 90 人，女性 20 人，男性占据大多数，说明女性居民参与程度不够。从参加会议人员的知识水平来说，大学及大专水平占据多数，说明知识水平高的人更加容易参与和理解会议，更加能够接受这种形式。与会人员年龄结构和知识水平结构如表 3-3、表 3-4 所示。

表 3-3 与会人员年龄结构

年龄/岁	百分比/%
18～25	4.1
26～35	14.4
36～45	39.2
46～55	33.0
56～65	9.3

表 3-4 与会人员知识水平结构

学历	百分比/%
初中	4.1
高中（中专）	25.6
大学	64.9
研究生	5.4

参加会议人员的职业如表 3-5 所示，可以看到，公务员占据参与会议人员半数以上，虽然由此可以看出地方政府和环保机构对于这种会议的重视，但是居民代表和其他代表数量过少，会直接影响会议效果。其中要说明的是媒体工作者参加数量并不少，但由于大多数忙于记录和摄像，并没有积极参加问卷的填写和回收，造成数据上的缺失。

表 3-5　与会人员职业类别及百分比

职业	百分比/%
农民	11.2
公务员	55.1
教育工作者	1.0
媒体、文艺工作者	1.0
私营业主	7.2
企业、事业单位职工	18.4
离退休人员	6.1

与会者大多数都认为本地区居民在参与环境保护的工作方面尽到了自己的责任，同时，居民的参与也会对当地环境保护产生影响。然而超过半数的居民认为这种影响并不是很明显（表 3-6、表 3-7）。

表 3-6　对当地居民参与环保的满意程度

满意程度	百分比/%
很满意	24.5
满意	60.0
还可以	11.0
不太满意	4.5
很不满意	0

表 3-7　认为居民参与环保的影响程度

影响程度	百分比/%
作用大	47.3
作用一般	51.8
没作用	0.9

根据问卷调查，绝大多数与会者在遇到自己周边环境问题的时候，首先想到的还是环境保护部门，可见环保部门的责任重大，同时也显示了居民对于国家保障自己利益的诉求（表 3-8）。

表 3-8　当遇到环境矛盾时的选择

选择	百分比/%
找环保部门要求处理	79
找污染企业要求赔偿	5
与居民一起找政府和企业	15
忍一忍就过去了	1

关于圆桌会议形式和效果，所有与会者都对这种新的形式表示了赞同，但也有部分人对会议后的效果表示了担忧（表 3-9）。

表 3-9　与会者对于圆桌会议的形式和效果的态度

态度	百分比/%
形式很好，效果也应该不错	81
形式不错，效果难保证	19
只是形式主义，不会有什么效果	0

会议的召开，起到了交流沟通的作用，与会者在会议上获取了更多的环境信息。在调查中发现，54%的与会者在会后对当地的环境质量有了更加迫切的诉求，同时37%的与会者能够更加理性和宽容地对待当地的环境质量。53%的与会者认为在会议召开之后对政府和企业环境保护所做的工作有了一定程度的深入了解，44%的人认为有了很大的提高。可见会议在传递环保信息方面的作用还是很显著的（表3-10、表3-11）。

表3-10 与会者在会议后对当地环境质量的诉求

诉求	百分比/%
没什么变化	9
要求更加理性	37
要求更加迫切	54

表3-11 与会者在会议后对政府及企业环保工作的理解

理解	百分比/%
很大提高	44
一定程度的提高	53
基本不变	3

对于参与会议的困难，很多与会者认为由于当地环境信息不足，仅仅有感性的认识，无法上升到对话的层面，难以对环境质量等提出有针对性的问题，难以与掌握了丰富专业知识的政府和企业对话是最大的原因。还有很多人认为社区组织力量不足，难以与政府、企业形成抗衡是影响参加会议的重要原因。另外，政府支持和环保专业知识的匮乏也是两个影响居民参与环境圆桌会议的重要原因。至于激励措施，并没有很多人关心，说明大家的环境保护意识提高了，是具有为集体利益牺牲的精神的（表3-12）。

表3-12 与会者认为自己参与会议的困难之处

困难	百分比/%
政府给予的支持和鼓励力度不够，难以表达自己的真实想法	17.2
环境信息掌握不够，难以提出有针对性的问题	32.3
社区居民没有形成组织，难以形成力量与政府和企业对话	24.6
不懂专业知识，难以获得专家的支持	23.4
奖励措施不够，是一件吃力不讨好的事	1.0
会议没有明显的实际效果，挫伤大家的积极性和参与度	1.5

对于可以提高会议参与程度的因素，35%的与会者认为政府是最重要的，这也与我国的国情相符，政府的支持和肯定将直接决定这种形式能否开展和持续下去。其次，社区居民的认可也获得了接近30%的认同率，毕竟这是一项事关群众自己切身利益的活动，没有群众的参与，圆桌会议也就无从说起。专家的参与可以弥补居民环境知识的匮乏，媒体的参与可以扩大会议的影响，增强会议效果，环保组织的介入可以强化居民组织的力量，能够更高效和有效的开展对话，这些也都是与会者所认为重要的影响对话开展的因素（表3-13）。

对于对话会议的改进建议见表3-14。接近40%的人认为会议应做好充分的前期准备。从前面案例的总结中我们也可以看到，目前包括环保部门和政府官员，都还难以走出以往开会、报告的思维定势，往往将会议当作工作报告的场所，没有做好会前资料的沟通和准备，占用了实际对话的时间，影响了会议效果。同时有29%的人认为与会者的选择应该做出改进。从统计数据来看，50%左右的与会者是公务人员，其中大多数又是来自环保部门。

会间也有代表向我们提出，应该增加政府其他部门的人员参与，增加居民群众代表的比例等。因此，各地应该认真贯彻会议指南中规定的代表遴选办法，改进与会人员组成，使会议起到更好的效果。

表 3-13　与会者认为可以提高会议参与程度的因素

因素	百分比/%
政府的支持和肯定	35
社区居民的支持和认同	29
经济的激励	13
专家、新闻媒体、环保组织的各种援助	23

表 3-14　对会议改进的建议

建议	百分比/%
会议前期准备	39
与会者的选择	29
会议过程	6
会议主持人	10
会议配套服务以及硬件设施	6

3.3　基于太湖流域水环境信息公开和公众参与的调查问卷分析

3.3.1　问卷调查概况

本节所采用的数据和资料来源于对太湖流域 Y 市地区的问卷调查和访谈，调查对象包括当地居民、政府、村镇官员以及企业的管理人员。在当地选取的重点调查区域为工厂比较集中的高新技术开发区，区内有大量印染、纺织企业，所以在此地调查、了解环境问题有典型意义。调查采取了多阶段随机抽样的方法；数据收集通过问卷调查、小组访谈和个案访谈等方式进行。调查内容包括受访个人信息、收入，当地的环境状况，环境信息的公开和传播情况等。调查员为大学生暑期社会实践团队成员，经统一培训后参加调查工作。

本调查充分考虑了不同人群对象的构成情况，走访了 6 家企业、Y 市环保局、Y 市环监局、某村村委，并在森林公园、市民广场、商业街、当地社区等不同地方进行了问卷调查和访谈。共回收有效问卷 258 份。调查结束后，对调查数据进行录入、复检、汇总。

从被访者性别来看，其中男女比例分别为 51%和 49%，性别分布均匀，避免了可能由性别带来的影响（表 3-15）。

表 3-15　被访者的性别分布

性别	比例/%
男	51
女	49

从被访者的年龄、受教育程度以及职业（图 3-2 至图 3-4）来看，被访者主要是受过中、高等教育的中青年学生，企事业单位职工。被访者文化程度较高，接受和传播信息能力较强，对环境这样的公共事件也有一定的关注度，这样的受访群体保证了调查访谈的可行性，也使得调查具有价值。

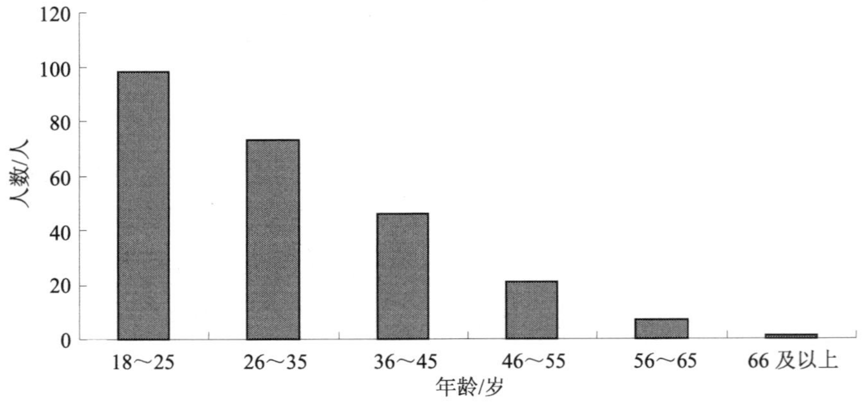

图 3-2 被访者年龄分布

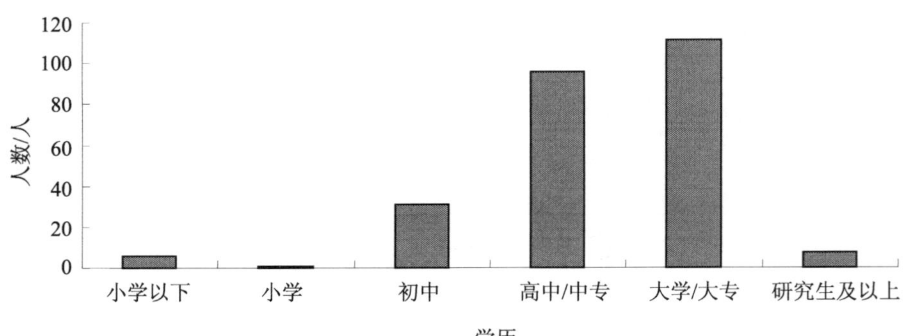

图 3-3 被访者学历情况

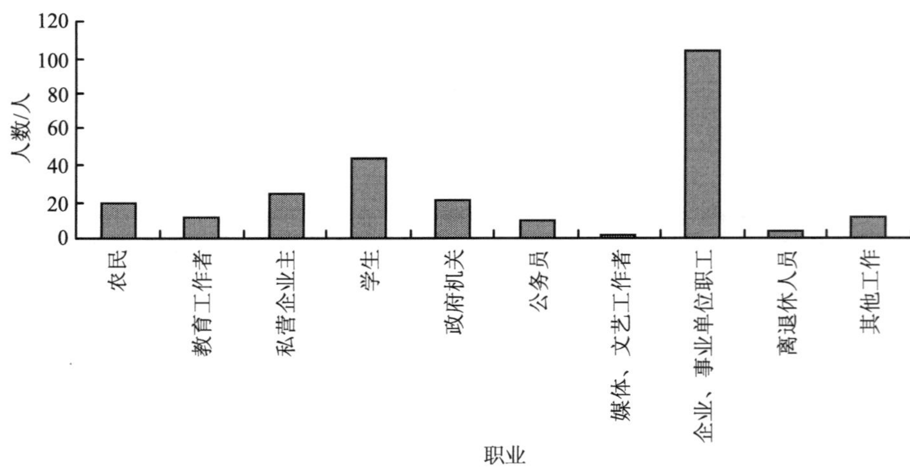

图 3-4 被访者职业情况

3.3.1.1 公众参与和环境合作的成本分析

Y 市由于地处太湖上游，属于环境敏感区域，环境治理应该在社会多方参与的格局下通过多种形式进行，然而，在调查过程中，在“认为本地居民就环境问题和环保部门及排污企业进行平等对话对解决环境矛盾作用如何”的问题上，情况却不容乐观（表 3-16）。

表 3-16　居民就环境问题和环保部门及排污企业进行平等对话对解决环境矛盾的作用

选项	比例/%
很大	25
一般	51
基本没有	20
会议不可能进行	4

有近 1/4 的被访者认为公众参与平等对话的作用基本没有，其余的更多被访者则认为作用一般。

就此现状，在“您认为现有的法规、体制条件下能保证公众有效地参与到环境保护中来吗”的问题调查中，得出如表 3-17 所示的结果。

表 3-17　您认为现有的法规、体制条件下能保证公众有效地参与到环境保护中来吗

选项	比例/%
能	49
不能	51

在回答“如果政府和企业经常就环境信息和本地居民代表进行信息沟通和对话，您觉得这对促进政府、企业和居民之间就环境问题达成信任与合作的作用如何”这一问题时，有超过 3/4 的人认为能起到至少较大的作用（表 3-18）。

表 3-18　如果政府和企业经常就环境信息和本地居民代表进行信息沟通和对话，您觉得这对促进政府、企业和居民之间就环境问题达成信任与合作的作用如何

选项	比例/%
很大	30
较大	47
一般	22
较小	1
很小	0

在“通过居民和政府、企业之间的对话，对促进各方达成一致或相似意见的可能性如何”的问题调查中，有大多数人认为只要有一个合适的平台，通过多方的信息公开和交流，还是能够在环境问题上达成一致意见的（表 3-19）。

表 3-19 通过居民和政府企业之间的对话，对促进各方达成一致或相似意见的可能性

选项	比例/%
很大	17
较大	40
一般	33
较小	7
很小	3

那么究竟如何解决环境合作的成本问题？环境信息公开政策提供了一种解决环境合作成本的有效方式。它通过政府将环境状况及其环境行政行为、企业将其环境行为及环保表现等信息向个人、公众团体公开，大大减小了环境信息的获取成本，是环境保护公众参与的客观基础和重要手段。

对于问卷中“认为环境信息公开对环境保护工作的意义如何”这一问题，有八成的人认为意义是较大或很大的（表 3-20）。

表 3-20 环境信息公开对环境保护工作的意义

选项	比例/%
很大	36
较大	44
一般	16
不太大	3
很小	1

同样的，从另一个侧面来看，针对问题“认为自己参加环境保护、维护自身环境权益最大的困难”，有超过半数的被访者认为是“环境信息掌握不够，难以提出有针对性的问题”。可见环境信息的公开对于降低环境合作中的信息成本，促进公众参与有着至关重要的作用。

还有一点值得关注的是关于环境信息公开的途径，环境信息公开的途径不同也会显著影响信息获取的成本（图 3-5）。在问卷调查中发现在 Y 市，环境信息公开采用最多的途径还是电视和报纸这样的传统媒体，网络作为一种低成本的新兴媒体没有得到充分的应用。在研究中还发现，目前政府部门对于环境信息公开的网站建设虽有所起步，但都还没有予以充分的重视。随着家庭电脑和互联网的进一步普及，政府部门应该加强环境信息公开的网络建设并加大宣传普及力度，减小环境信息的获取成本。

综上，环境信息公开是对公众参与的保障，而公众参与是解决环境问题的一个有效手段，在环境保护中起着重要的作用。

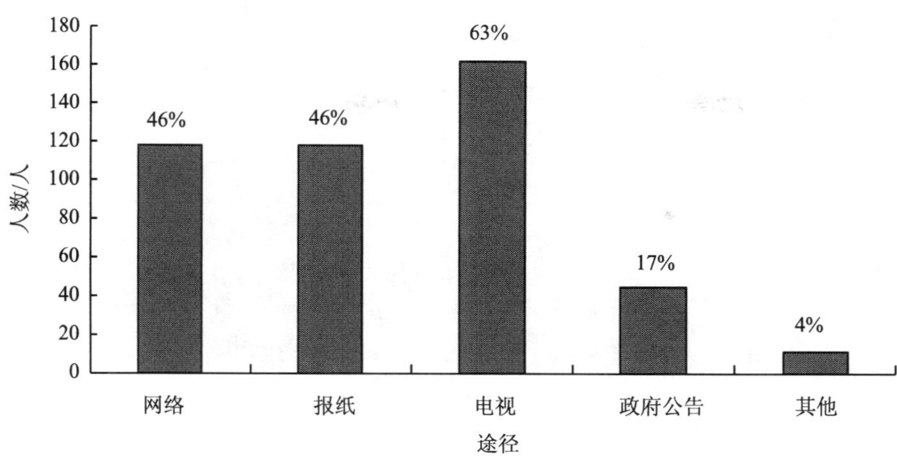

图 3-5　被访者了解环境信息的途径

3.3.1.2　公众参与和环境合作的软件条件

研究认为，环境合作的软件条件包括：公众环境意识的提高，生态文明观念的形成，环境社会资本观念的形成，企业环境社会责任意识的形成，政府的绿色发展理念。在针对本次调查问卷的分析中，研究将此理论应用到环境信息公开，重点分析了公众环境意识提高与政府信息公开理念两方面。

3.3.1.3　公众环境意识

Y 市作为太湖周边城市，由于太湖污染尤其是 2007 年太湖蓝藻事件的缘故，对环境问题一直予以高度重视。而 Y 市的公众，也因此有着相对其他地区较高的环境意识和参与诉求。在调查问卷中，有近 95%的人认为，本地居民参与环保工作对保护环境有推动作用，公众参与在环境保护中的重要性不言而喻（表 3-21）。

表 3-21　被访者对“本地居民参与环保工作对保护环境的作用”的看法

选项	比例/%
很大推动作用	33
有一定推动作用	62
没什么作用	5

而公众本身对环境保护的参与热情在调查过程中得到了充分的体现。不管是在问卷调查还是在访谈过程中，公众对于所涉及的环境问题都表示了极大参与意愿。从问卷数据来看，针对问题“您愿意为了生活环境的改善与周边居民组织起来和政府、企业对话吗”，只有极个别的被访者出于各种原因表示不愿意，而绝大多数被访者都表示愿意参与到环境问题的对话中来（表 3-22）。

表 3-22 愿意为了生活环境的改善与周边居民组织起来和政府、企业对话吗

选项	比例/%
愿意	81
无所谓	16
不愿意	3

而如果能有像圆桌会议这样一种平等对话的机会，65%的被访者表示愿意在政府组织下与排污企业进行对话。这表明像圆桌会议这样的一种平等对话平台从公众角度来看是阻力很小的，公众普遍愿意加入其中。而有近三成的被访者表示要“观望一下，视效果而定”。这说明在组织“圆桌会议”这样的平等对话的会议时还要多下工夫，早下工夫，如果能够尽早证明这样会议的有效性，那么就会有更多的公众积极参加到与政府、企业的平等对话中来，促进环境保护的发展（表 3-23）。

表 3-23 被访者对于“平等对话会议”的态度

选项	比例/%
参加积极	65
观望一下，视效果而定	27
无所谓	3
不抱希望	5

针对调查问卷提出的“您觉得当前情况下政府、企业和公众就环境问题达成合作的关键因素”这一问题，“媒体、环境专家、环境公益组织等第四方”以很微弱的票差仅次于政府这个选项，远远超过了企业和公众。这充分证明了“媒体、环境专家、环境公益组织等第四方”在目前环境信息公开和公众参与中具有重要的促进作用（表 3-24）。

表 3-24 政府、企业和公众就环境问题达成合作的关键因素

选项	比例/%
政府	37
企业	18
公众	12
媒体、环境专家、环境公益组织等第四方	33

在“您认为哪些举措可以提高居民参加的有效性”这一问题的选项中，“专家、新闻媒体、环保组织的各种援助”被超过半数的被访者选择，紧随其后的是“政府的支持和肯定”。可见这个第四方主体对于环境信息公开和公众参与的重要性。

随着我国媒体业技术发展和规范化、环境方面专家人才的大量涌出以及环境公益组织（NGO）的茁壮成长，这一重要的第四方主体将会在环境信息公开和公众参与中起到更重要、更有效的作用。

3.3.1.4　政府环境治理理念

在调查中发现当“家人受到环境污染的损害”时，大多数人首先是“找环保部门要求处理”，其次就是“与周边居民联合起来找政府和企业”（表 3-25）。可见在环境问题出现时，公众第一时间还是想到政府。

表 3-25　“家人受到环境污染的损害”时的行为

选项	比例/%
找环保部门要求处理	48
找污染企业要求赔偿	19
与周边居民联合起来找政府和企业	28
忍一忍就过去了	5

不管政府是因为作为社会公益的主要维护者掌握着众多公共资源和公共组织系统，还是因为传统的“为民做主”的思想，政府在环境问题中都扮演着一个很重要很关键的角色。同样，在上一节中讨论“哪些举措可以提高居民参加的有效性”的问题时，在所有受访者中有超过 80%的人认为“政府的支持和肯定”是最重要的。

政府在环境信息公开和公众参与中的关键作用已经毋庸赘述了。然而实际上，政府部门在环境信息公开和公众参与中的表现是怎样的呢？在针对“对本地政府和企业的环境信息了解情况”的调查中，有 1/4 的人回答不了解或者是不太了解，近一半的被访者表示对本地政府和企业的环境信息了解一般，真正较了解或是很了解的被访者只占了总样本的三成，情况不尽如人意（表 3-26）。

而被访者在“对本地政府和企业环境信息公开的满意”程度上，有近两成的人至少是不太满意的，而达到较为满意程度的也才四成，近一半的被访者认为还可以。有八成的人认为政府和企业的环境信息公开至少还可以，说明我国各级政府的环境信息公开工作虽然仅处于起步阶段，但已经取得一定的成效。诚然，由于起步晚，以及政府部门的传统思维方式所限，政府在环境信息公开工作上还存在不足，需要进一步完善，让更多的公众对政府的环境信息公开满意（表 3-27）。

表 3-26　对本地政府和企业的环境信息了解情况

选项	比例/%
很了解	5
较了解	28
一般	44
不太了解	16
不了解	7

表 3-27　对本地政府和企业环境信息公开的满意度

选项	比例/%
很满意	9
较满意	31
还可以	43
不太满意	15
很不满意	2

通过调查发现其实只要政府主动积极地去引导企业和公众，绝大多数的人还是愿意参与到环境保护中来的。就“如果政府组织本地居民和排污企业进行平等对话的会议，您的

态度”这一问题，65%的被访者表示愿意在政府组织下与排污企业进行对话。说明在一定程度上，至少在目前的国情下，政府在环境保护中还是占着主导地位的，是促进公众参与的关键因素。而有近三成的被访者表示要“观望一下，视效果而定”，说明我国目前政府在信息公开和公众参与的引导方面还没有给公众以十足的信心和保障。

表 3-28 列出了公众“认为自己参加环境保护、维护自身环境权益最大的困难”。

表 3-28 参加环境保护最大的困难（多项选择）

选项	比例/%
政府给予的支持和鼓励力度不够，难以表达自己的真实想法	57
环境信息掌握不够，难以提出有针对性的问题	52
社区居民没有形成组织，难以形成力量与政府和企业对话	51
不懂专业知识，难以获得专家的支持	35
环境保护是大家的事，别人不支持，是一件吃力不讨好的事	29
很难取得明显的实际效果，挫伤大家的积极性和参与度	33

由此，政府在公众参与中所起到的关键作用再次得到了验证，“政府给予的支持和鼓励力度不够，难以表达自己的真实想法”被认为是最大的困难。同时，公众“环境信息掌握不够，难以提出有针对性的问题”以及“社区居民没有形成组织，难以形成力量与政府和企业对话”也占了两甲，这与上文所展示的公众对环境问题参与的积极性形成鲜明对比，充分说明目前公众参与缺少的不是公众的热情，而是一种有效的引导和保障机制，而且在这样的引导和保障中，政府应该起到更为重要的作用。

在调查中，“政府给予的支持和鼓励力度不够，难以表达自己的真实想法”被认为是公众不能有效参与环境保护的最大的困难。而在被访者之中，竟然有八成的人认为“政府的支持和肯定”是“提高居民参加的有效性”的最重要措施。因此，不管是从政府本身的性质而言，还是从公众需求的角度来看，政府都被认为是信息公开和环境保护公众参与的一个关键因素。

3.3.1.5 公众参与和环境合作的硬件条件

由上文的分析可以看出，公众的环境意识正在觉醒，对政府在环境合作中的要求也越来越多，公众参与环境问题正从一个被动的地位向一个有引导的主动地位转变。那么在目前这个转变的阶段，公众的诉求有没有得到改善，政府的环境意识有没有得到提升，公众在环境事件中的地位和作用有没有因此发生改变呢？这些问题归根结底就是在问保障公众参与环境合作、促进政府重视环境合作的硬件条件是否建立。为了回答这一问题，研究以环境信息公开政策为例展开了对环境合作的硬件条件的分析。

《环境信息公开办法（试行）》的施行给 Y 市的环境信息公开工作带来了怎样的影响呢？在调查中发现，2008 年开始施行的《环境信息公开办法（试行）》（以下简称《办法》）作为中国第一部有关环境信息公开的规范性文件，并未为公众普遍了解。其中，不太了解和不了解的被访者分别占总调查人数的 29%和 15%，总计超过四成，而了解和较了解的被访者比例总共才 24%。调查结果充分表明《办法》施行一年多来，公众并没有受到充分的宣传和引导（表 3-29）。

表 3-29　被访者对《环境信息公开办法（试行）》了解情况

对《环境信息公开办法（试行）》了解程度	比例/%
很了解	4
较了解	20
一般	32
不太了解	29
不了解	15

同时也发现，对于“对本地政府和企业的环境信息了解情况”，还是有近 1/4 的人表示不了解或者是不太了解，近一半的被访者表示对本地政府和企业的环境信息了解一般，真正较了解或是很了解的只占总样本的不到三成（表 3-30）。

表 3-30　被访者对本地政府和企业的环境信息了解情况

对本地政府和企业的环境信息了解程度	比例/%
很了解	5
较了解	28
一般	44
不太了解	16
不了解	7

另外，在调查中发现，被访者接收最多的环境信息还是“污染事件报道”以及“企业污染物信息”等，与《办法》中所规定需要公开的 11 项内容相差甚远（表 3-31）。

表 3-31　被访者了解到的环境信息

选项	比例/%
建设项目环境影响评价公告	25
政府环境督察和治理情况	42
污染事件报道	55
企业污染物信息	41
企业环境行为评级（黑红黄蓝绿色企业）	32
环境质量公报	36

而从政府方面而言，《办法》的施行还是对于其环境信息公开工作起到了一定的促进作用的。对于“该办法实施后，您感觉政府或企业的环境信息公开的情况有何变化”，有超过八成的受访者认为政府或者企业至少在环境信息公开方面有一些进步（表 3-32，表 3-33）。

表 3-32 被访者对《办法》施行后环境信息公开情况的看法

选项	比例/%
有很大提升	21
有一些进步	63
没什么变化	16

表 3-33 被访者认为环境信息公开存在的问题和原因（多项选择）

选项	比例/%
环境信息公开的技术性较强，专家的支持力度不够	30
公众的要求不强烈，政府和企业公开环境信息的动力不足	50
法规的强制力不够，操作性不强，企业无所谓	57
环保部门工作任务太重，没有精力顾及	15
政府对环境信息公开引发的社会稳定问题有顾虑	49
政府不重视，推进不力	33

其中，“法规的强制力不够，操作性不强，企业无所谓”被认为是最重要的原因了，诚然，2008 年开始施行的《环境信息公开办法（试行）》是我国环境信息公开的一个重大法制起步，但它的作用还有待加强，需要在“试行”实践的过程中不断改进和完善，保证强制力，增强操作性。此外，“公众的要求不强烈，政府和企业公开信息的动力不足”和“政府对环境信息公开引发的社会稳定问题有顾虑”也被认为是很重要的原因。

3.3.2 问卷调查的主要结论

3.3.2.1 公众参与和环境合作的交易成本仍较高

在环境信息公开实践的调查分析中发现，环境合作目前很难开展，公众对环境合作存在疑虑：本调查中有超过 1/4 的被访者认为公众参与平等对话基本没有作用，而更多被访者认为作用一般。在“现有的法规、体制条件能否保证公众有效地参与到环境保护中”的调查中看到，在第一次调查中的 226 位被访者中，有 116 个被访者认为“不能”。公众在参与环境问题的时候更多的持犹豫心态，他们对于参与的效果比较怀疑，不相信自己能在政府或者企业主导的环境保护问题中起到相应的作用。另一方面，公众参与环境保护的热情又较高：有 65%的被访者表示，愿意在政府组织下与排污企业进行对话。造成这种现象的主要原因是对于公众参与环境保护缺乏必要的制度保证，公众对环境信息难以掌握，公众参与环境保护的权益无法保障。根据上文对环境合作理论的分析，这种现象的原因可以归结于环境合作的成本过高，影响了公众参与环境保护。

环境合作成本中的主要成本是获取环境信息的成本，目前环境信息成本过高也是影响环境合作的主要因素。

3.3.2.2 公众参与和环境合作的软件条件有待完善

①公众的环境意识已觉醒。公众对环境保护的关注度和参与热情都较高。调查中有接近八成的公众表示关注地区的环境保护；公众认为环境保护工作需要自己的参与，在调查

中有近 95%的人认为，本地居民参与环保工作对保护环境有推动作用；有超过 3/4 的居民认为如果政府和企业经常就环境问题和本地居民代表进行信息沟通和对话，对促进政府、企业和居民之间就环境问题达成信任与合作至少能起到很大作用。

②政府的环境合作观念不足，没有认识到公众参与对环境保护工作的促进作用。有 80%的人认为政府的支持和肯定是“可以提高居民参加的有效性的措施”。但由于长期以来传统的“强政府”的角色和意识让政府部门不那么容易轻易“降低身份”和公众以平等的姿态加入到环境保护而且政府部门对可能引起的社会稳定问题有所顾虑。

3.3.2.3 环境合作的硬件条件仍显薄弱

①环境信息公开不足。环境信息公开是公众参与的保障，也是解决环境问题的重要手段。虽然目前已经出台了相应的环境信息公开办法，但办法的贯彻实施仍不到位。调查中发现，有四成的人对《环境信息公开办法（试行）》不了解；对于地区的环境信息，有 1/4 的人不了解或者是不太了解；近一半的被访则对本地政府和企业的环境信息了解一般。

②缺乏有效的公众参与平台和保障机制，公众参与的体系还不够完善。就“如果政府和企业经常就环境信息和本地居民代表进行信息沟通和对话，您觉得这对促进政府、企业和居民之间就环境问题达成信任与合作的作用如何”这一问题，有超过 3/4 的人认为能起到至少较大的作用。又如在“通过居民和政府、企业之间的对话，对促进各方达成一致或相似意见的可能性如何”的调查中，有大多数人认为只要有一个合适的平台，通过多方的信息公开和交流，还是能够在环境问题上达成一致意见的。

3.4 政策建议

以社区环境圆桌会议为试行模式的公众参与环境保护试点目前还处于起步阶段，在今后的研究和实践中，要加强以下几个方面的工作：

3.4.1 社区环境圆桌会议政策的试行要循序渐进

如何将社区环境圆桌会议理论上的优点通过恰当的政策设计和制度安排在实践中尽可能充分地表现出来？需要在环境圆桌会议的政策质量和政策可接受性之间找到一个均衡。从现阶段来看，政策的可接受性是第一位的。因为在缺乏法律保障或中央政府强制规定的情况下，地方政府的积极性是政策得以推行的前提条件，没有地方政府的配合，圆桌会议的有效性无从谈起。只有在地方政府认同并且接受的框架下，才能进一步考虑政策质量的问题。因此，对于政策设计和推行的过程，宜采取先易后难的步骤，可以先针对一些普通的环境问题在小范围内进行以信息公开为主要目标的形式上的社区环境圆桌会议的试点，这样的会议更易于被政府部门接受，也容易取得成效。在此过程中促进包括政府、企业和公众代表在内的会议各方对圆桌会议规则的了解以及对会议实施过程中各自角色的定位，培育与会各方对会议的信心和相互间的信任和合作伙伴关系的建立。然后，在前期取得成功的基础上，在政府部门的主导下，逐步将会议由“形式”转向“内容”，就一些在现有环境政策框架内难以解决的环境问题，在更大的范围内，以更公开的方式，通过圆桌会议的方式来尝试解决之道。在这个过程中，更加注重环境信息公开、多元主体参与和各方平等对话，并致力于形成基于会议共识的可操作的协议方案。

3.4.2 在社区环境圆桌会议的实施中纳入更多的利益相关者

环境问题具有综合性、复杂性、长期性等特征，其解决需要多方协同与合作。在社区环境圆桌会议的进一步试点中，要在社区内的公众、企业代表和环保部门等一级利益相关者参会的基础上，逐步加入二级利益相关者的参与，包括环境专家和法律专家，与环境保护循环经济相关的政府经济主管部门如发改委、经贸委等部门代表，以及与基础设施建设和水利设施建设相关的市政公用局、水利局等部门的代表共同参加会议。也可以邀请其他社区的公众代表参加会议，在农村社区进行的会议可以邀请城市居民代表参加，在城市社区举行的会议可以邀请农村村民代表参加，在可能的情况下邀请环境 NGO 和新闻媒体参与会议。这些与社区环境相关的利益相关者的参加，有助于促进环境问题解决方案的充分讨论，形成解决社区环境问题的社会网络以及促进网络中各成员间相互了解、理解、信任和伙伴关系的建立。这对于与环境保护相关的社会资本的形成和壮大，对于社区环境圆桌会议的推动者具有强大的激励作用。

3.4.3 在现有政策基础上进一步推动社区环境圆桌会议发展

在政策设计上，要通过对政策的后评估来考察现行政策的可接受性、可行性和有效性，在此基础上对政策进行修正以提高政策的有效性。在政策执行上，会议组织者在会前和会后要分别与各利益相关者团体包括社区居民、企业代表、政府部门代表以小组讨论的方式了解他们对社区环境圆桌会议的期望、建议和效果评价，并告知他们该政策实施以来取得的效果、遇到的问题和需要他们进一步协助的方面。从而让会议的反馈更加及时，使政策执行更加有效。

3.4.4 促进社区环境圆桌会议在环境保护政策体系中发挥更大的作用

首先要对该政策进行科学评估，将会议实施的结果和效果通过书面报告的方式反馈给本级和上级政府及环保主管部门；其次要加强对该政策的宣传力度，通过电视、报刊和网络等媒介，让更多的人了解、支持、参与到这项政策中来；再次，要通过社区环境圆桌会议这种方式，让公众的个体权益和整个区域乃至社会的环境效益联系起来，促进两者的协同发展。

根据发达国家经济发展和环境保护的经验，经济发展后环境质量的改善是一个长期的过程。在中国环境保护的实践中，必须要充分认识环境问题的长期性、复杂性、系统性和艰巨性，要凝聚一切有利于环境保护的积极力量，综合利用各种环境保护的政策手段，促进我国环境保护目标的实现。

在所有的力量中，公众是一支不可或缺的关键力量；在所有的政策中，环境信息公开和公众参与是亟待完善和加强的政策措施。公民社会的发育、公众环境意识的提高、政府职能的改革、互联网的普及、电子政务的推行，都为公众参与环境保护提供了有利的条件。有理由相信，不管过程如何曲折，政府对于公众参与之于环境保护的意义一定会有更加正确的认识，公众参与环境保护一定会有逐步完善的司法保障和政策支撑，公众参与环境保护维护环境权益的行为一定会有明显的增加，公众参与对环境保护的基础性作用一定会有更加显著的体现。

第 4 章　环境信息公开与公众参与平台建设

4.1　国家水环境信息公开与公众参与信息平台建设目标和技术路线

4.1.1　信息平台建设目标

为了使水环境信息公开和公众参与制度体系、参与的模式、机制得到更好的实施，有必要从国家层面建立国家水环境保护公众参与信息平台的信息支撑平台。平台的基本功能包括：为我国水环境保护公众参与工作提供信息采集、加工处理与公开发布功能；为上述平台开发灵活的接口，尽量与现有相关环保信息平台实现接轨；并与地方示范研究相互配合；由此促进我国政府、企业、公众良性互动的新型水环境保护治理结构的形成。

4.1.2　信息平台建设技术路线

本研究所涉及的关键问题包括环境信息公开的支撑平台技术、水环境管理公众参与交互平台技术与公众参与适用模式，以及企业或政府水环境行为评估指标体系与评估模式。图 4-1 与图 4-2 为国家水环境信息公开平台与国家水环境保护公众参与平台研制基础路线。

4.2　国家水环境信息公开与公众参与信息平台系统需求分析

4.2.1　系统目标、对象及结构

4.2.1.1　系统目标

水环境保护信息公开与公众参与信息平台的开发应用，主要包括以下内容：

①系统整合国家水环境保护信息，参考国家水环境信息与水环境保护公众参与信息分类与编码标准，建立国家水环境信息公开标准。

②在环境保护部环境信息管理框架下，建立面向水环境信息公开的国家水环境信息数据库，包括属性数据库和空间数据库两部分。

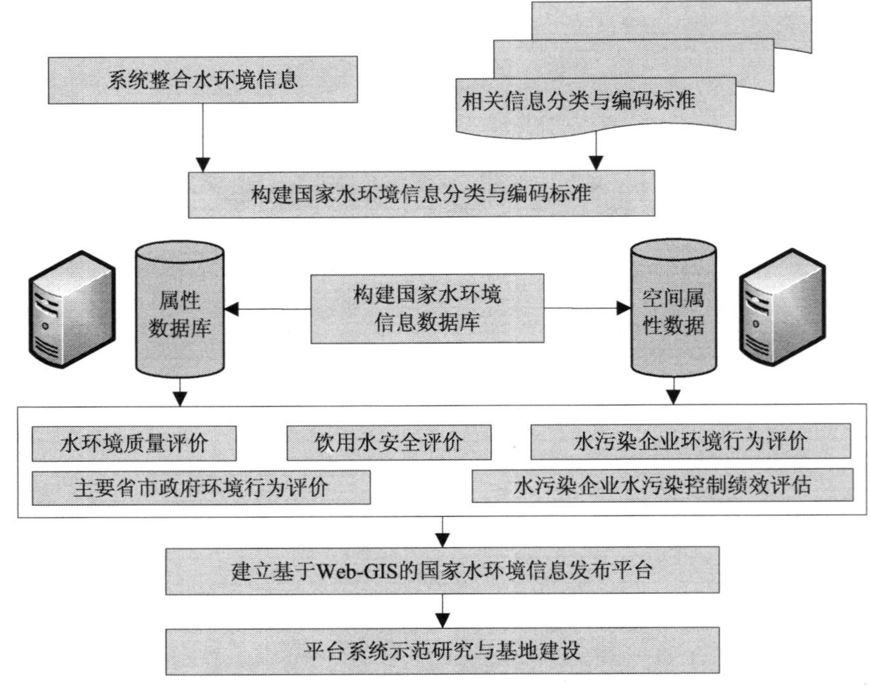

图 4-1　国家水环境信息公开平台建设技术路线

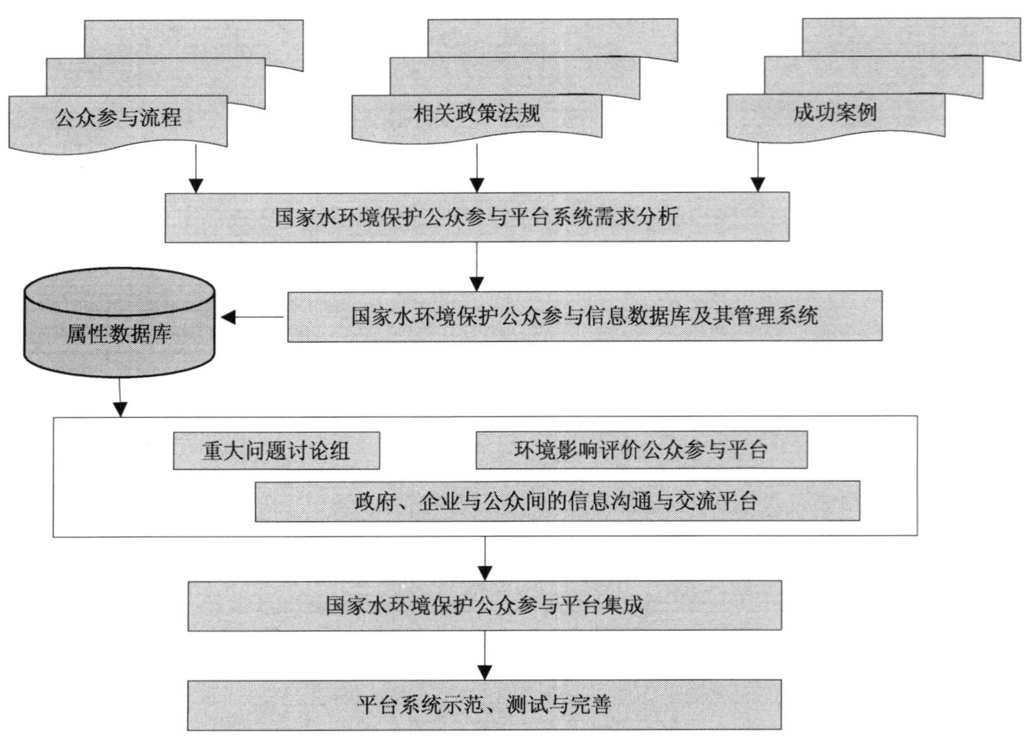

图 4-2　国家水环境保护公众参与平台建设技术路线

具体内容包括：

- ➢ 绘制国家水环境信息属性数据库 E/R 图，在 MS SQL Server 上建立属性数据库；
- ➢ 利用 Arc GIS 平台建立国家水环境信息空间数据库，具体包括主要河流分布图、主要湖泊分布图与重点水源地分布图等。

③国家水环境信息加工处理，具体包括：

- ➢ 主要河流、湖泊水环境质量评价，主要饮用水源地水安全评价；
- ➢ 主要企业水污染控制绩效评估；
- ➢ 主要省市水环境保护行为评估。

④基于 Web-GIS 的国家水环境信息发布平台的建立。该平台分国家水环境信息公开内部管理信息系统与外部信息发布系统。

- ➢ 内部管理信息系统的功能包括数据维护（录入与修改）、属性数据与空间数据交互查询，以及信息核准与图表输出等；
- ➢ 外部信息发布系统的功能主要是以图表形式发布所涉及的水环境公开信息，特别是水环境评价、企业与政府水环境行为评价结果的交互查询。

通过遵循以上设计要求，实现水环境保护信息公开与公众参与信息平台的开发，以期完成以下目标：

- ➢ 从国家层面建立国家水环境保护公众参与信息平台的信息支撑平台，为我国水环境保护公众参与工作提供信息采集、加工处理与公开发布功能，以及在此基础上的水环境保护公众参与决策的支撑功能；
- ➢ 通过政府、企业环境信息公开，促进政府、企业和公众三角关系的多向交流，促进我国政府、企业、公众良性互动的新型水环境保护治理结构的形成。

4.2.1.2　系统面向的用户群体

本系统面向的用户群体包括：

①网络平台建设人员、子课题研究人员、行政管理人员等。

②企业、国家环境监测站人员等。

③社会公众。

4.2.1.3　系统应当遵循的标准或规范

本系统所涉及的信息分类与编码标准应遵循国家相关标准，开发过程应遵守软件开发规范，按部就班地完成各阶段文档编制工作，以备系统升级使用。

4.2.1.4　系统结构

中国国家水环境保护信息共享系统的总体结构如图 4-3，采用 B/S 结构模式，提供统一的查询界面，可以快速响应不同用户的查询需求，使水环境信息能有效地为各类用户提供服务。

系统的网络结构如图 4-4 所示，内部用户通过局域网或者互联网进行系统维护，外部查询用户通过互联网进行信息查询。

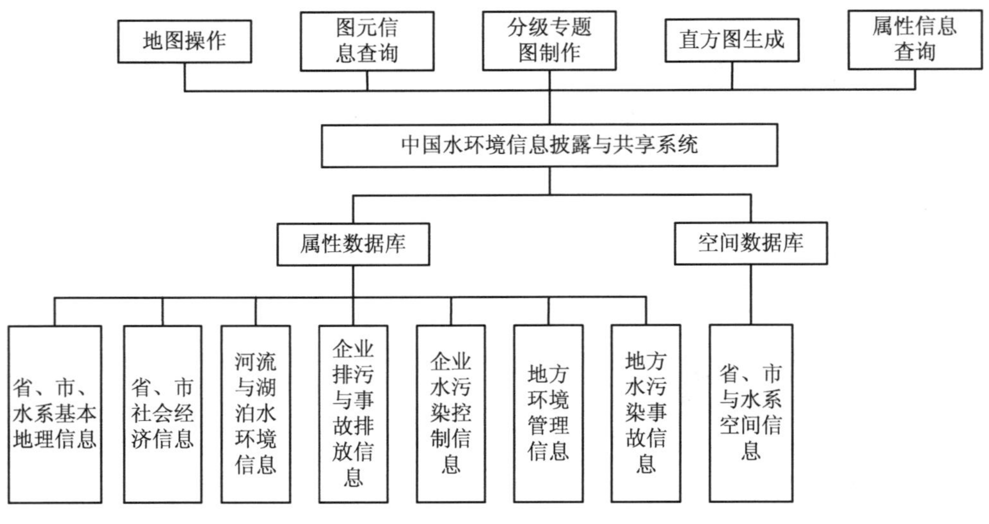

图 4-3 系统总体结构图

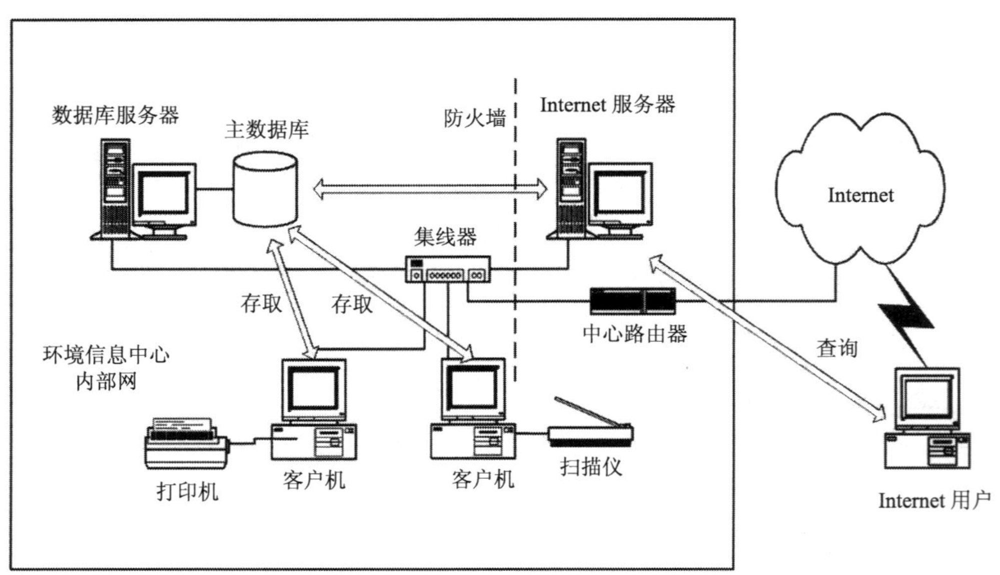

图 4-4 系统网络结构

4.2.2 系统的功能性需求

4.2.2.1 系统参与者

系统参与者（系统用户）包括外部查询用户、内部用户和系统管理员。其中，外部查询用户通过 Internet 浏览与查询共享信息，其用例涉及注册、登录、修改个人资料、系统留言和信息查询等；内部用户通过互联网或内部局域网访问本系统，进行信息汇总和数据更新等工作，其用例涉及登录、修改个人资料、数据录入编辑和外部用户查询统计等；系统管理员具有最高权限，通过内部局域网访问系统进行内外部用户管理，并对数据库和系统进行日常维护。

4.2.2.2 系统用例图

利用 UML 用例图，对中国水环境信息公开平台进行系统分析，确定该系统的总体结构（图 4-5）。其中，大方块代表系统的边界；椭圆型符号为用例，对应于系统的功能模块；人形符号表示参与者（Actor）。

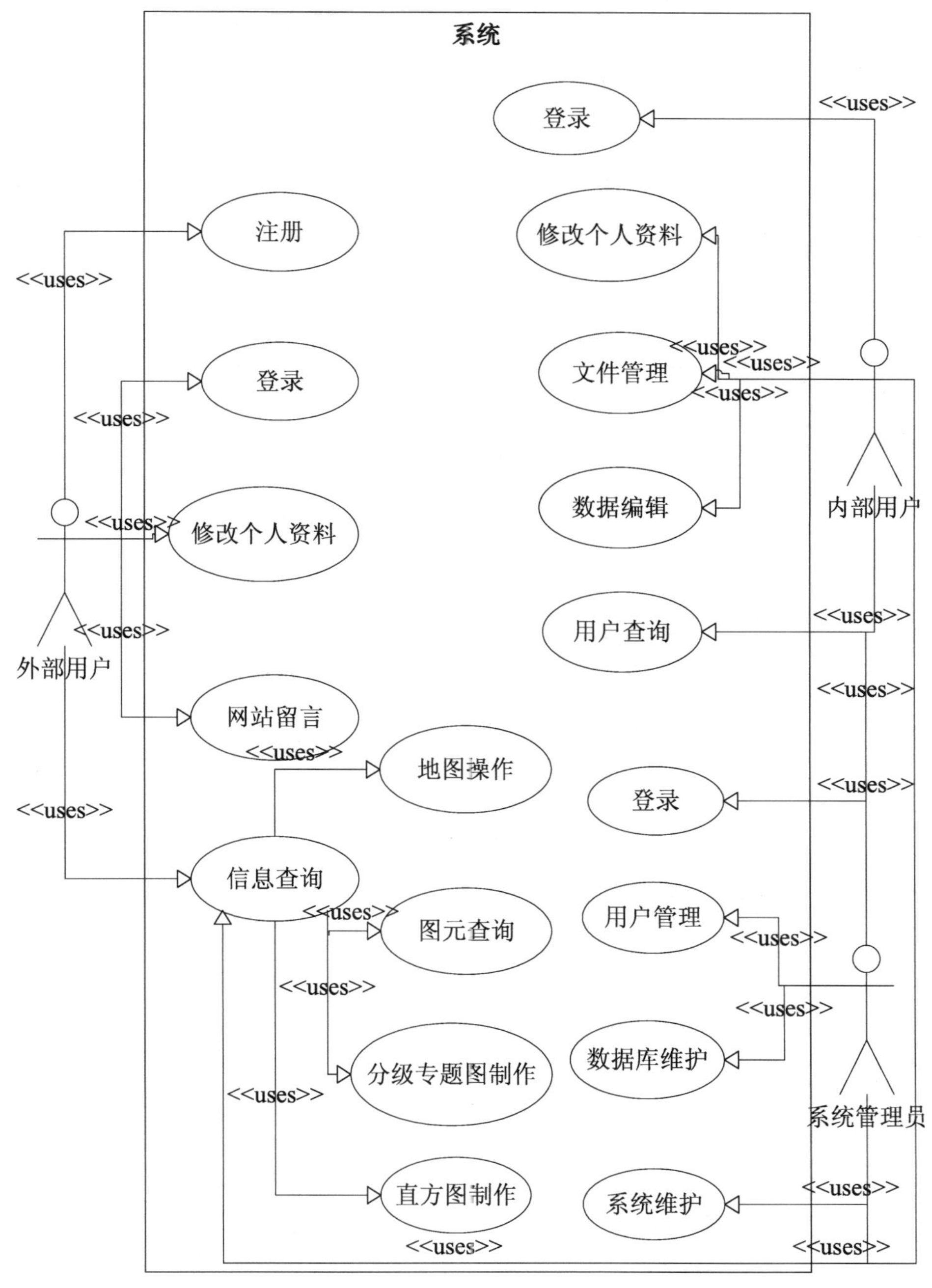

图 4-5 中国水环境信息公开平台系统用例图

用例图中省略表达了数据库，认为用例都在平面上，而数据库在平面的下方，每个用例共享一条与数据库交互的数据通道。

4.2.2.3 系统功能的细化

根据用例图抽取的用例，对系统的主要用例进行详细描述，目的在于细化其系统功能。

（1）外部用户信息查询

1）用户注册；2）用户登录；3）修改个人资料；4）网站留言；5）地图操作；6）图元查询；7）分级专题图制作；8）直方图制作。

（2）内部用户维护

1）用户登录；2）修改个人资料；3）文件管理；4）数据编辑；5）用户查询；6）留言管理；7）信息查询。

（3）系统管理员管理

1）用户登录；2）用户查询；3）用户管理；4）数据库维护；5）信息查询；6）系统维护。

4.2.2.4 系统包分析

图 4-6 为国家水环境信息公开平台的系统包分析图，它包括系统维护、水环境质量标准评价体系评价、属性信息交互查询、分级专题图制作与直方图制作五个子系统。

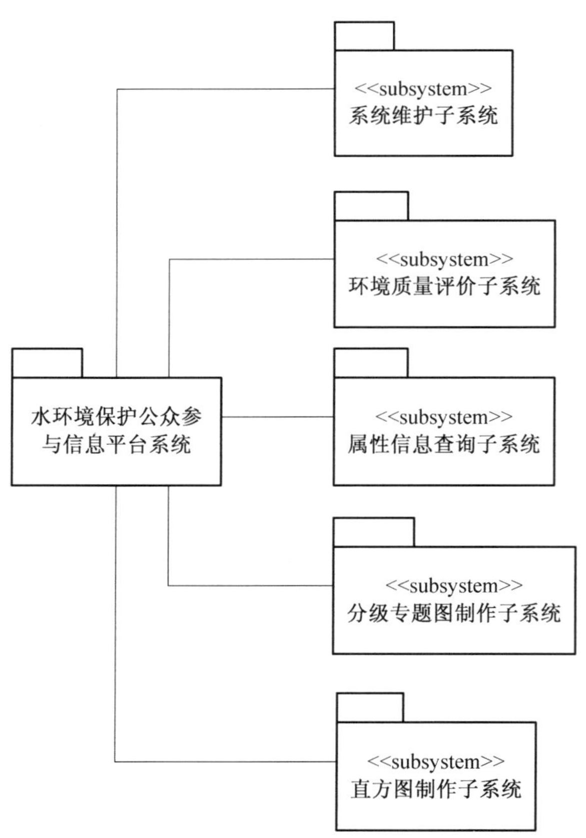

图 4-6　中国水环境信息公开平台系统包分析图

4.2.2.5　水环境保护信息数据库管理系统

表 4-1　水环境保护数据库管理系统功能需求

功能类别	子功能
属性数据库管理	添加、修改、删除、备份、格式化导入导出，格式化输出
	查询
	统计分析，包括数据库 E/R 图绘制
空间数据库管理	添加、修改、删除、备份、格式化导入导出，格式化输出
	查询

国家水环境信息的公开，应结合国家水环境数据格式、发布方式与频率，以及信息公开的需求，在参考国家相关信息分类与编码标准下完成。

水环境保护信息数据库包括空间数据库和属性数据库两部分。其中，空间数据库即省、市与水系的空间信息，属性数据库包括省、市与水系基本地理信息，省、市社会经济信息，河流与湖泊水环境信息，企业排污与事故排放信息，企业水污染控制信息，地方环境管理信息和地方水污染事故信息等。

4.2.2.6　水环境评估系统

表 4-2　水环境评估系统功能需求

功能类别	子功能
河流水环境质量评价	数据的添加、修改、删除、备份、格式化导入导出
	水环境质量评价
	发布、查询
湖泊水环境质量评价	数据的添加、修改、删除、备份、格式化导入导出
	湖泊富营养化评价
	发布、查询
饮用水水源地水安全评价	数据的添加、修改、删除、备份、格式化导入导出
	饮用水安全评价
	发布、查询
企业水污染控制绩效评估	数据的添加、修改、删除、备份、格式化导入导出
	企业水污染控制绩效评估
	发布、查询
省市政府水环境行为评价	数据的添加、修改、删除、备份、格式化导入导出
	省市政府水环境行为评价
	发布、查询

4.2.2.7 系统顺序图

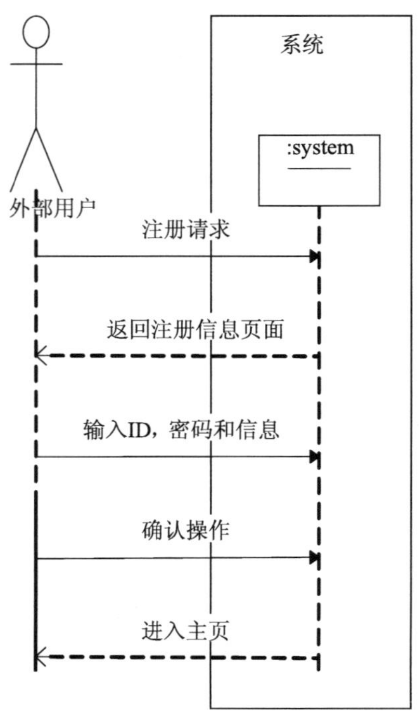

图 4-7 用户注册场景

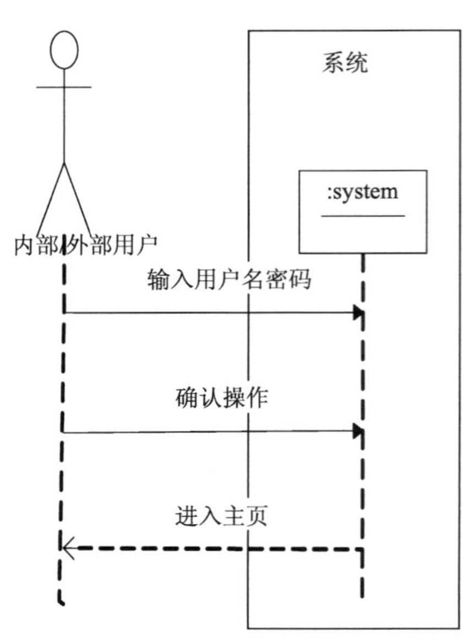

图 4-8 用户登录场景

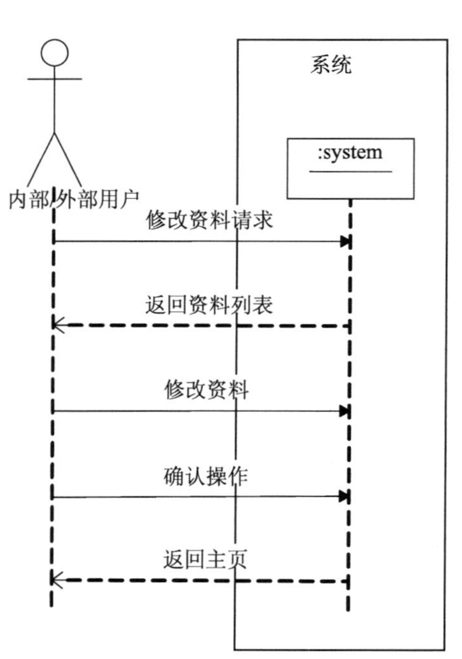

图 4-9 修改个人资料场景

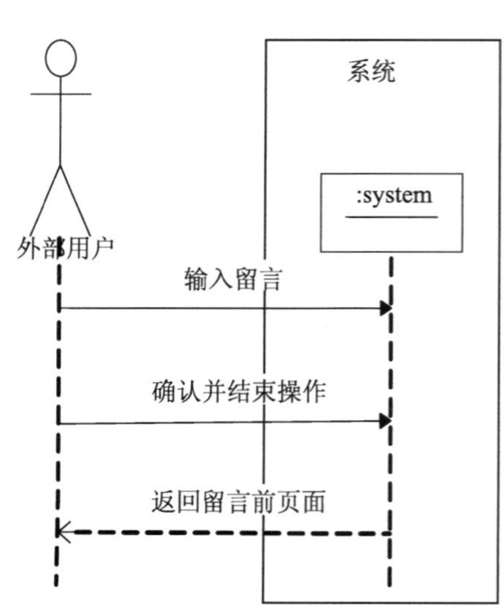

图 4-10 网站留言场景

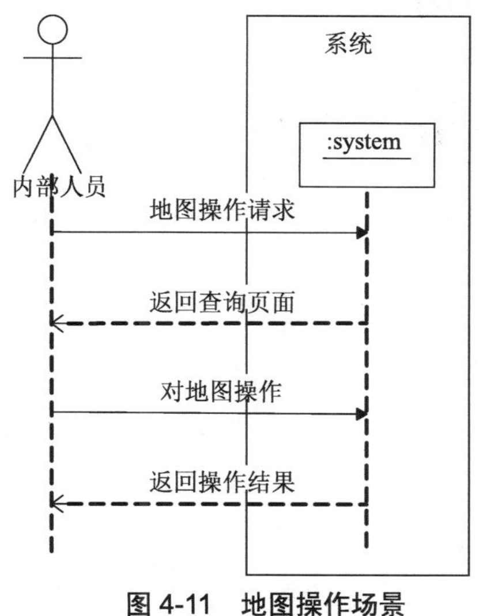

图 4-11　地图操作场景

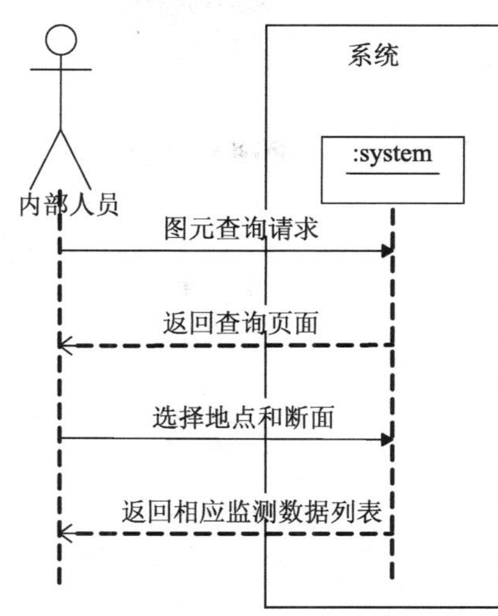

图 4-12　图元查询场景

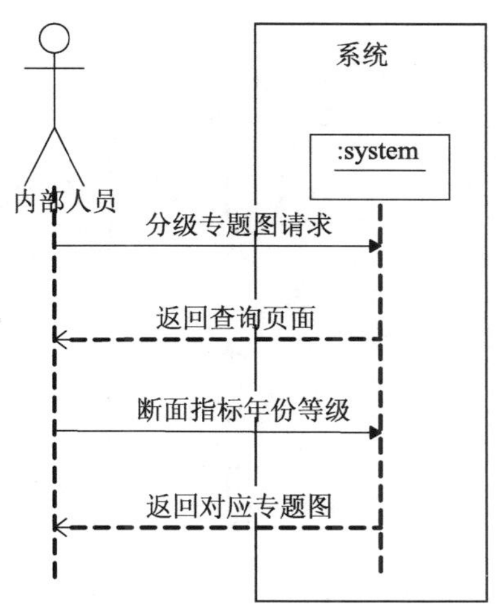

图 4-13　分级专题图制作

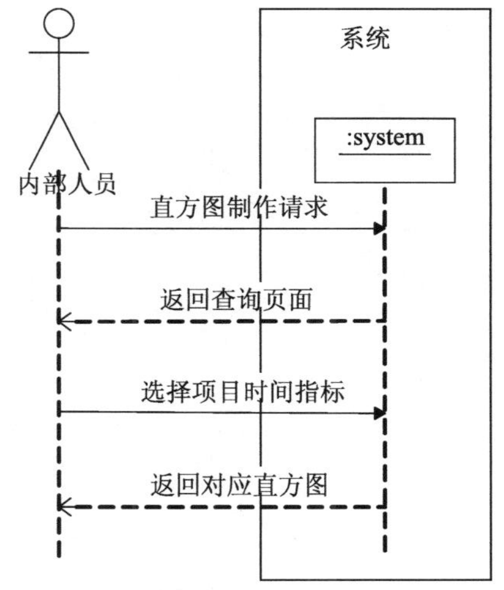

图 4-14　直方图制作

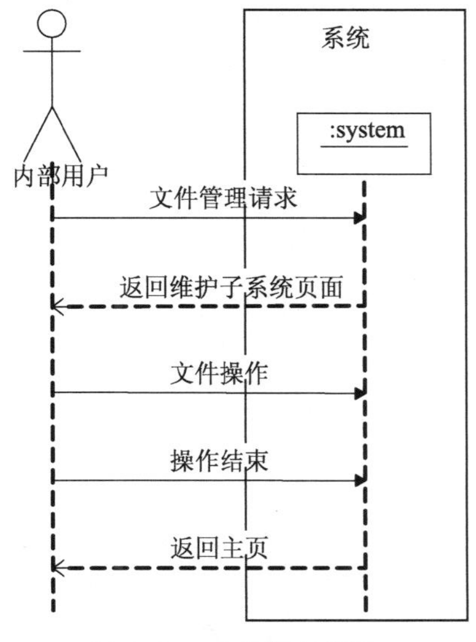

图 4-15　文件管理场景

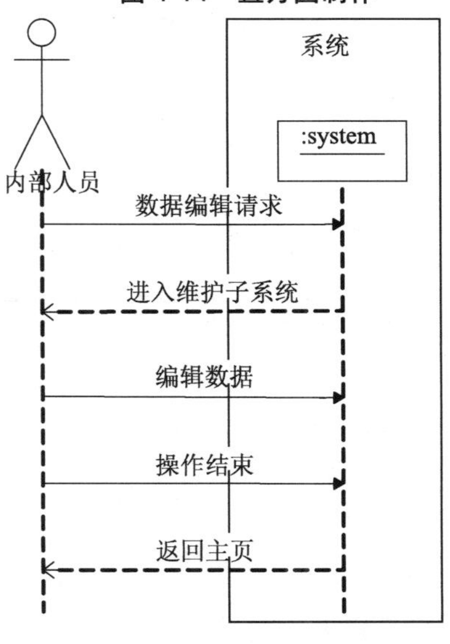

图 4-16　数据编辑场景

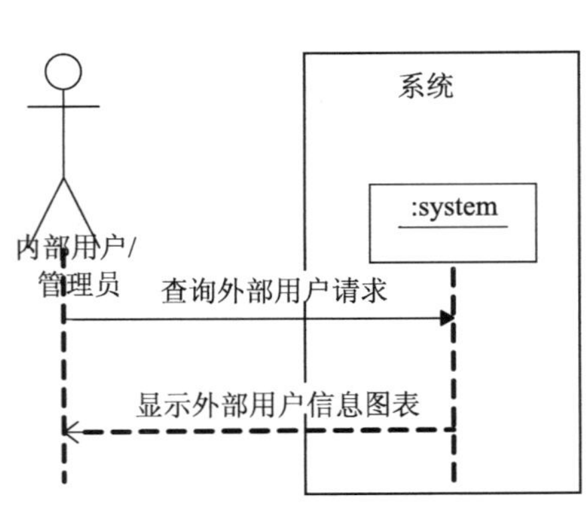

图 4-17 用户查询场景

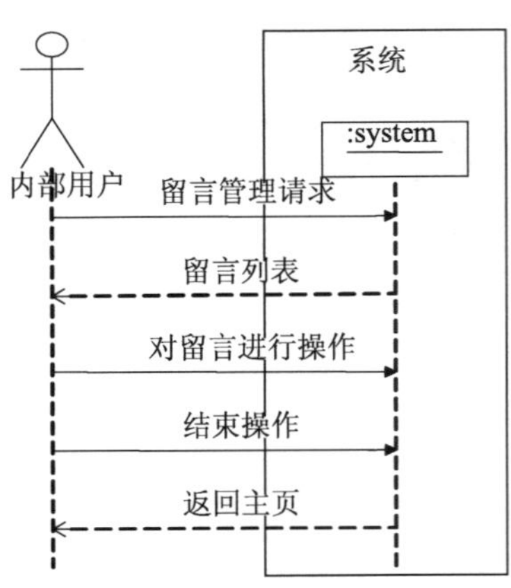

图 4-18 留言管理场景

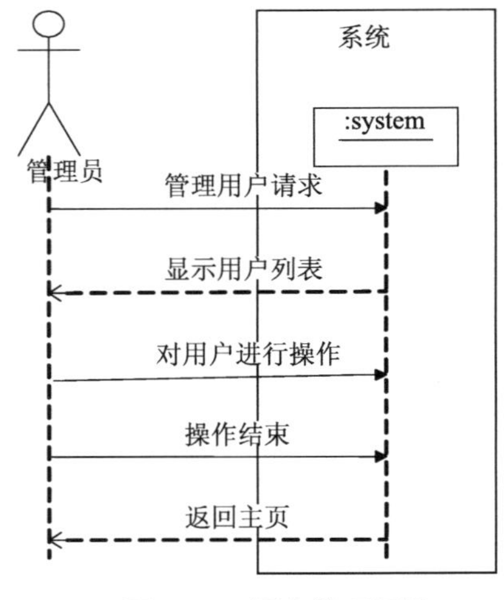

图 4-19 用户管理场景

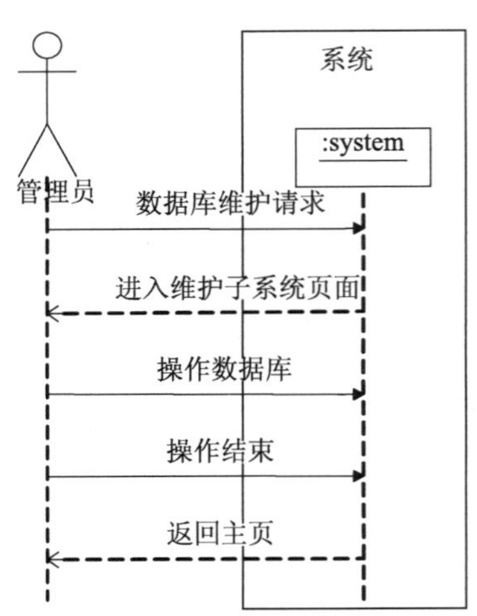

图 4-20 数据库维护

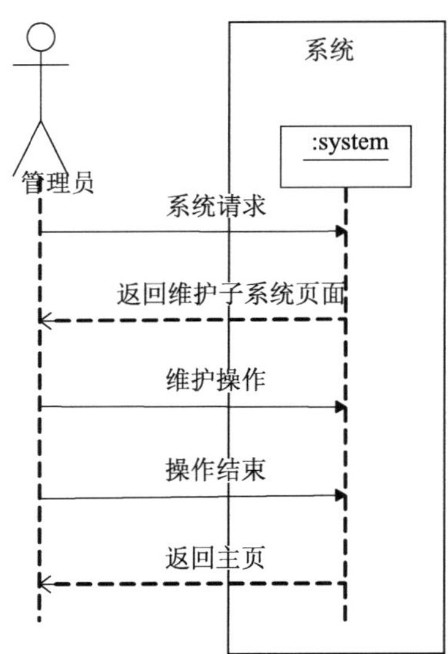

图 4-21 系统维护场景

4.2.3　水环境信息平台软硬件需求

表 4-3　水环境信息平台软硬件配置

类型	硬件配置	软件
数据库服务器	戴尔 PowerEdge 6800 采用处理器：Xeon MP 7140M 3.4G/最大 CPU 数目：4 个/标配内存容量：2GB/标配硬盘容量：146GBSCSI/集成 Broadcom BCM5704 双千兆以太网卡	Windows 2007 中文版，SQL Server 2007 企业版
Internet 服务器	IBM System x3800（88664RC） 产品类型：机架式/采用处理器：Xeon MP 7140N 3.3G/最大 CPU 数目：4 个/标配内存容量：4GB/标配硬盘容量：0GB/网络控制器：集成双千兆以太网接口	Windows 2007 中文版，SQL Server 2007 企业版

4.2.4　水环境信息分类

4.2.4.1　分类目的

国家水环境保护公众参与信息平台中的水环境信息分类，即将水环境信息按照一定的原则和方法进行分类。按照水环境信息的内容性质，对其合理组织，使之成为有条理、规范的体系，为国家水环境保护公众参与提供基础。

4.2.4.2　分类原则

本系统中水环境信息的分类必须遵循以下原则：

①科学性：以信息本身的属性作为分类的依据。

②系统性：按指标间的联系与差异进行合理分类，并努力寻求系统整体结构合理的科学分类体系。

③可扩延性：系统要保证在不打乱原分类体系的基础上，可以进行新指标的添加。

④兼容性：能与已有的国际、国家或部门的相关信息分类标准相协调。

⑤综合实用性。

4.2.4.3　水环境质量信息分类

根据水环境信息共享平台的要求，按照评价对象的不同，将水环境信息指标分为：

（1）河流水环境质量信息

根据环保总局环函[2003]2 号文的规定，河流评价项目为水温、pH、电导率、溶解氧、高锰酸盐指数、五日生化需氧量、氨氮、汞、铅、挥发酚、石油类和流量（还应包括监测断面信息、监测时间，以及评价结果信息）。

（2）湖库水环境质量信息

根据环保总局环函[2003]2 号文的规定，湖库水环境评价项目为水温、pH、电导率、溶解氧、高锰酸盐指数、五日生化需氧量、氨氮、汞、铅、挥发酚、石油类、总磷、总氮、透明度、叶绿素 a 和水位。

（3）饮用水源地水安全信息

集中式水源地水环境质量评价指标，根据国家地表水环境质量评价要求，确定为国家地表水环境质量标准基本项目（表 A）和集中式生活饮用水地表水源地补充项目（表 B），共 29 项，其中化学需氧量适用于污染较重水体的评价，不适用于饮用水源地水质评价，故总监测项目共 28 项。

（4）企业水环境污染控制行为信息

根据国际企业环境绩效评估指标体系和我国具体国情，突出企业绩效评估中关于水环境指标的影响，将该指标体系设置为一级指标，包括环境守法指标，环境管理绩效和先进性指标。

①环境守法指标（排污达标率情况，排污许可的合法性，新、改、扩建项目的环境保护手续齐全性，排污缴费的情况）。

②环境管理绩效指标：

- 内部环境管理指标（环境管理系统，环保投资金额比例，环境教育训练人时，所获环保奖项数，环境产品标志个数）。
- 外部沟通指标（相关投诉件数，资助社会环保活动经费，环境报告发布情况）。
- 安全卫生指标（环境事故发生件数，环境事故赔偿金额，职业病件数）。

③先进性指标（单位水消耗的产值，循环用水率，单位废水排放的产值，单位水污染物排放的产值）。

（5）省市政府水环境行为指标

中国省市环境行为示意性评价指标筛选的基本原则是数据的可获取性。本研究大多数指标选自环境统计指标，包括：经济行为，污染物排放行为（城市水、气、固体废弃物的排放），污染治理行为与环境管理行为。

①城市经济行为指标（人均 GDP、城市恩格尔系数、人均新鲜水量）。

②城市排污行为指标（万元国民生产总值废水排放量、万元国民生产总值 COD 排放量）。

③城市污染控制行为指标（工业废水达标率、工业废水处理率、工业用水重复利用率、城镇生活污水处理率、水污染与破坏事故数、水污染与破坏事故直接经济损失）。

④城市环境管理行为指标（环评制度执行率、“三同时”合格率、环境污染治理投资额占 GDP 的比例）。

4.2.5 信息加工处理方法

4.2.5.1 河流水环境质量评价

对河流断面进行的水环境质量评价，是根据《国家地表水环境质量标准》（GB 3838—2002）中的要求进行。

水环境质量评价根据河流断面相应水域应实现的水域功能类别，选取相应类别标准进行水环境质量单因子评价。评价结果应说明水质类别，以及评价得到的水质类别与相应水域功能类别要求的水质达标情况，超标的应说明超标项目和超标倍数。

具体评价方法为：

①导入水环境质量评价项目的环境指标监测数据。

②根据监测断面相应的水域功能需求，确定监测断面的水域功能类别和与之相应的水环境评价项目的标准值。

③根据相应类别标准进行单因子评价，将评价项目实测数值与断面相应水域功能类别评价项目标准值进行对比。若实测数值均满足标准值要求，则导出“达标”；若某实测数值不满足标准值要求，则导出“超标”并说明超标倍数，如“XX 超标 YY 倍”。

④根据国家水环境质量标准中水质评价的方法要求，判定监测断面的水质类别，并通过 GIS 方式导出监测断面与上一个断面之间河道相应的表征颜色。与水质类别相应的地表水环境质量分为：优、良好、轻度污染、中度污染、重度污染五个等级，对应的表征颜色为：蓝色、绿色、黄色、橙色和红色。

监测断面水质类别与水质定性评价分级的对应关系见表 4-4。

表 4-4　断面、河段水质定性评价

水质类别	水质状况	表征颜色	水质功能
Ⅰ、Ⅱ类水质	优	蓝色	饮用水源一级保护区、珍稀水生生物栖息地、鱼虾类产卵场、仔稚幼鱼的索饵场等
Ⅲ类水质	良好	绿色	饮用水源二级保护区、鱼虾类越冬场、洄游通道、水产养殖区、游泳区
Ⅳ类水质	轻度污染	黄色	一般工业用水和人体非直接接触的娱乐用水
Ⅴ类水质	中度污染	橙色	农业用水及一般景观用水
劣Ⅴ类水质	重度污染	红色	除调节局部气候外，几乎无使用功能

4.2.5.2　湖库富营养化状况评价

（1）湖库富营养化状况评价指标

叶绿素 a（chla）、总磷（TP）、总氮（TN）、透明度（SD）、高锰酸盐指数（COD_{Mn}）。

（2）湖库富营养化状况评价方法

对湖库富营养化状况进行评价，使用综合营养状态指数法：根据已知的湖库水环境指标数据，计算得到其营养状态指数。计算方法如下：

营养状态指数计算公式为：

$$TLI(chl)=10(2.5+1.086\ln chl)$$

$$TLI(TP)=10(9.436+1.624\ln TP)$$

$$TLI(TN)=10(5.453+1.694\ln TN)$$

$$TLI(SD)=10(5.118-1.94\ln SD)$$

$$TLI(COD_{Mn})=10(0.109+2.661\ln COD)$$

式中：chl 单位为 mg/m^3；SD 单位为 m；其他指标单位均为 mg/L。

（3）湖库营养状态分级

采用 0～100 的一系列连续数字对湖水库营养状态进行分级：

TLI（∑）＜30　　贫营养（Oligotropher）
30≤TLI（∑）≤50　　中营养（Mesotropher）
TLI（∑）＞50　　富营养（Eutropher）
50＜TLI（∑）≤60　　轻度富营养（Light eutropher）
60＜TLI（∑）≤70　　中度富营养（Middle eutropher）
TLI（∑）＞70　　重度富营养（Hyper eutropher）

在同一营养状态下，指数值越高，其营养程度越重。

湖库营养状态可以分为贫营养、中营养、富营养三个等级。如果再将富营养进行细度划分，可以将湖库营养状态分为贫营养、中营养、轻度富营养、中度富营养、重度富营养五个等级，对应的表征颜色为：蓝色、绿色、黄色、橙色和红色。

4.2.5.3 饮用水安全评价

（1）饮用水安全评价指标

《地表水环境质量标准》（GB 3838—2002）中基本项目和补充项共 29 项，其中化学需氧量适用于污染较重水体的评价，不适用于饮用水源地水质评价，故总监测项目共 28 项。

为综合反映水源地水资源质量状况，将评价项目分为三类：

第一类——对人体危害程度严重且经水厂处理后难以消除的污染指标；

第二类——经自来水厂处理后出水水质能够达标的污染指标；

第三类——除第一类、第二类以外的其他参加评价的污染指标。

表 4-5　饮用水评价指标及其分级

评价项目				评价标准及分级指数				
				1 级	2 级	3 级	4 级	5 级
				l =20	l =40	l =60	l =80	l =100
第一类	污染项目	氨氮	≤	0.1	0.2	1.0	2.0	8.0
		溶解氧	≤	（饱和率）90%	6	5	3	2
		COD	≤	2	4	6	8	10
		总大肠菌群（个/L）	≤	2 000	5 000	10 000	2 000	100 000
第二类	饮用水一般化学指标	pH	≤	6.5～8.5				6～9
		总硬度	≤	80	300	450	500	600
		硫酸盐	≤	250 以下	250	250	250	250
		氯化物	≤	250 以下	250	250	250	250
		溶解性铵	≤	0.3 以下	0.3	0.5	0.5	1.0
		总锰	≤	0.1 以下	0.1	0.1	0.5	1.0
		总铜	≤	0.01 以下	1.0	1.0	1.0	1.0
		总锌	≤	0.05	1.0	1.0	2.0	2.0
		挥发酚	≤	0.002	0.002	0.005	0.01	0.1

评价项目				评价标准及分级指数				
				1 级	2 级	3 级	4 级	5 级
				I =20	I =40	I =60	I =80	I =100
第三类	饮用水毒性项目	氟化物	≤	1.0 以下	1.0	1.0	1.5	1.5
		总氰化物	≤	0.005	0.05	0.2	0.2	0.2
		总磷	≤	0.05	0.05	0.05	0.1	0.1
		总汞	≤	0.000 1	0.000 2	0.000 5	0.001	0.001
		总镉	≤	0.001	0.005	0.005	0.005	0.01
		总铅	≤	0.01	0.05	0.05	0.05	0.1
		六价格	≤	0.01	0.05	0.05	0.05	0.1
		硝酸盐氢和亚硝酸盐氢	≤	10 以下	10	20	20	25

注：1. 总大肠菌群的评价以 GB 3838—88 标准为基础。将 III 类值增加为 5 级值 2。氨氢、总汞和总硬度执行 SL63—94 标准。3. 总硬度不进行评价，仅用于估计重金属的毒性。

（2）饮用水安全评价方法

水质指数的计算分三个步骤。

1）计算单项指数（I_i）。当实测值 C_i 处于 $C_{iok} \leqslant C_i < C_{iok+1}$ 时，单项指数：

$$I_i = \left(\frac{C_i - C_{iok}}{C_{iok+1} - C_{iok}} \right) \times 20 + I_{iok} \tag{4-1}$$

式中，C_i 为 i 项评价项目的实测浓度；C_{iok} 为 i 项评价项目的 k 级标准浓度；C_{iok+1} 为 i 项评价项目的 k+1 级标准浓度；I_{iok} 为 i 项评价项目的 k 级指数值。

2）在单项指数的基础上分类指数（I_L）。

①对第一类项目（$I_{\rm I}$），取单项指数最高者为该类的分类指数，即：

$$I_{\rm I} = (I_{\rm I})_{\max} \tag{4-2}$$

②对第二、三类项目（$I_{\rm II}$、$_{\rm III}$），均取各单项指数和的均值。即：

$$I_{\rm II} = \frac{1}{n} \sum_{1}^{n} I_i (n = 1, 2, \cdots, 4) \tag{4-3}$$

$$I_{\rm III} = \frac{1}{n} \sum_{1}^{n} I_i (n = 1, 2, \cdots, 4) \tag{4-4}$$

3）水源地水质指数（WQI），取上述三个分类指数中的最高者，即：

$$\text{WQI} = (I_L)_{\max} \tag{4-5}$$

（3）饮用水安全评价分级

根据 WQI 值，按表 4-6 评价水源地水质状况，显示水质评价结果及相应的表征颜色。

表 4-6 饮用水安全评价分级

水质评价	优	良	尚好	较差	差	极差
颜色表征	蓝色	绿色	黄色	橙色	红色	黑色
WQI	≤20	21～40	41～60	61～80	81～100	＞100

4.2.5.4 企业水污染控制绩效评价

（1）环境绩效分级标准

严格遵守分级标准的制定原则和依据，可将企业环境绩效指标分为四个级别：优（86～100）、良（71～85）、中（60～70）、差（＜60）。

表 4-7 企业环境绩效评价指标

评价指标		权重	各评价指标值			
			优	良	中	差
1. 守法性指标 A_1		W_1（0.48）				
排污达标率情况 A_{11}		0.46	100%	≥95%	≥90%	＜90
排污许可的合法性 A_{12}		0.25	有许可证并达到要求，或不在发证范围	有排污许可证，但未达到许可证要求	有临时许可证，符合临时许可证要求	未领取许可证，有临时许可证，未达到临时许可证要求
新、改、扩建项目的环境保护手续齐全性 A_{13}		0.17	新改扩建项目“环境影响评价”和“三同时”制度执行率达到100%，并经过环保部门验收合格	—	—	新改扩建项目“环境影响评价”和“三同时”制度执行率未达到100%，未验收合格
排污缴费的情况 A_{14}		0.12	按规定缴纳排污费	—	—	未按规定缴纳排污费
2. 内部环境管理指标 A_2		W_2（0.16）				
内部管理指标	环境管理系统 A_{21}	0.25	依 ISO 14001 建立并运行环境管理体系，通过审核认证	依ISO14001建立并运行环境管理体系，未通过审核认证	计划按照 ISO 14001 建立并运行环境管理体系	未考虑依 ISO 14001 建立并运行环境管理体系
	环保投资金额比例 A_{22}	0.18	≥10%	≥5%	≥1%	＜1%
	所获环保奖项数 A_{23}	0.04	≥7	≥4	≥1	0
外部沟通指标	相关投诉件 A_{24}	0.09	0	1	≥2	≥4
	环境报告发布情况 A_{25}	0.04	—	定期发布一次环境报告	—	不发布环境报告

评价指标		权重	各评价指标值			
			优	良	中	差
安全卫生指标	环境事故发生件数/[次/（千人·年）]A_{26}	0.18	0	1	≥2	≥4
	环境事故赔偿金额/万元 A_{27}	0.08	0	≤1	≤5	＞5
	职业病件数/[次/（千人·年）]A_{28}	0.14	0	≤5	≤10	＞10
3. 先进性指标 A_3		W_3（0.36）				
单位水消耗的产值/行业平均值 A_{31}		0.25	≥130%	≥110%	≥90%	＜90%
循环用水率 A_{32}		0.25	≥95	≥93	≥90	＜90
单位废水排放的产值/行业平均值 A_{33}		0.25	≥130%	≥110%	≥90%	＜90%
单位水污染物排放的产值/行业平均值 A_{34}		0.25	≥130%	≥110%	≥90%	＜90%

（2）企业绩效评价

企业水环境评价及水污染控制绩效评估，使用针对企业环境绩效指标体系的模糊综合指数模型。

企业环境绩效水平与环境管理水平、环境操作水平等影响因素有关，且各因素的影响程度不一，采用加权平均的形式。计算公式可写成：

$$\mathrm{FAIM}=\sum_{i=1}^{n}W_iF_i \tag{4-6}$$

式中，$F_i=\sum_{j=1}^{m}w_{ij}f_{ij}$ 为反映企业环境绩效水平的一级指标得分值；f_{ij} 为反映企业环境绩效水平的二级指标得分值；W_i 为各一级指标的权重值；w_{ij} 为各二级指标的权重值；n 为一级指标的数目；m 为二级指标的数目；FAIM 为在加权平均下的环境绩效综合指数得分值。

FAIM 分为四个级别：优、良、中和差。

当 86≤FAIM≤100 时，处于优级别，表征颜色为蓝色；

当 71≤FAIM≤85 时，处于良级别，表征颜色为绿色；

当 60≤FAIM≤70 时，处于中级别，表征颜色为黄色；

当 0≤FAIM≤60 时，处于差级别，表征颜色为红色。

（3）环境绩效指标得分值的算法

在求单项得分值时，为避免其他评价方法中以同一分值评判同一级别不同表现程度的指标值的现象，采用模糊综合指数法。其基本思路如下：

环境绩效分级标准的中间级别对应的标准以有界的范围表示。为某指标处于良（中）级别时，能利用线性内插法得到具体的得分值。对于数值越大对应得分越高的指标，分级标准中的优级别对应的标准范围无上界；对于数值越大对应得分越低的指标，分级标准中的优级别对应的标准范围无下界。当在某指标处于优（差）级别时，须利用模糊数学方法中的隶属函数，确定该指标的得分值。其求解思路是利用隶属度一致性原则，即根据所求得的指标得分值对 100 分（或 0 分）的隶属度与指标值对 100 分（或 0 分）相应指标值的隶属度一致性，建立函数关系式：

$$u_1(x) = u_2(s) \tag{4-7}$$

式中，x 标识指标值组成的组合；u_1 表示 x 对 100 分（或 0 分）相应指标值的隶属度；s 标识指标值得分值所组成的集合；u_2 表示 s 对 100 分（或 0 分）的隶属度。

在确定隶属函数时，应采用以下步骤：

1）确定隶属函数的 F 分布

采用升半正态型隶属函数：

$$u_1(x) = \begin{cases} 0 \cdots\cdots\cdots\cdots\cdots\cdots\cdots\cdots\cdots x \leqslant a_0 \\ 1 - \exp[-k(x - a_0)^2] \cdots k > 0, x > a_0 \end{cases} \tag{4-8}$$

式中，k 为待定系数；a_0 为 86 分（60 分）所对应的指标值。

根据梯形分布求得 $u_2(x)$的函数关系式为：

$$u_{21}(s) = \begin{cases} 0 \cdots\cdots\cdots\cdots\cdots s \leqslant 86 \\ \dfrac{s - 86}{100 - 86} \cdots\cdots 86 < s \leqslant 100 \end{cases} \tag{4-9}$$

$$u_{22}(s) = \frac{60 - s}{60 - 0} \cdots\cdots s \leqslant 60 \tag{4-10}$$

当处于优级别时，建立函数式 $u_1(x) = u_{21}(s)$；当处于差级别时，建立函数式 $u_1(x) = u_{22}(s)$。

2）确定隶属函数的参数值 k

考虑指标中间级别分级范围的情况，采用隶属度一致性原则，利用 86 分（或 60 分）的相应指标值对 100（0）分的相应指标值的隶属度与 86 分（或 60 分）对 100（0）分的隶属度相等，建立如下函数关系式。

求出优等级的 k 值：

$$U_{11}(x) = U_{21}(s) \tag{4-11}$$

求出差等级的 k 值：

$$U_{12}(x) = U_{22}(s) \tag{4-12}$$

其中，

$$U_{11} = 1 - \exp[-k(x_1 - a_1)^2] \tag{4-13}$$

$$U_{12} = 1 - \exp[-k(x_2 - a_1)^2] \tag{4-14}$$

$$U_{21} = \frac{86 - 71}{100 - 71} \tag{4-15}$$

$$U_{22} = \frac{71 - 60}{71 - 0} \tag{4-16}$$

式中，a_1为 71 分相应指标值；x_1为 86 分相应指标值；x_2为 60 分相应指标值。

4.2.5.5　省市政府水环境行为评估方法

（1）省市政府水环境行为分级标准

严格遵守分级标准的制定原则和依据，可将省市政府水环境行为指标分为四个级别：优（86～100）、良（71～85）、中（60～70）、差（＜60）。

表 4-8　省市政府水环境行为评价指标

评价指标	权重	各等级指标值			
		优	良	中	差
1. 城市经济行为指标 A_1	W_1（0.16）				
人均 GDP/万元 A_{11}	0.30	≥1.5	≥1.0	≥0.5	＜0.5
城市恩格尔系数 A_{12}	0.30	≤0.45	≤0.55	≤0.65	＞0.65
人均新鲜水量/t A_{13}	0.40	≤20	≤50	≤100	＞100
2. 城市排污行为指标 A_2	W_2（0.24）				
万元国民生产总值废水排放量/t A_{21}	0.50	≤40	≤60	≤80	＞80
万元国民生产总值 COD 排放量/t A_{22}	0.50	≤100	≤200	≤300	＞300
3. 城市污染控制行为 A_3	W_3（0.42）				
工业废水达标率 A_{31}	0.16	≥80%	≥60%	≥40%	＜40%
工业废水处理率 A_{32}	0.16	≥40%	≥80%	≥70%	＜70%
工业用水重复利用率 A_{33}	0.20	≥90%	≥80%	≥70%	＜70%
城镇生活污水处理率 A_{34}	0.16	≥70%	≥50%	≥30%	＜30%
水污染与破坏事故数 A_{35}	0.16	0	≤5	≤20	＞20
水污染与破坏事故直接经济损失/万元 A_{36}	0.16	0	≤10	≤100	＞100
4. 城市环境管理行为 A_4	W_4（0.18）				
环评制度执行率 A_{41}	0.30	100%	—	—	＜99%
“三同时”合格率 A_{42}	0.30	100%	≥95%	≥90%	＜90%
环境污染治理投资额占 GDP 的比率 A_{43}	0.40	≥2%	≥1.5%	≥1%	＜1%

（2）省市政府水环境行为评价

省市政府水环境行为评价，使用针对企业环境绩效指标体系的模糊综合指数模型（同企业水环境绩效评价）。

省市政府水环境行为与省市经济发展水平、环境管理制度等影响因素有关，且各因素的影响程度不一，采用加权平均的形式。计算公式可写成：

$$\mathrm{FAIM}=\sum_{i=1}^{n}W_iF_i \tag{4-17}$$

式中，$F_i=\sum_{j=1}^{m}w_{ij}f_{ij}$为反映企业环境绩效水平的一级指标得分值，其中$f_{ij}$为反映企业环境绩效水平的二级指标得分值；$w_i$为各一级指标的权重值；$w_{ij}$为各二级指标的权重值；

n 为一级指标的数目；*m* 为二级指标的数目；FAIM 为在加权平均下的环境绩效综合指数得分值。

FAIM 分为四个级别：优、良、中和差。

当 86≤FAIM≤100 时，处于优级别，表征颜色为蓝色；

当 71≤FAIM≤85 时，处于良级别，表征颜色为绿色；

当 60≤FAIM≤70 时，处于中级别，表征颜色为黄色；

当 0≤FAIM≤60 时，处于差级别，表征颜色为红色。

表 4-9　省级地区水环境行为指标分级

一级指标	二级指标	三级指标	权重	优	良	中	差
经济行为 A_1			0.16				
	万元工业生产总值排放量 A_{11}		0.60				
		废水/t A_{111}	0.40	<20	≥20	≥30	≥40
		COD/kg　A_{112}	0.30	<6	≥6	≥9	≥12
		氨氮/kg　A_{113}	0.30	<0.5	≥0.5	≥1.0	≥1.5
	万元工业生产总值用水量/t A_{12}		0.40	<100	≥100	≥150	≥200
污染排放行为 A_2			0.24				
	废水排放总量/亿 t A_{21}		0.12	<10	≥10	≥20	≥40
	COD 排放总量/万 t A_{22}		0.09	<20	≥20	≥40	≥80
	氨氮排放总量/万 t A_{23}		0.09	<2	≥2	≥4	≥8
	工业废水排放量/亿 t A_{24}		0.10	<2.5	≥2.5	≥5	≥10
	工业废水中污染物排放量 A_{25}		0.20				
		挥发酚/t A_{251}	0.20	<25	≥25	≥50	≥100
		氰化物/t A_{252}	0.20	<10	≥10	≥20	≥40
		化学需氧量/万 t A_{253}	0.20	<5	≥5	≥10	≥20
		石油类/t A_{254}	0.20	<250	≥250	≥500	≥1000
		氨氮/万 t A_{255}	0.20	<1	≥1	≥2	≥4
	工业用水总量/亿 t A_{26}		0.10	<50	≥50	≥100	≥200
	城镇生活污水排放量/亿 t A_{27}		0.12	<2.5	≥2.5	≥5	≥10
	城镇生活污水中 COD 排放量/万 t A_{28}		0.09	<10	≥10	≥20	≥40
	城镇生活污水中氨氮排放量/万 t A_{29}		0.09	<1	≥1	≥2	≥4
污染控制行为 A_3			0.42				
	工业废水排放达标率/% A_{31}		0.20	≥90%	≥75%	≥60%	<60%
	工业用水重复利用率/% A_{32}		0.20	≥90%	≥75%	≥60%	<60%
	城镇生活污水处理率/% A_{33}		0.20	≥80%	≥60%	≥40%	<40%
	工业废水中污染物去除率 A_{34}		0.40				
		挥发酚/% A_{341}	0.20	≥90%	≥75%	≥60%	<60%
		氰化物/% A_{342}	0.20	≥90%	≥75%	≥60%	<60%
		化学需氧量/% A_{343}	0.20	≥80%	≥60%	≥40%	<40%
		石油类/% A_{344}	0.20	≥90%	≥75%	≥60%	<60%
		氨氮/% A_{345}	0.20	≥80%	≥60%	≥40%	<40%

一级指标	二级指标	三级指标	权重	优	良	中	差
管理行为 A_4			0.18				
	环评制度执行率/% A_{41}		0.25	≥99.5%	≥99%	≥98.5%	<98.5%
	环境污染治理投资总额占 GDP 比重/% A_{42}		0.25	≥3%	≥2%	≥1%	<1%
	水污染事故数 A_{43}		0.15	<10	≥10	≥50	≥100
	水污染事故损失（万元）A_{44}		0.15	<10	≥10	≥50	≥100
	“三同时”合格率 A_{45}		0.20	≥99%	≥97%	≥95%	<95%

表 4-10 重点城市水环境行为指标分级

一级指标	二级指标	三级指标	权重	优	良	中	差
经济行为 A_1			0.16				
	万元工业生产总值排放量 A_{11}		0.60				
		废水/t A_{111}	0.40	<20	≥20	≥30	≥40
		COD/kg A_{112}	0.30	<6	≥6	≥9	≥12
		氨氮/kg A_{113}	0.30	<0.5	≥0.5	≥1.0	≥1.5
	万元工业生产总值用水量/t A_{12}		0.40	<100	≥100	≥150	≥200
污染排放行为 A_2			0.24				
	废水排放总量/亿 t A_{21}		0.12	<10	≥10	≥20	≥40
	COD 排放总量/万 t A_{22}		0.09	<20	≥20	≥40	≥80
	氨氮排放总量/万 t A_{23}		0.09	<2	≥2	≥4	≥8
	工业废水排放量/亿 t A_{24}		0.10	<2.5	≥2.5	≥5	≥10
	工业废水中污染物排放量 A_{25}		0.20				
		挥发酚/t A_{251}	0.20	<25	≥25	≥50	≥100
		氰化物/t A_{252}	0.20	<10	≥10	≥20	≥40
		化学需氧量/万 t A_{253}	0.20	<5	≥5	≥10	≥20
		石油类/t A_{254}	0.20	<250	≥250	≥500	≥1000
		氨氮/万 t A_{255}	0.20	<1	≥1	≥2	≥4
	工业用水总量/亿 t A_{26}		0.10	<50	≥50	≥100	≥200
	城镇生活污水排放量/亿 t A_{27}		0.12	<2.5	≥2.5	≥5	≥10
	城镇生活污水中 COD 排放量/万 t A_{28}		0.09	<10	≥10	≥20	≥40
	城镇生活污水中氨氮排放量/万 t A_{29}		0.09	<1	≥1	≥2	≥4
污染控制行为 A_3			0.42				
	工业废水排放达标率/% A_{31}		0.20	≥90%	≥75%	≥60%	<60%
	工业用水重复利用率/% A_{32}		0.20	≥90%	≥75%	≥60%	<60%
	城镇生活污水处理率/% A_{33}		0.20	≥80%	≥60%	≥40%	<40%
	工业废水中污染物去除率 A_{34}		0.40				

一级指标	二级指标	三级指标	权重	优	良	中	差
		挥发酚/% A_{341}	0.20	≥90%	≥75%	≥60%	<60%
		氰化物/% A_{342}	0.20	≥90%	≥75%	≥60%	<60%
		化学需氧量/% A_{343}	0.20	≥80%	≥60%	≥40%	<40%
		石油类/% A_{344}	0.20	≥90%	≥75%	≥60%	<60%
		氨氮/% A_{345}	0.20	≥80%	≥60%	≥40%	<40%
管理行为 A_4			0.18				
	环境污染治理投资总额占 GDP 比重/% A_{42}		1.00	≥3%	≥2%	≥1%	<1%

（3）省市水环境行为指标得分值的算法

在求单项得分值时，为避免其他评价方法中以同一分值评判同一级别不同表现程度的指标值的现象，采用模糊综合指数法。其基本思路如下：

省市水环境行为分级标准的中间级别对应的标准以有界的范围表示。当某指标处于良（中）级别时，能利用线性内插法得到具体的得分值。对于数值越大对应得分越高的指标，分级标准中的优级别对应的标准范围无上界；对于数值越大对应得分越低的指标，分级标准中的优级别对应的标准范围无下界。当某指标处于优（差）级别时，须利用模糊数学方法中的隶属函数，确定该指标的得分值。其求解思路是利用隶属度一致性原则，即根据所求得的指标得分值对 100 分（或 0 分）的隶属度与指标值对 100 分（或 0 分）相应指标值的隶属度一致性，建立函数关系式：

$$u_1(x)=u_2(s) \tag{4-18}$$

式中，x 标识指标值组成的组合；u_1 表示 x 对 100 分（或 0 分）相应指标值的隶属度；s 标识指标值得分值所组成的集合；u_2 表示 s 对 100 分（或 0 分）的隶属度。

在确定隶属函数时，应采用以下步骤：

1）确定隶属函数的 F 分布

采用升半正态型隶属函数：

$$u_1(x)=\begin{cases}0\cdots\cdots\cdots\cdots\cdots\cdots\cdots\cdots\cdots x\leqslant a_0\\ 1-\exp[-k(x-a_0)^2]\cdots k>0,x>a_0\end{cases} \tag{4-19}$$

式中，k 为待定系数；a_0 为 86 分（60 分）所对应的指标值。

根据梯形分布求得 $u_2(x)$的函数关系式为：

$$u_{21}(s)=\begin{cases}0\cdots\cdots\cdots\cdots\cdots s\leqslant 86\\ \dfrac{s-86}{100-86}\cdots\cdots 86<s\leqslant 100\end{cases} \tag{4-20}$$

$$u_{22}(s)=\frac{60-s}{60-0}\cdots\cdots s\leqslant 60 \tag{4-21}$$

当处于优级别时，建立函数式 $u_1(x)=u_{21}(s)$；当处于差级别时，建立函数式 $u_1(x)=u_{22}(s)$。

2）确定隶属函数的参数值 k

考虑指标中间级别分级范围的情况，采用隶属度一致性原则，利用 86 分（或 60 分）的相应指标值对 100（0）分的相应指标值的隶属度与 86 分（或 60 分）对 100（0）分的隶属度相等，建立如下函数关系式。

求出优等级的 k 值：

$$U_{11}(x)=U_{21}(s) \tag{4-22}$$

求出差等级的 k 值：

$$U_{12}(x)=U_{22}(s) \tag{4-23}$$

$$U_{11}=1-\exp[-k(x_1-a_1)^2] \tag{4-24}$$

$$U_{12}=1-\exp[-k(x_2-a_1)^2] \tag{4-25}$$

其中，

$$U_{21}=\frac{86-71}{100-71} \tag{4-26}$$

$$U_{22}=\frac{71-60}{71-0} \tag{4-27}$$

式中，a_1 为 71 分相应指标值；x_1 为 86 分相应指标值；x_2 为 60 分相应指标值。

4.3 国家水环境保护信息公开平台系统设计与实现

4.3.1 建设目标

通过有效的信息采集和科学评估，采用先进的信息化手段对水环境的污染状况进行发布，并提供高效、简单、易用的查询、统计和分析功能；建立渠道，保证社会大众的知情权，能参与到环境保护及监督工作中，提升环境保护工作的效果和质量。

平台建设参考标准为《地表水环境质量标准》（GB 3838—2002）。

4.3.2 系统框架

4.3.2.1 总体架构

国家水环境信息公开平台按照分层架构建设，总体架构如图 4-22 所示。

在图 4-22 中，最底层的应用支撑平台是整个平台的基础，为平台建设提供了技术支撑；其上层具体应用部分的开发，受统一的安全保障体系指导，对外提供服务与集成接口，内部按基础管理、数据中心到上层应用构架。

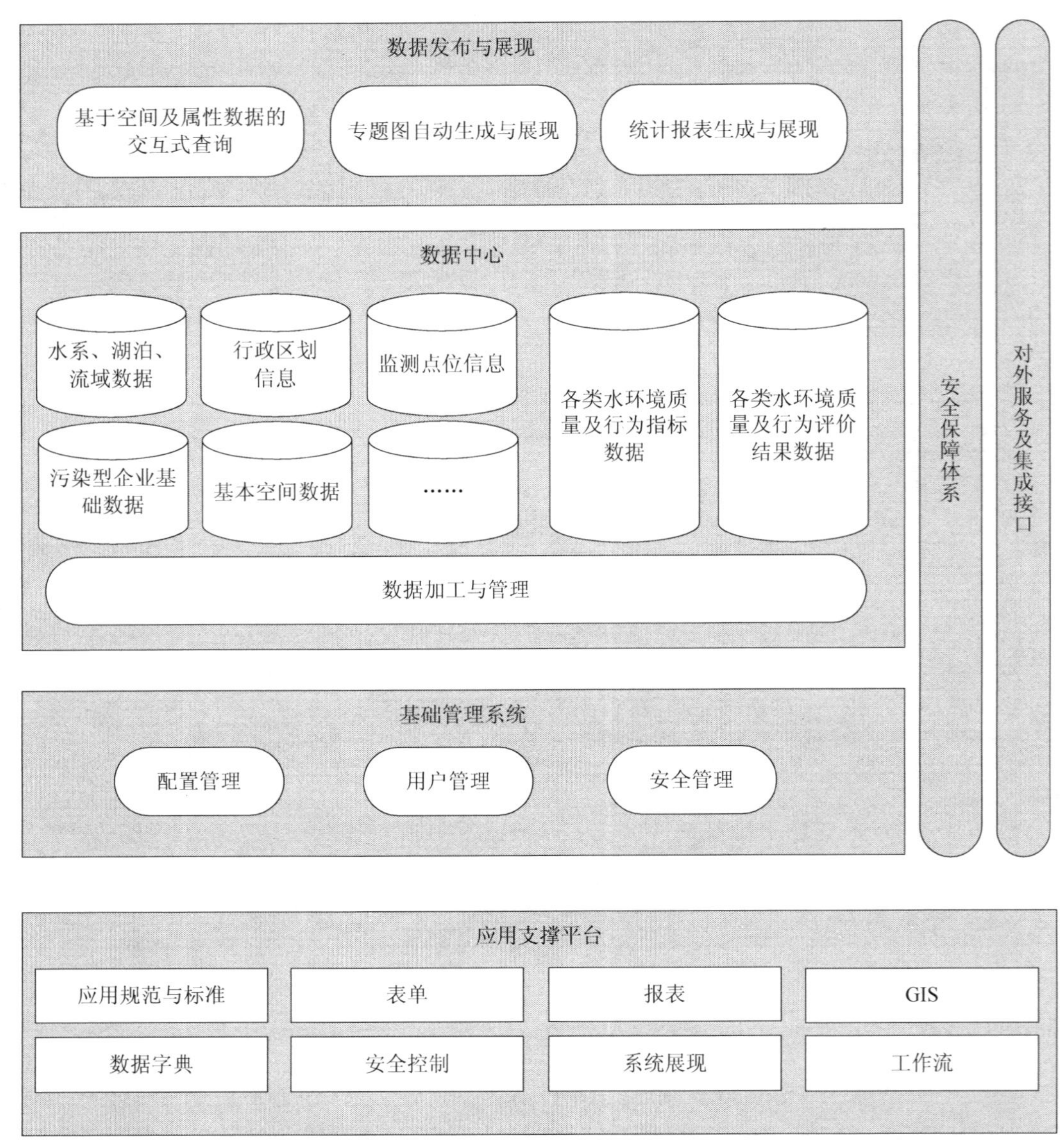

图 4-22 国家水环境信息公开平台总体架构图

4.3.2.2 应用逻辑

国家水环境信息公开平台的具体业务应用逻辑为：需要公开的水环境相关基础数据的收集整理入库—数据库统一管理共享—数据模型处理—评价结果的空间化展现与报表分析。如图 4-23 所示。

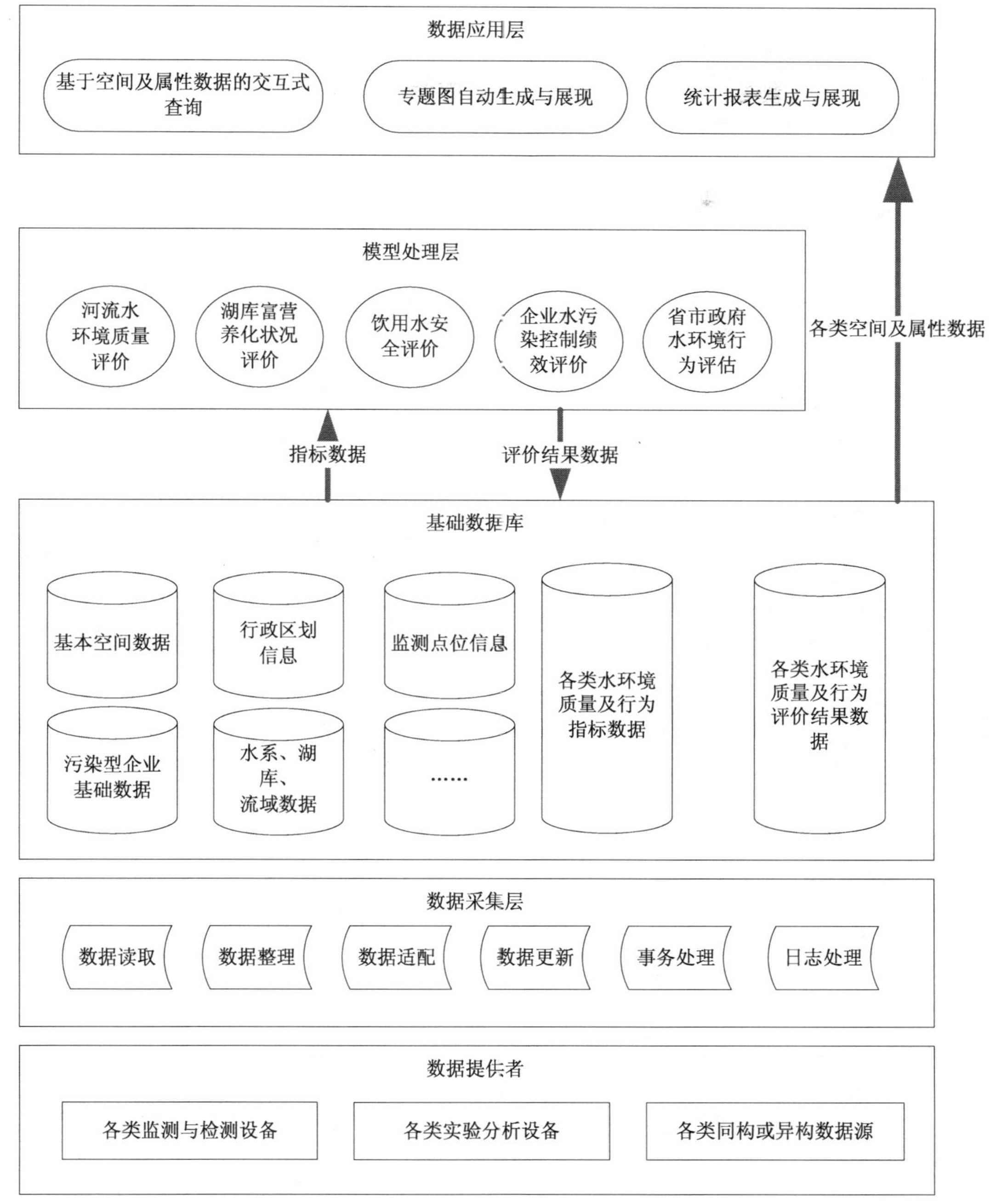

图 4-23　国家水环境信息公开平台应用逻辑图

4.3.3　后台功能分析

4.3.3.1　应用支撑平台

提供构建应用系统所必需的信息化元素（中间件、组件）以及标准规范等，以规范化应用设计并支撑快速的应用模块搭建。

主要包括：

①应用规范与标准。指满足国家水环境信息公开所需的“国家水环境信息分类与编码标准”等。

②表单。指满足对象属性信息维护及展现的页面及其相关权限设计的工具。

③报表。满足按照应用需要快速创建及生成报表的工具。

④GIS。提供基础的地理信息服务及相关功能，如地图的生成、空间属性数据查询、放大、缩小、鹰眼、测距等。

⑤数据字典。对数据中心的基本数据对象及其字段等进行描述。

⑥安全控制。提供基本的用户身份管理与认证机制。

⑦系统展现。提供基本页面展现样式的管理与应用。

⑧工作流。对系统内可能产生的流程化的工作任务进行组织与管理。

4.3.3.2　基础管理系统（系统管理）

（1）配置管理

可通过无代码化的方式对系统内所涉及的可变功能及信息项等进行配置管理，以增强系统适应应用需求变化的能力。

①可选项配置。主要指系统内所用到的，可能发生变化的分类的管理。如各类评估结果等级分类等。

②水环境功能标准分类配置。

③各类水环境保护对象及管理对象编码配置。

④菜单配置。

⑤图层及属性数据配置。

（2）用户管理

①人员管理。对使用本系统的工作人员的基本信息、账号等进行管理（图 4-24，图 4-25）。

当前位置：系统管理->用户管理

用户列表　　新增　删除

用户姓名：　登录名：　用户编号：　搜索

用户编号	用户姓名	登录名称	查看	修改	授权	通讯信息
User_0000015	卜晓鹏	puxp				
User_0000082	蔡佳辰	caijc				
User_0000021	蔡小群	caixq				
User_0000046	曹凤琦	caofq				
User_0000058	曹永华	caoyh				
User_0000041	曹志刚	caozg				
User_0000029	陈桂琴	chengq				
User_0000060	陈晗	chenhan				
User_0000036	陈昊	chenh				
User_0000100	陈洪君	chenhj				
User_0000086	陈茂	chenmao				
User_0000049	陈敏	chenm				

共 116 条信息 当前第 1/10 页　　首页 上一页 下一页 尾页 转到 1 页

图 4-24　用户列表

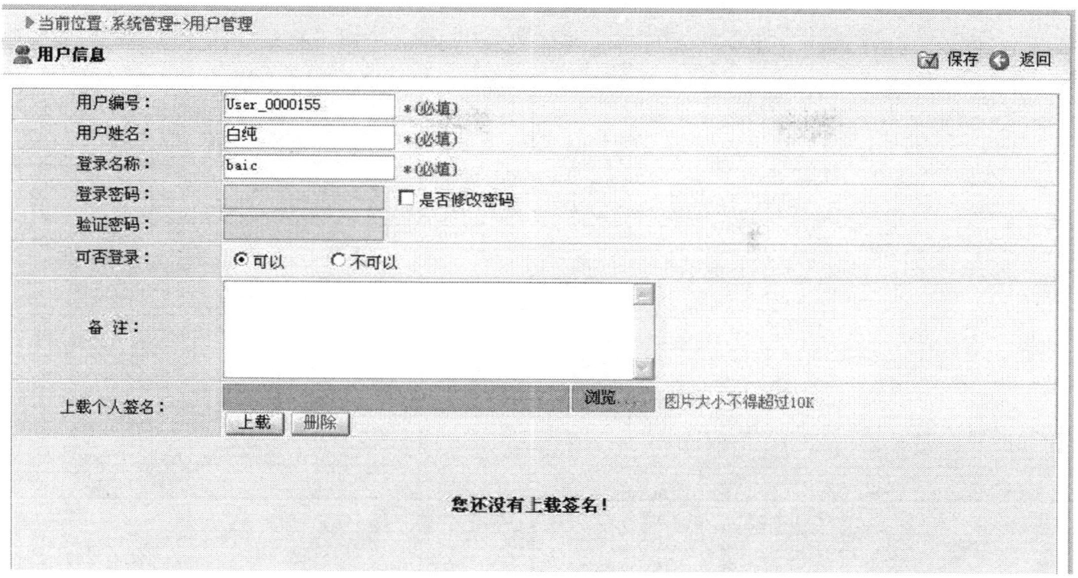

▶当前位置：系统管理->用户管理

用户信息　保存　返回

用户编号：	User_0000155 *(必填)
用户姓名：	白纯 *(必填)
登录名称：	baic *(必填)
登录密码：	□是否修改密码
验证密码：	
可否登录：	⊙可以　○不可以
备 注：	
上载个人签名：	浏览...　图片大小不得超过10K 上载　删除

您还没有上载签名！

图 4-25　用户信息维护

②角色管理。有权限的管理人员可根据实际情况及管理需要，对人员进行角色划分，提高工作任务、安全管理的灵活程度。

（3）安全管理

安全管理为系统的功能使用、数据维护与应用等提供有效的安全保障。

1）模块功能管理

①基本信息维护。对系统所涉及的所有模块、功能进行统一的分类管理，让管理人员能够对整个系统的模块功能划分有全面、清晰的认识。

②权限项（操作）管理。用户可以根据需要为每个功能设计权限项，或者对用户可能进行的操作进行分组或分类，以辅助其按照管理的需要，从实际工作的职责及信息服务种类划分上进行系统安全性的保证。

③权限地图。相关管理人员可以通过模块功能树组织，全面、方便地查看系统所涉及的所有权限。

2）授权管理

①多种授权方式。同时支持针对用户和角色的授权方式，以适应多维的安全管理需要，提高系统的易用性（图 4-26）。

②权限一览。可以针对个人等，结合功能模块管理，查看其所拥有或不能具备的所有权限，方便相关管理人员查找安全缺陷和进行授权的调整（图 4-27）。

4.3.3.3　数据中心

数据中心也可称为基础数据服务平台，对与各类应用相关的数据进行统一、规范化的管理，在保证数据分类、规格等合理性的同时，强调数据的互联互通、数据采集的可靠性，从而保证对数据应用（各类查询、统计、分析、决策等）支撑的有效性，使真正切实可行的数据的共享、服务并进而实现数据的价值再生成为可能。

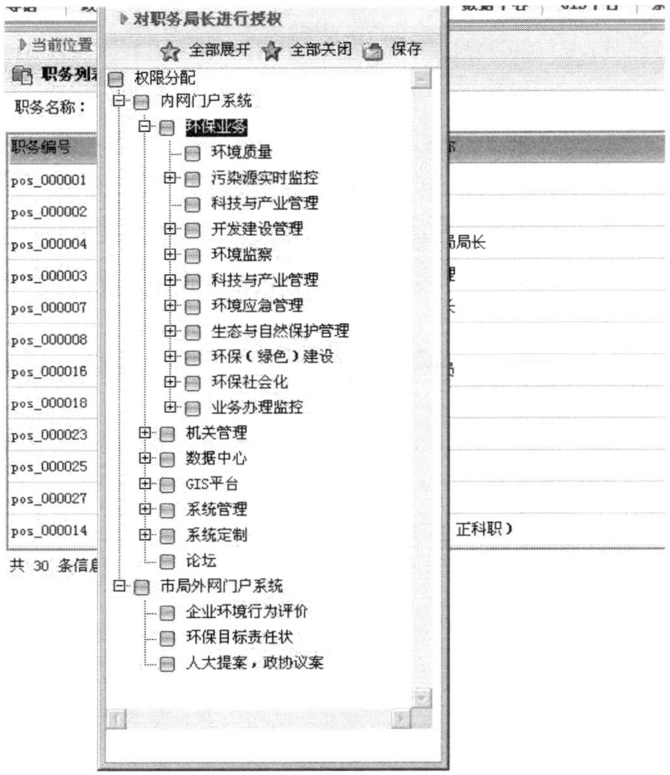

图 4-26 模块功能授权

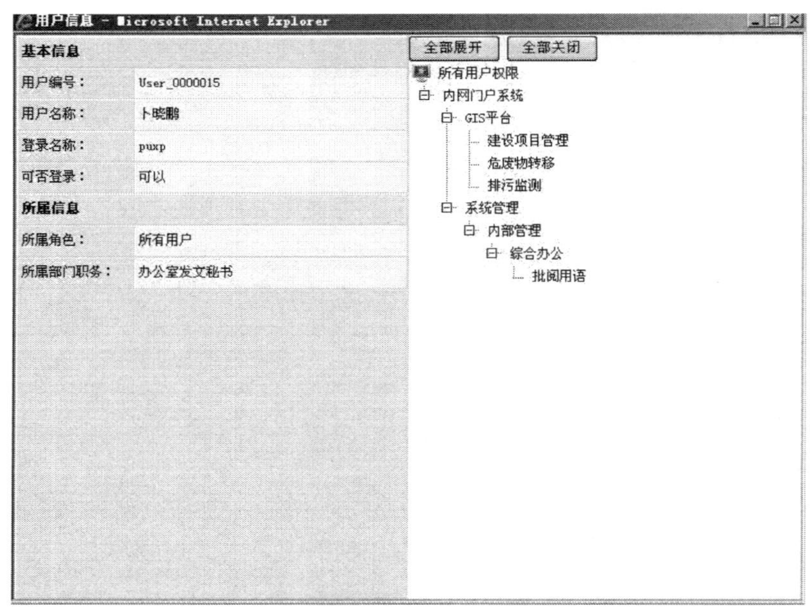

图 4-27 权限一览

（1）数据库建设

基于国家水环境基本信息数据采集、模型评价及信息公开等要求，数据库可分为如下三大类。

1）空间及基本属性数据

指和各类水环境质量及行为评价相关的空间及其相关对象的基本属性数据。该部分数据是实现 GIS 与 MIS 一体化应用的关键，既要能够纳入到基础的 GIS 服务（ArcGIS、MapGIS 等）中进行管理，满足基于空间数据的应用要求；又要能够有效地建立与复杂、多元的 MIS 应用之间的关系，且减少冗余、降低数据一致性保证风险。不仅要能够有效地实现 GIS 与 MIS 间的应用协同，且要能够保持各自应用的独立性和可扩展性。

2）各类水环境质量指标数据

主要包括：

- 河流水环境指标。
- 湖库水环境指标。
- 饮用水源地水安全指标。
- 污染物排放情况。
- 污染物去除情况。

3）水环境行为指标数据

主要包括：

- 省市政府水环境行为指标。
- 企业水环境管理指标。

4）各类水环境质量及行为评价结果数据

主要包括：

- 河流水环境质量评价。
- 湖库富营养化状况评价。
- 饮用水安全评价。
- 企业水污染控制绩效评价。
- 省市政府水环境行为评估。

（2）数据中心管理

为了更好地适应需求的变化并最大程度地保证系统运行的稳定性，根据数据中心的基本定位，提供如下管理功能。

1）数据源的管理

环境数据庞大而复杂，不管是从数据分类管理的角度还是基于性能方面的考虑，将数据统一放置到一个数据库中进行管理都是不现实的。

为了增强系统组织数据的灵活程度，并方便进行数据应用性能的优化，用户可根据数据的划分建立多类数据库，并通过配置的方式对数据源进行管理。

2）数据字典的管理

为使数据管理人员和数据维护、分析及应用人员更好地了解各类环境数据表及其字段的含义，进行数据录入、数据结构维护及数据应用等，并制定相关的数据规则、规范，系统提供了数据字典管理功能，主要包括：

- 既定数据源中的数据表、视图的建立和导入。包括名称、主键、索引等。
- 数据字段的维护，包括名称、类型、约束、验证规则等。
- 数据对象（表、视图、字段等）的描述或显示名称维护（建立维护字典）。

- 数据表关系维护。严谨地处理基础数据对象被其他表引用的情况（如污染源信息与排污许可证及可能的信访投诉等）。
- 数据合理性条件设计。用户可通过设定较为复杂的 SQL 或表达式等，以建立合理性判定规则，辅助用户保证数据的准确性和应用价值。
- 针对数据表或视图，进行数据导入和导出的文件格式及规则设定，按照招标文件要求，提供 Excel、CSV、HTML、Txt 四种文件格式的导入及导出规则设定（图 4-28）。

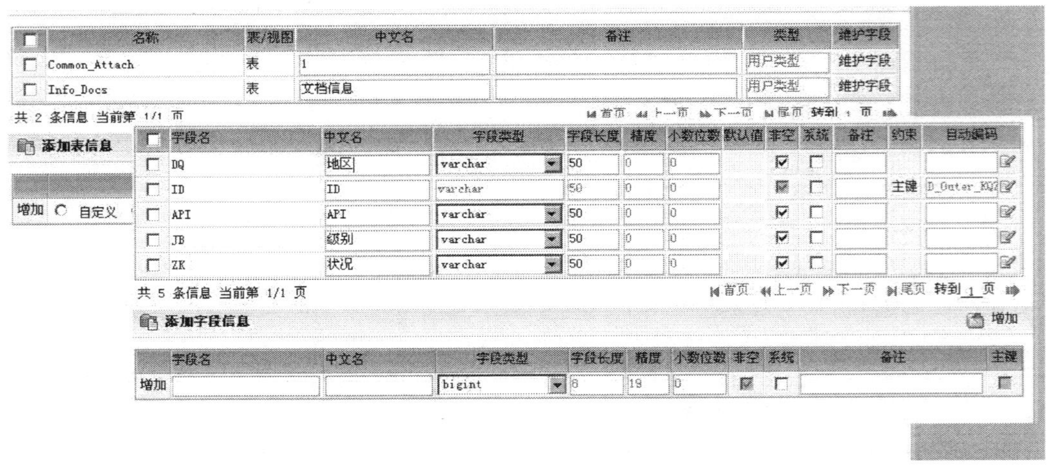

图 4-28 数据字典管理

3）数据模型的管理

按照应用需要，建立基本的模型（也可理解为模板），将一张或多张表或视图同时纳入，建立关联字段映射、设计汇总、分组字段等，方便在其上进行各类统计、分析及应用（图 4-29）。

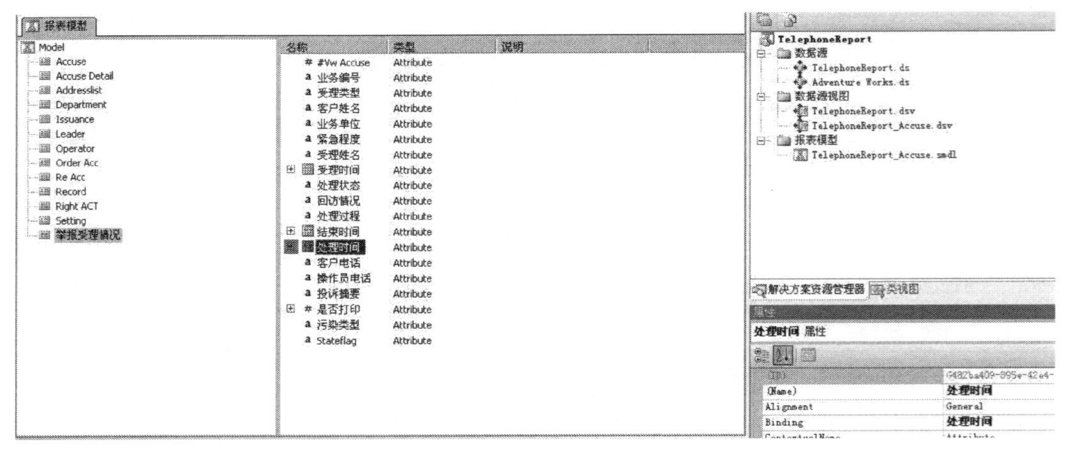

图 4-29 数据模型

4）数据统计报表管理

基于数据模型或各类数据字典表定义各类报表的内容、规格、自动生成策略等，支持普通纵表、图表、交叉表等，支持钻取功能等（图 4-30）。

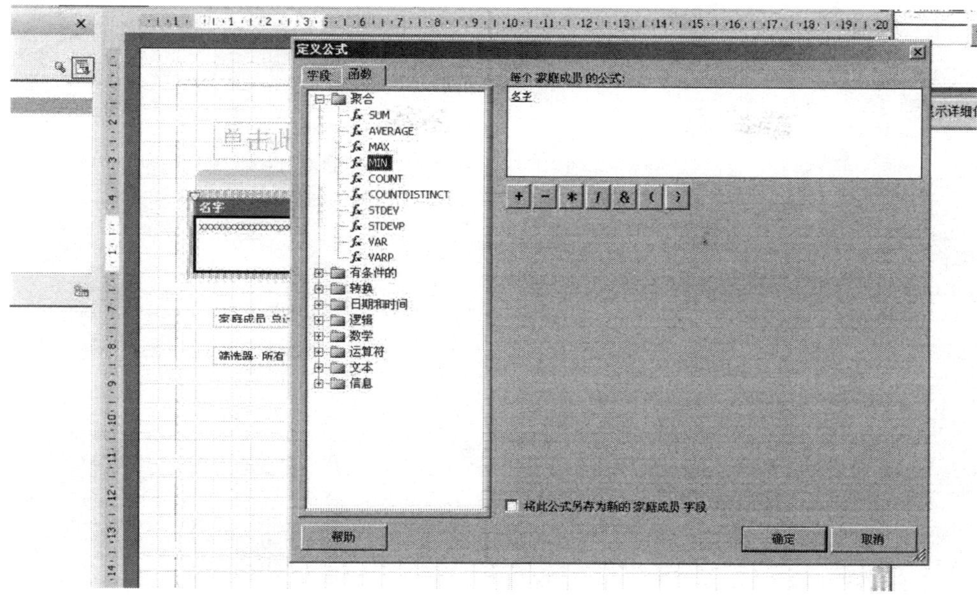

图 4-30　报表设计

5）编码管理

用户可根据应用需要及规范要求，自行定制各类编码，并应用到数据信息维护过程中（与表单和数据字段关联等）（图 4-31）。

①支持自动无交互式（Silent）编号。

②支持多个可选项，并且不同的可选项之间可以独立编号。

③支持跨年度的编号。

④支持空号查询。

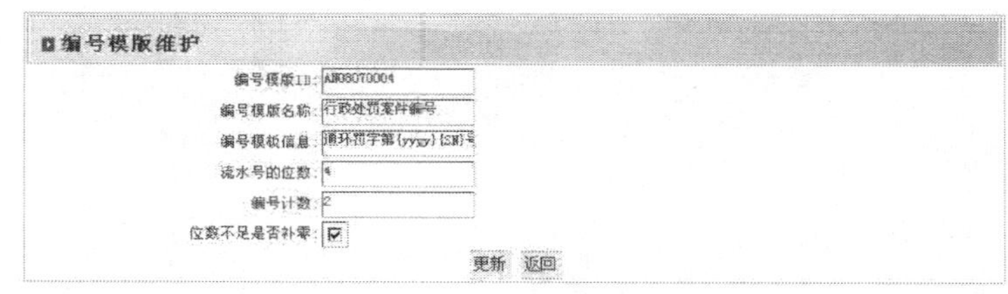

说明：
1. 关于“编号模板信息”
• 必须有串“{SN}”标识编号及其位置
• 如果需要可选项需要在合适的位置加入串“{SEL*}”，“*”为数字
• 年份信息有如下几种方式表示：{yyyy}形如“2005”；{yy}形如“05”；{YYYY}形如“二零零五”；{YY}形如“零五”

图 4-31　自定义编码

6）数据查询定义

用户可根据数据字典定义，快速定义查询列表、常用查询条件等（图 4-32）。

①根据所管理的数据库和数据字典，任意组合 SQL 和创建存储过程。

②查询字段设定，支持简单查询及组合条件查询。

③支持查询结果表头、列宽、数据显示形式等的定义。

④支持排序。

⑤支持导出到 Excel 和 Word。

⑥支持 Ajax 无刷新查询结果显示。

⑦通过 Ajax 支持列表功能扩展。

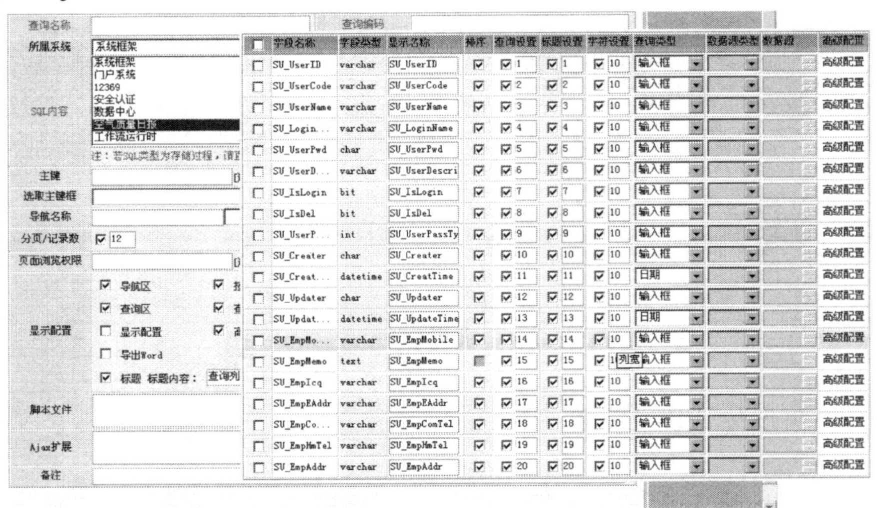

图 4-32 查询定义

（3）基础数据采集与处理

考虑到数据源的多样性及潜在的采集难度，基础数据的采集提供自动化采集和人工录入或导入两种方式。

1）自动化采集（图 4-33）

按照数据库建设对数据分类及规格的要求，定义数据对外服务接口，供本系统和各类外部系统调用，完成对数据的自动化采集。

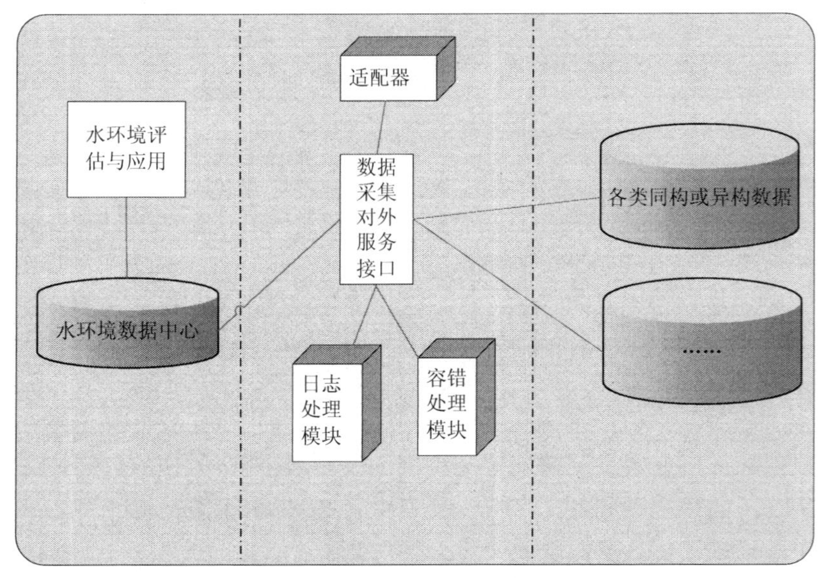

图 4-33 自动化采集示意图

2）人工录入或导入

当数据来源不能够以数据库的形式存在时，系统提供人工录入或导入的方式进行数据采集。

①人工录入。利用应用支撑平台提供的数据字典、表单、查询定义等功能，结合数据中心的要求，进行录入表单（界面）、列表的定义等，使工作人员可以采用录入的方式进行数据的分类采集。

②导入。按照数据中心表结构的要求，利用数据库本身提供的或自行开发的工具，将各类以电子文档形式存在的数据导入。

（4）水环境数据评估处理

构建模型处理层，建立各类水环境评估模型，从数据中心读取规范化数据，进行模型运算，并将评价结果存入数据中心，供展现和深层次的数据分析。

数据中心采用的各类水环境模型如下：

1）河流水环境质量评价模型

河流水环境质量评价依据及方法详见 4.2.5.1 节。

2）湖库富营养化状况评价

湖库富营养化评价指标、方法状态分级详见 4.2.5.2 节。

3）饮用水安全评价

饮用水安全评价指标、方法及分级详见 4.2.5.3 节。

4）企业水污染控制绩效评价

企业水污染控制绩效评价的指标、方法详见 4.2.5.4 节。

5）省市政府水环境行为评估方法

①省级地区水环境行为分级标准。按照分级标准的制定原则和依据，将地区水环境行为指标分为四个级别：优（86～100）、良（71～85）、中（60～70）、差（<60）。

②重点城市水环境行为分级标准。按照分级标准的制定原则和依据，将城市水环境行为指标分为四个级别：优（86～100）、良（71～85）、中（60～70）、差（<60）。

③省市水环境行为评价。使用针对环境绩效指标体系的模糊综合指数模型评价省市政府水环境行为。

省市政府水环境行为与省市经济发展水平、环境管理制度等影响因素有关，而企业环境绩效水平与环境管理水平、环境操作水平等影响因素有关，各因素的影响程度不一，采用加权平均的形式。

④水环境行为指标得分值的算法

在求单项得分值时，为避免其他评价方法中以同一分值评判同一级别不同表现程度的指标值的现象，采用模糊综合指数法。

4.3.3.4　对外服务与集成接口

系统采用面向服务（SOA）的架构方案，以满足系统集成、信息整合的要求。本系统主要考虑对外网“国家水环境保护公众参与平台”提供水环境信息发布服务。

4.3.3.5 安全保障体系

（1）身份认证机制

①用户的登录认证。

②登录后统一的会话管理、令牌（通行证）管理机制，有效地控制生命周期，全方位地保证通过认证后的人员身份不被盗取。

（2）服务的访问控制

系统间信息传递及访问控制的接口、服务要满足安全调用的要求。系统从访问授权及访问认证两个方面考虑接口、服务的访问安全性。

①访问授权。建立接口、服务的访问授权体系，确定接口、服务的调用群体。

②访问认证。在发生接口、服务调用时，结合访问授权，快速利用调用方所提供的身份信息决定是否接受指令。提供丰富的日志内容记录，便于追溯和安全审计。

4.3.4 关键技术

4.3.4.1 Silverlight 技术与 GIS 的结合

本项目在技术上的创新，首先体现在 Silverlight 技术与 GIS 的结合。

Silverlight 是微软的最新之作：Microsoft Silverlight 是微软所发展的 Web 前端应用程序开发解决方案，是微软丰富型互联网应用程序（Rich Internet Application）策略的主要应用程序开发平台之一，以浏览器的外挂组件方式，提供 Web 应用程序中多媒体（含影音流与音效流）与高度交互性前端应用程序的解决方案，同时它也是微软 UX（用户经验）策略中的一环，也是微软试图将美术设计和程序开发人员的工作明确切分与协同合作发展应用程序的尝试之一。其诞生的核心目的，可以简单地归纳为一句话：让 B/S 的客户端程序更好看，更炫，更吸引人；在表现上，最直观的感受就是把以往只有 C/S 程序能够实现的动画效果等在网页上一一实现。

而 GIS 是以测绘测量为基础，以数据库作为数据储存和使用的数据源，以计算机编程为平台的全球空间分析即时技术。通俗的讲，就是电子地图，可以把事物的空间位置准确地反映在电脑屏幕上。

在本系统中，将两种技术很好地融合到一起，实现了基于 Silverlight 技术的 GIS 应用系统开发，在整体页面的美工效果、对用户的吸引程度上，都有了质的飞跃。

4.3.4.2 数据分析模型与水环境评价方法的结合

本项目在技术上解决的又一个难点，就是数据分析模型与水环境评价方法的结合。

本项目的核心，就是需要把原始的水质监测指标，省市、企业每年的排污数据、减排数据、治理情况等各种体现环保工作是否扎实、环境质量是否优异的数据作为原始指标，通过相应的算法及权重分配计算结果，形成定量的评价结果。

而数据模型的作用，除了能“自动”把这些指标按照算法要求进行一步一步的转化计算，直接输出结果减少计算工作量之外，更重要的，是能将参与计算的指标项、各指标项的权重作为模型的参数，支持根据用户的需求及实际使用的结果灵活调整参数，以达到宽度适用的目的。这样，指标的增删、权重的调整这些今后可以预见的变化因素，就不会给系统的使用造成影响，避免出现需求一变、系统停转的情况。

4.3.4.3　GIS 对结果的表现能力与报表对数据的分析能力结合

本项目建设，在系统设计之初遇到的一个麻烦，就是项目数据的展现多样性：公众既有了解我国主要河流总体的水质状况、了解东西部地区在水环境行为上的差异等需求，也有具体查看某条河流、某个城市的水环境行为状况的需要，而且针对某条河流、某个城市的水质状况，除了看它现在的评价结果，还要看它在过去一段时间内的变化趋势，可以说是整体的面、具体的点和时间的纵轴三种维度数据的交叉；而在界面的设计考虑上，又需要尽可能把所有的展现功能放在一个界面中，不让用户来回切换界面增加操作难度。

经过多次的技术论证和界面设计，本项目最终选择了利用 GIS 对结果的表现能力与报表对数据的分析能力相结合的模式展现数据（图 4-34）：

- GIS 全图展现了整体的评价情况。
- 选择“分析报表”可以查看全体数据的分析汇总和变化情况。
- GIS 上局部放大或点击某个空间对象，可以查看该区域或该点的详细数据。
- 对具体点选择“查看走势”，可以看该点的详尽数据和数据走势。

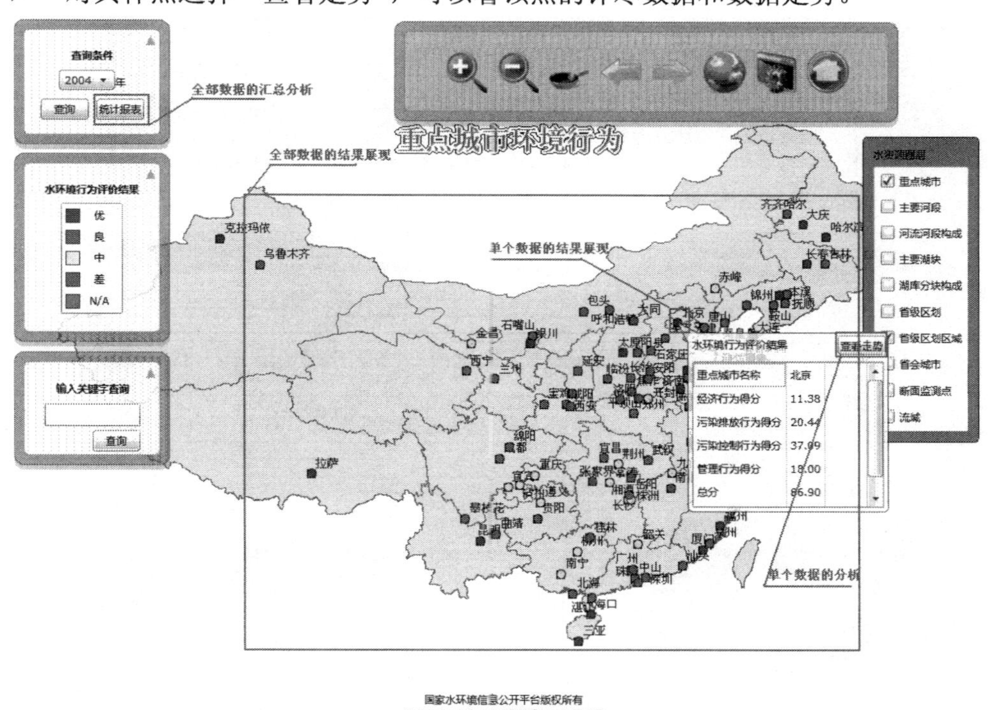

图 4-34　国家水环境信息公开 GIS 展现整体界面设计及功能

4.3.5　数据发布与展现

利用数据中心的各类空间数据、水环境指标及评价结果数据，按照应用的要求，进行数据发布与展现。展现的方式可以是：数据列表、曲线图、柱状图、饼图等。

（1）基于空间及属性数据的交互式查询

一方面可利用 GIS 的基于基本的空间及其属性数据的查询，对目标对象进行定位，并查看其相关属性及统计报表数据；另一方面，也可以通过一定的属性条件设定，将查询或统计结果集中在地图中反向定位查询对象，并进一步查看其扩展属性信息。

（2）专题图自动生成与展现

可以通过对时间、评价分类等的选择，自动生成各类水环境评估结果专题图，并结合题图，通过颜色区分等方式，让决策者对评估结果有整体上的认识；并可以通过选取具体的评估对象（如省市、水系等），做进一步的数据钻取。

基于水环境信息公开的要求，可提供如下的专题数据发布与展现。

4.3.5.1 河流水环境质量信息公开

（1）河流水环境信息公开结果 GIS 展现

在地图工具栏选择需要查询的时间和指标，能够查询评价结果和评价指标及细项得分，通过 GIS 上对不同评价等级的水质监测站及其代表水系的颜色渲染，展现河流水环境的整体评价结果；通过地图的放大功能，可以更清晰地查看局部流域的水质状况；在地图上点击某条河流，可以查看该河流的水质评价结果；在地图上点击单个断面监测点，可以查看该监测点的具体监测数据。

（2）监测点水质变化趋势分析

在地图主界面上选择一个监测点，点击“详细信息”可以对该监测点的监测数据进行报表分析；点击“变化趋势”，可以查看该监测点在一段时间内的水质监测数据变化情况（图 4-35）。

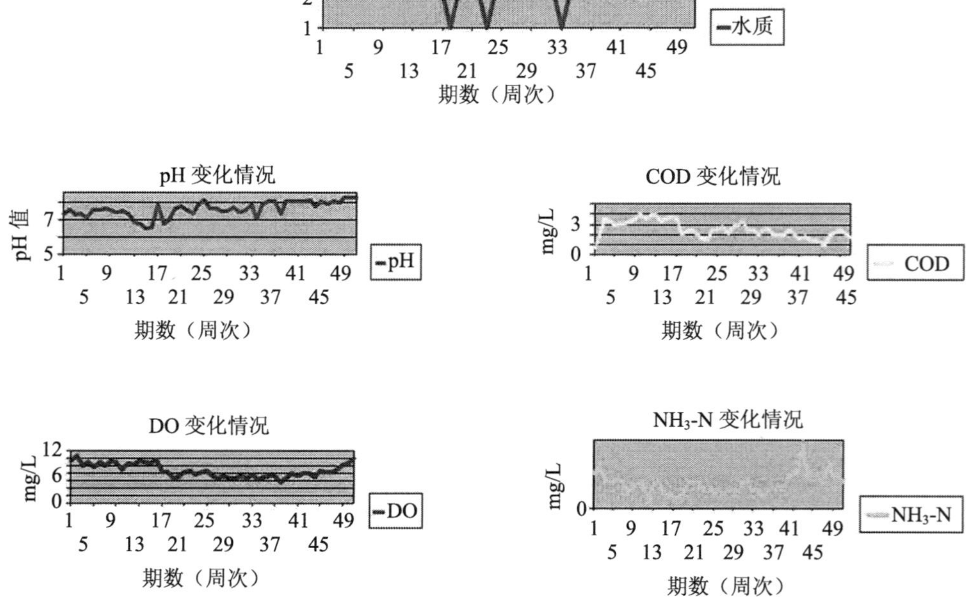

图 4-35　2009 年度宁夏中卫新墩监测点水质监测项变化趋势

（3）河流水环境监测数据报表分析

通过在地图主界面上选择“统计报表”，可以查看某一周期的整个河流断面监测点的汇总统计情况和汇总监测数据（图 4-36）。

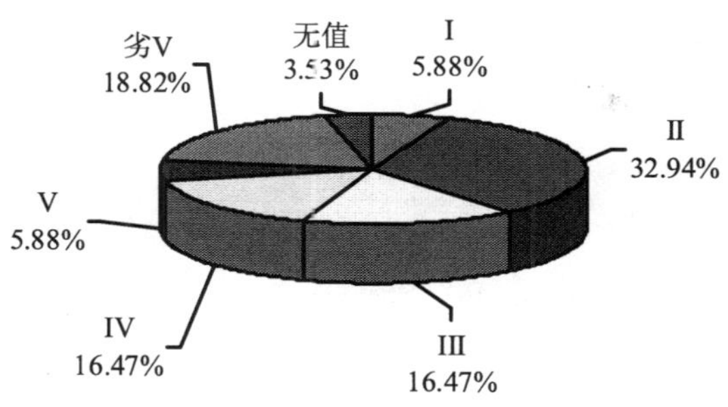

河流监测点水质监测信息

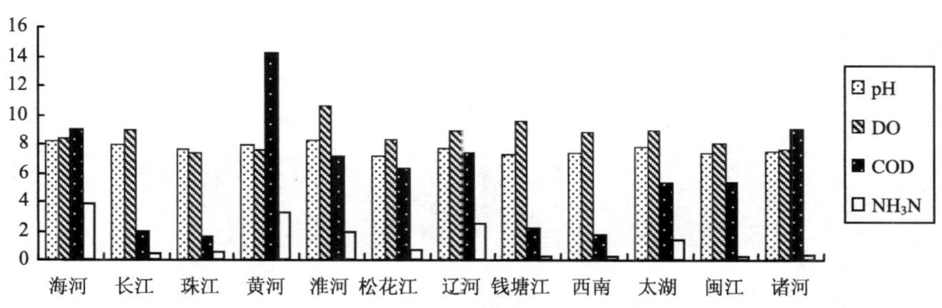

		2009 年度第 1 周数据情况						
		断面情况	pH	DO/（mg/L）	COD/（mg/L）	NH_3-N/（mg/L）	水南	主要污染指数
松花江	黑龙江肇源	干流	7.54	12.20	4.0	1.61	V	氨氮
	吉林长春松花江村	干流	7.17	7.36	2.9	0.29	II	
	黑龙江同江	干流（入黑龙江前）	6.73	4.71	12.0	0.88	V	高锰酸盐指数
	吉林白城白海滩	嫩江（入松花江前）	7.20	11.00	3.4	0.67	III	
	黑龙江黑河	黑龙江干流	6.87	8.83	4.5	0.38	III	
	内蒙古呼伦贝尔黑山头	额尔古纳河（国界）	7.81	4.06	5.7	0.64	IV	溶解氧
	黑龙江抚远乌苏镇	乌苏里江（国界）	6.68	10.20	2.2	0.10	II	
	吉林延边圈河	图们江（国界）	6.67	7.03	15.2	0.64	劣 V	高锰酸盐指数
辽河	辽宁铁岭朱尔山	干流	7.92	9.09	7.7	2.47	劣 V	氨氮
	辽宁盘锦兴安	干流（入海口）	8.12	11.00	9.6	5.40	劣 V	氨氮
	辽宁营口辽河公园	大辽河（入海口）	7.02	8.47	8.9	1.81	V	氨氮
	辽宁丹东江桥	鸭绿江（国界）	7.41	6.88	2.8	0.02	II	
海河	北京门头沟沿河城	永定河(官厅水库出口)	7.48	11.10	1.4	0.10	I	
	北京密云古北口	潮河（密云水库入口）	8.08	11.80	1.3	0.42	II	
	天津三岔口	海河（入海口）	8.20	10.80	7.5	1.59	V	氨氮
	天津果河桥	黎河（干桥水库入口）	8.45	11.60	2.1	0.31	II	
	河北张家口八号桥	洋河（官厅水库入口）	8.23	5.75	5.5	8.16	劣 V	氨氮
	河北沧州东宋门	岔河（鲁-冀省界）	8.31	1.19	31.3	13.20	劣 V	氨氮、高锰酸盐指数，溶解氧
	山东聊城秤钩湾	卫河(豫冀鲁三省交界)	8.17	6.08	13.5	3.39	劣 V	氨氮

图 4-36　河流水环境监测数据报表

4.3.5.2　湖库富营养化信息公开

（1）湖库水环境信息公开结果 GIS 展现

通过 GIS 上对不同评价等级的水质监测站及其代表湖库的颜色渲染，展现湖库水环境的整体评价结果；通过在地图上点击断面监测点，可以查看该监测点的具体监测数据，如图 4-37 所示。

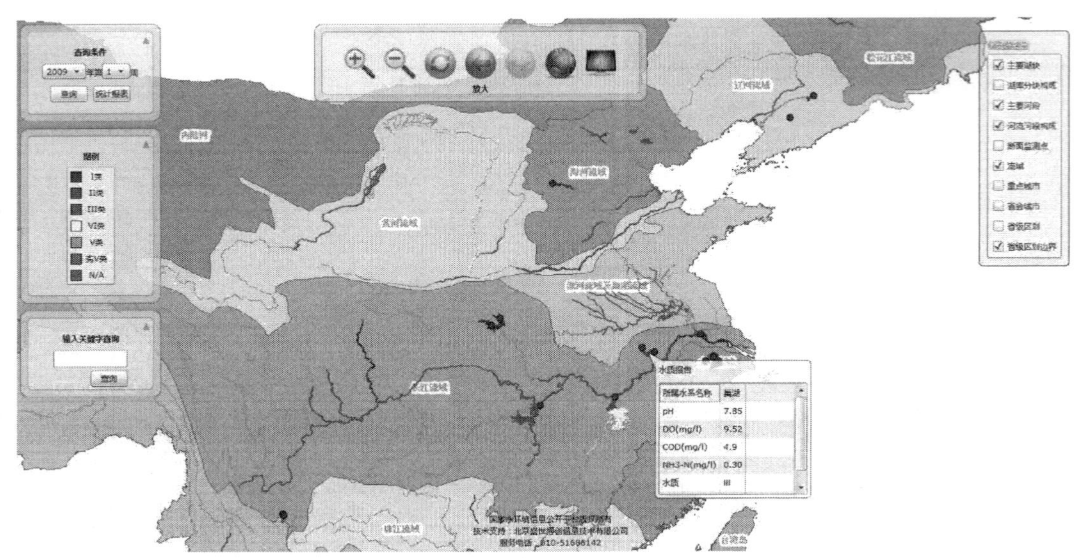

图 4-37　湖库水环境信息公开结果 GIS 展现

（2）湖库水环境监测数据报表分析

通过在地图主界面上选择“统计报表”，可以查看某一周期的整个湖库断面监测点的汇总统计情况和汇总监测数据（图 4-38）。

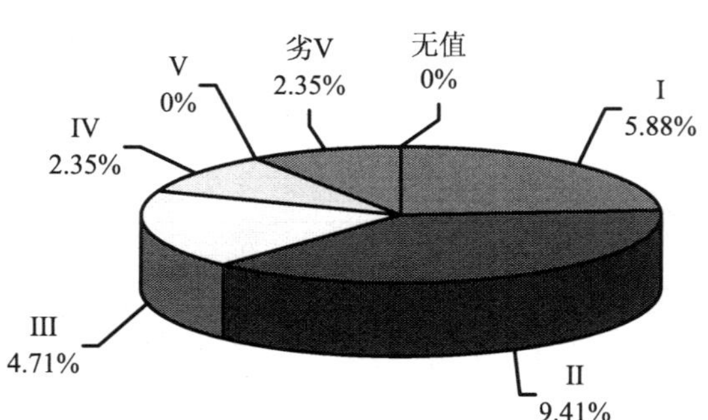

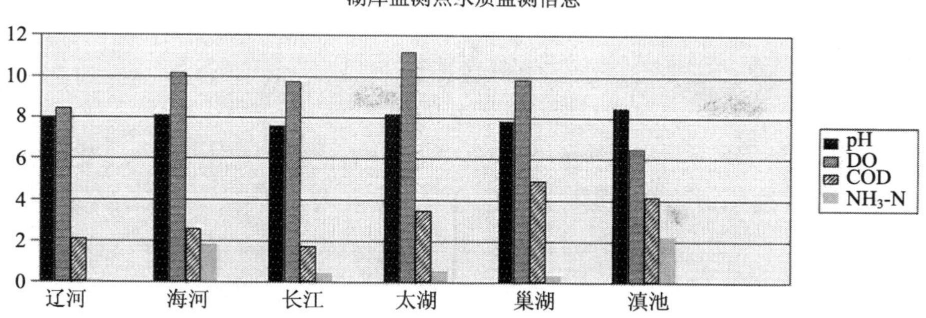

		2009 年度第 1 周数据情况						
		断面情况	pH	DO/（mg/L）	COD/（mg/L）	NH_3-N/（mg/L）	水质	主要污染指数
辽河	辽宁抚顺大伙房水库	库体	7.38	8.93	2.0	0.01	I	
	辽宁辽阳汤河水库	库体	8.56	7.94	2.2	0.07	II	
海河	北京密云古北口	潮河（密云水库入口）	8.08	11.80	1.3	0.42	II	
	北京门头沟沿河城	永定河（官厅水库出口）	7.48	11.10	1.4	0.10	I	
	天津果河桥	黎河（干桥水库入口）	8.45	11.60	2.1	0.31	II	
	河北张家口八号桥	洋河（官厅水库入口）	8.23	5.75	5.5	8.16	劣 V	氨氮
	河北石家庄岗南水库	库体	8.22	10.50		0.08	I	
长江	河南南阳陶岔	南水北调中线取水口	7.51	9.86	1.8	0.05	I	
	湖北丹江口胡家岭	丹江口水库（库体）	7.92	10.50	1.7	0.11	I	
	湖南长沙新港	湘江（洞庭湖入口）	7.19	8.86	2.1	0.61	III	
	湖南岳阳岳阳楼	洞庭湖出口	7.17	7.25	0.9	0.29	II	
	江西南昌滁槎	赣江（鄱阳湖入口）	7.85	6.96	1.0	1.15	IV	氨氮
	江西九江蛤蟆石	鄱阳湖出口	7.43	12.90	2.1	0.42	II	
	江苏扬州三江营	夹江（南水北调取水口）	8.02	11.60	2.5	0.32	II	
太湖	江苏无锡沙渚	湖体	7.66	11.40	3.3	0.32	II	
	江苏宜兴兰山嘴	湖体	8.52	10.10	3.4	1.01	IV	氨氮
	江苏苏州西山	湖体	8.30	12.00	3.7	0.25	II	
巢湖	安徽合肥湖滨	湖体（西半湖）	7.85	9.52	4.9	0.30	III	
	安徽巢湖裕溪口	湖体（东半湖）	7.80	10.10	5.0	0.33	III	
滇池	云南昆明观音山	湖体（外海）	8.86	9.70	5.0	0.17	III	
	云南昆明西苑隧道	湖体（草海）	8.08	3.31	3.3	4.20	劣 V	氨氮

图 4-38　湖库水环境监测数据报表

4.3.5.3　流域水环境保护信息公开

（1）流域水环境保护信息公开结果 GIS 展现

通过 GIS 上对流域的各项评价指标得分以柱形图形式在地图上展现，可直观、清楚地比较各流域水环境保护情况；还可查看各流域各评价指标的具体得分数据。

（2）流域水环境保护趋势分析

在地图主界面上选择一个流域，点击“查看走势”，可以查看该流域在一段时间内的水环境污染物去除情况变化（图 4-39）。

黄河流域水环境污染物去除情况

	氰化物	化学需氧量	石油类	氨氮	挥发酚
2006	98.93%	61.91%	96.32%	69.95%	99.4%
2007	98.54%	65.29%	96.54%	68.28%	99.18%
2008	98.34%	70.33%	96.78%	72.41%	98.92%

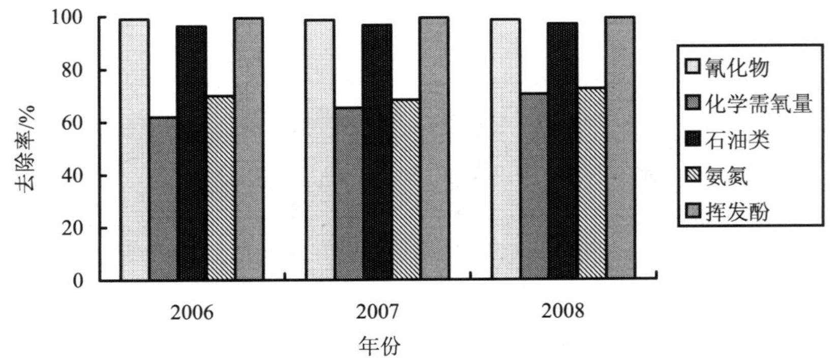

图 4-39　黄河流域水环境污染物出除情况走势

（3）流域水环境保护信息数据报表分析

通过在地图主界面上选择“统计报表”，可以查看某一周期的整个流域的汇总统计数据（图 4-40）。

2008 年流域水环境行为公告

			流域接纳工业废水及处理情况						工业废水中污染物排放量（单位：吨）					
序号	流域	地区名称	汇总工业企业数/个	工业废水排放量/万 t	工业废水排放达标量/万 t	工业废水处理量/万 t	废水治理设施数/套	本年运行费用/万元	汞	镉	六价铬	铅	砷	挥发酚
1	辽河流域	内蒙古	269	3420	3124	5548	118	5866.4		0.002	0.028	0.072	0.061	0.269
2	辽河流域	辽宁	4140	47945	41192	204991	1193	146244.3		0.01	0.165	0.621	0.342	15.903
3	辽河流域	吉林	175	1304	728	3200	112	2422.6						0.007
4	海河流域	北京	795	8367	8221	35792	514	40183.8			0.034	0.02	0.003	0.251
5	海河流域	天津	1778	20433	20413	106275	875	87263.5			0.69	0.013		0.873
6	海河流域	河北	5130	109331	104561	601600	5411	243381.1	0.001		0.536	1.746		6.858
7	海河流域	山西	1353	11672	9424	52625	988	74574.6	0.01	0.001	0.073	0.08	0.066	176.854
8	海河流域	内蒙古	64	540	439	824	38	1054		0.002				0.158
9	海河流域	山东	1054	45978	44779	41981	518	69823.4			0.078	0.008	0.03	4.141
10	淳河流域	河南	1397	47771	45393	72132	895	57341.7	0.001	0.024	1.313	0.065		10.575
11	淮河流域及巢湖流域	江苏	2365	48192	46972	92352	1617	82330.5	0.003	0.007	3.007	0.693	0.917	9.299
12	淮河流域及巢湖流域	安徽	1107	28390	27905	92967	727	63597.9		0.004	0.191	0.024	0.004	6.751
13	淮河流域及巢潮流域	山东	1533	47020	46580	62510	1215	94006.3			0.129		0.095	4.229
14	淮河流域及巢潮流域	河南	1504	47027	45275	99845	1099	51819.6		0.01	0.095	0.109	4.423	1.258
15	松花江流域	内蒙古	116	5625	2540	1880	40	2909.3		0.032		0.279	0.481	0.068
16	松花江流域	吉林	646	26284	24193	32434	387	38591.7			0.896	1.297		2.289
17	松花江流域	黑龙江	1273	35064	30852	88300	820	180294.2		0.022	0.223	0.04	0.003	1059.662
18	殊江流域	江西	75	881	826	754	40	593.4		0.002		0.048	0.028	0.001
19	珠江流域	湖南	143	1500	1144	1923	160	2658		0.324	0.004	1.973	2.051	0.758
20	珠江流域	广东	9291	170558	157338	197985	7959	427038.9	0.031	1.248	9.317	13.863	2.578	11.578

图 4-40　2008 年流域水环境行为数据报表

4.3.5.4　省直辖市自治区水环境行为信息公开

（1）省（直辖市、自治区）水环境行为信息公开结果 GIS 展现

地图默认显示各省级行政区划的区界面图。通过在查询条件中设置相应的年份，可以查询该年份各省份水环境行为的评价结果，分别用蓝色、绿色、黄色、红色代表从优到差的四个等级；各地区的各项评价指标得分及总得分通过柱形图在地图上展现，可直观、清楚地比较各省（直辖市、自治区）水环境行为得分情况；通过在地图上点击某个省的省界面，可以查看该省的各项评价的具体得分情况。

（2）省（直辖市、自治区）水环境行为得分情况走势分析

在地图主界面上选择某一地区，点击“查看走势”可以对该省份历年水环境行为的评分情况进行报表分析（图 4-41）。

	山东市详情					
	经济行为	污染排放行为	污染控制行为	管理行为	总分	评价
2004	12.03	14.51	37.60	15.01	79.15	良
2005	12.12	14.32	37.74	15.00	79.19	良
2006	12.62	13.80	37.61	12.95	76.98	良

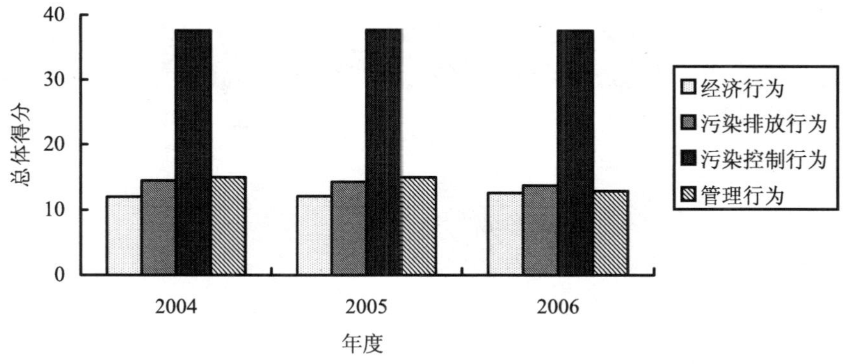

图 4-41　省直辖市自治区水环境行为评价结果及走势

（3）省（直辖市、自治区）水环境行为整体情况报表分析

通过在地图主界面上选择“统计报表”，可以查看当年各省份得分情况的专题比较图及具体的评分数据（图 4-42）。

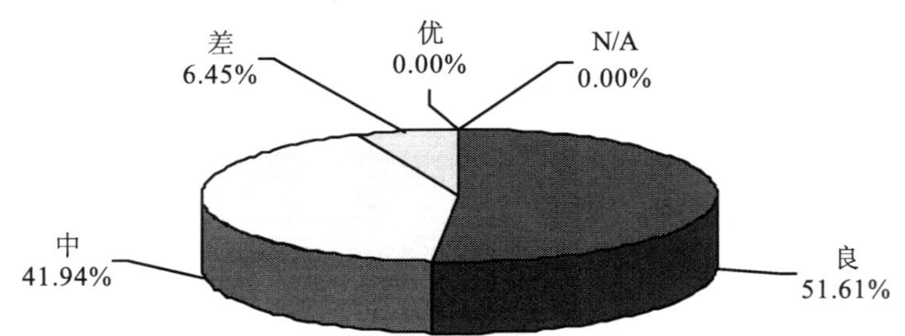

省直辖市水环境行为评价得分情况

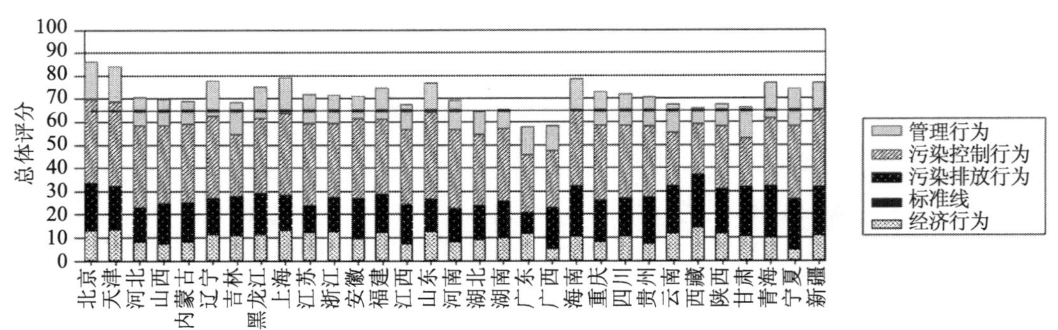

		总体状况					工业废水中污染物排放量（吨）								
序号	省直辖市名称	废水排放总量（亿吨）	COD排放总量（万吨）	氨氮排放总量（万吨）	工业废水排放量（万吨）	工业废水排放达标量（万吨）	汞	镉	六价铬	铅	砷	挥发酚	氰化物	化学需氧量	石油类
1	北京	10.5	11.0	1.3	10170	10098			0.156	0.232		13.302	4.8	36874.7	296.5
2	天津	5.9	14.3	1.5	22978	22925	0.065	0.016	5.502	0.463	2.115	15.769	11.5	357804.7	1562.9
3	河北	22.2	68.7	6.8	130340	121750	0.030	0.022	0.292	4.761	0.340	361.628	38.1	169633.8	635.6
4	山西	10.3	38.7	4.2	44091	30377	0.006	0.036	0.319	3.016	1.194	201.294	19.0	136113.8	161.2
5	内蒙古	6.2	29.8	3.8	27823	21416		0.110	1.154	0.978	0.641	60.614	51.4	260792.0	2872.2
6	辽宁	21.5	64.1	7.4	94724	88007		0.014	0.932	1.261	5.979	21.583	4.2	167988.9	592.6
7	吉林	9.7	41.7	3.6	39321	32010		0.005	0.089	0.105	0.132	2150.316	7.7	141735.6	1359.2
8	黑龙江	11.6	49.8	5.5	44801	39344	0.007	0.001	4.149	0.211	0.630	14.714	7.9	35276.2	530.5
9	上海	22.4	30.2	3.5	48536	47146	0.003	0.157	14.474	10.368	3.183	77.079	18.7	295685.4	2075.3
10	江苏	51.6	93.7	8.3	287181	280457	0.009	0.128	18.584	2.389	0.266	12.190	25.6	286532.2	595.7
11	浙江	33.1	59.3	5.7	199593	172414	0.002	0.098	0.678	2.333	4.981	25.994	20.3	141956.9	609.0
12	安徽	16.6	45.6	5.9	70119	68097	0.038	0.222	2.814	4.541	0.392	13.052	5.2	94489.7	250.1
13	福建	21.6	39.5	4.9	127583	124960	0.024	3.236	1.741	9.335	8.769	24.133	25.6	115807.3	318.9
14	江西	13.5	47.4	3.5	64074	59739	0.006	0.014	1.688	0.099	0.289	29.896	7.9	336291.4	684.9
15	山东	30.3	75.8	8.3	144365	141540	0.075	0.254	4.487	3.992	1.582	23.305	38.2	317937.4	855.2
16	河南	27.8	72.1	9.4	130158	121024	0.042	0.121	3.525	2.146	3.894	62.678	32.8	169652.9	1293.9
17	湖北	24.0	62.6	7.4	91146	82930	1.324	18.532	13.890	77.113	80.500	120.168	54.0	292084.1	1027.7
18	湖南	24.4	92.3	10.0	100024	91618	0.093	1.778	10.132	11.948	2.149	10.297	10.4	293963.4	309.8
19	广东	68.4	104.9	9.3	234713	199215	0.052	4.294	1.555	25.217	18.535	46.362	36.0	679464.4	317.2
20	广西	26.0	111.9	7.1	128932	119795				0.044		0.025		12492.5	35.6

图 4-42　2006 年度省直辖市自治区水环境行为信息报表

4.3.5.5　重点城市水环境行为信息公开

（1）重点城市水环境行为信息公开结果 GIS 展现

地图默认显示各重点城市的空间分布图。通过在查询条件中设置相应的年份，可以查询该年份各重点城市水环境行为的评价结果，分别用蓝色、绿色、黄色、红色代表从优到差的四个等级；各城市的各项评价指标得分及总得分通过柱形图在地图上展现，可直观、清楚地比较各城市水环境行为得分情况；通过在地图上点击某个重点城市的图标，可以查看该重点城市的各评价单项的具体得分情况。

（2）重点城市水环境行为得分趋势分析

在地图主界面上选择某一城市，点击“查看走势”可以对该重点城市历年的水环境行为的评分情况进行趋势分析（图 4-43）。

重点城市水环境行为评价结果及趋势

	北京市详情					
	经济行为	污染排放行为	污染控制行为	管理行为	总分	评价
2004	11.38	20.44	37.09	18.00	86.90	优
2005	13.17	20.66	37.85	18.00	89.68	优
2006	13.65	20.70	40.50	18.00	92.86	优

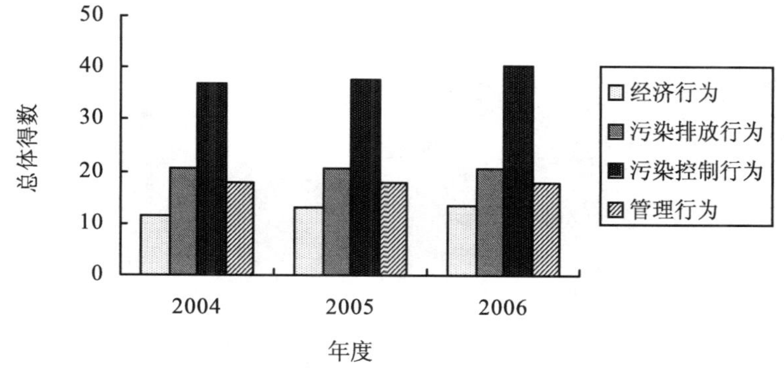

图 4-43　重点城市水环境行为评价结果及走势

（3）重点城市水环境行为整体情况报表分析

通过在地图主界面上选择“统计报表”，可以查看当年各市得分情况的专题比较图及具体的评分数据（图 4-44）。

全国重点城市水环境行为评价总体情况（城市数）

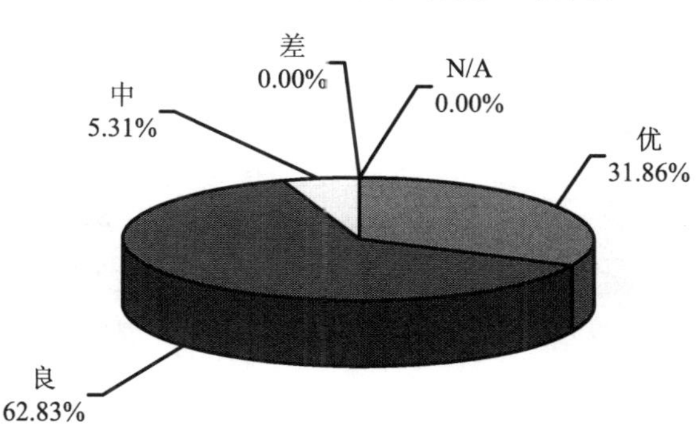

		重点城市工业废水排放及处理情况							工业废水中污染物排放量(单位，吨					
序号	城市名称	汇总工业企业数（个）	工业废水排放量（万吨）	直接排入海的	工业废水排放达标量（万吨）	工业废水排放达标率	废水治理设施数（套）	废水治理设施运行费用（万元）	汞	镉	六价铬	铅	砷	挥发酚
1	北京	739	10170		10098	99.3	530	46879.5		0.002	0.091	0.021		0.777
2	天津	1776	22978	678.0	22925	99.8	897	56432.0			0.156	0.233		13.302
3	石家庄	335	24196		23949	99.0	585	26525.0			2.686	0.052		2.178
4	唐山	279	28713	240.0	27660	96.3	750	44079.5			0.008			3.152
5	秦皇岛	156	5508	222.0	5296	96.1	185	3941.1			0.017		0.046	0.480
6	邯郸	298	12417		12261	98.7	242	26858.1		0.012	0.088		0.220	1.394
7	保定	431	16071		14912	92.8	709	9213.2		0.004	0.182	0.233		0.074
8	太原	269	3486		3279	94.1	235	35275.1	0.017	0.020	0.145	1.178	0.072	2.877
9	大同	254	4208		3367	80.0	1488	18050.9	0.010	0.001	0.016	0.080	0.010	130.853
10	阳泉	226	1513		1168	77.2	86	2306.9						
11	长治	321	3404		3232	94.9	336	72926.4	0.003		0.049		0.024	75.862
12	临汾	367	4877		4663	95.6	234	10606.9		0.001	0.010	0.014	0.051	88.796
13	呼和浩特	124	1849		1602	86.6	71	4346.2		0.003	0.001	0.050	0.010	0.220
14	包头	186	5189		4531	87.3	237	15672.5	0.006	0.010	0.129	2.692	0.685	2.776
15	赤峰	160	2129		1842	86.5	73	2553.4		0.001	0.165	0.148	0.484	0.584
16	沈阳	1336	7663	143.0	6927	90.4	401	8666.2		0.003	0.613	0.241		0.547
17	大连	440	33698	30798.0	32986	97.9	305	14989.8			0.011			16.171
18	鞍山	170	5231		4973	95.1	147	11840.4			0.353	0.586		0.536
19	抚顺	230	5968		5573	93.4	95	72909.0		0.106	0.075	0.030	0.042	1.341
20	本溪	95	10012		9845	98.3	90	8216.9			0.046	0.030	0.400	52.758

第1页 共6页

图 4-44　2006 年度重点城市水环境行为信息报表

4.3.5.6　重点污染源水环境行为信息公开

（1）重点污染源水环境行为评价结果 GIS 展现

通过在 GIS 图上直接出数据专题图的方式，展现重点污染源水环境行为相关的信息，点击可以查询该企业具体的相关指标数据（图 4-45）。

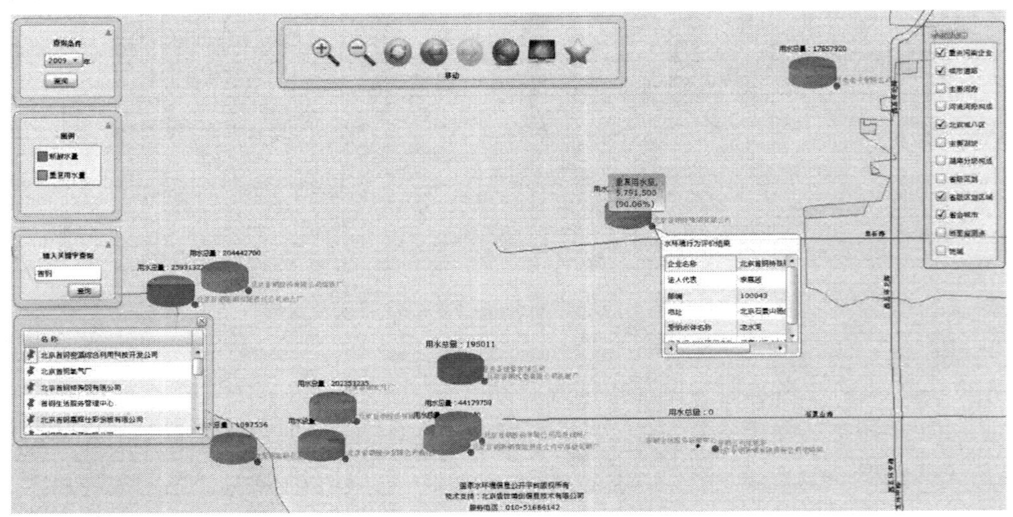

图 4-45　重点污染源水环境行为评价结果 GIS 展现

（2）我身边的污染源查询

系统还为社会公众提供了方便查询身边污染源及污染源环境行为的功能，有两种查询方式。

①通过在主界面左侧的查询栏中，输入目标实体（如污染源名称或是污染源周边的某条道路），可以快速查询到结果，点击可以定位该对象并查看具体信息；

②在地图上选择一个点，并设置一定的外扩半径，查询以该点为圆心，一定距离半径内的所有污染源（图 4-46）。

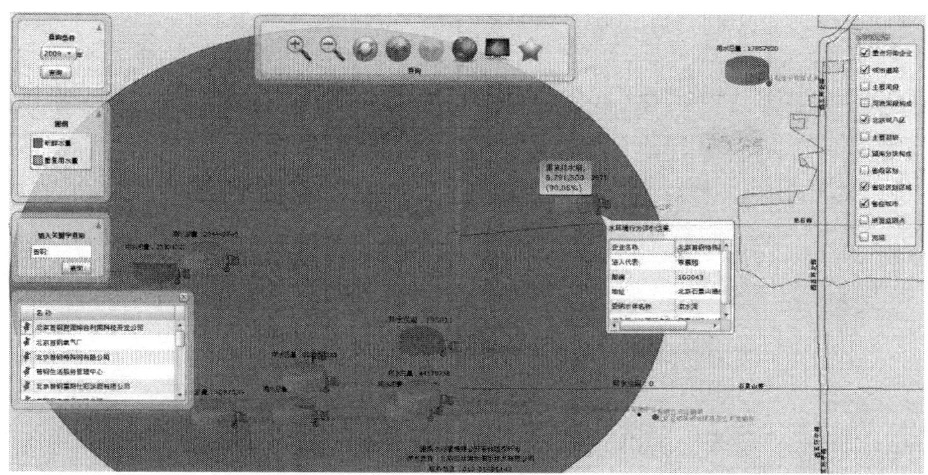

图 4-46　身边的污染源查询

4.3.6　应用创新

4.3.6.1　专业数据的“傻瓜”式转换

本项目在应用上的特点，首先应该是对专业数据的“傻瓜”式转换。

水环境质量优劣的评测数据是专业的，其评价过程对于一般的社会公众而言，是很难理解的，对于化学需氧量、pH 数值的大小对水体水质的影响，很难说得清楚。为了让社会公众更好地理解公开的水环境信息，系统必须做好“翻译”工作。

本项目制定的评价方法、建立的数据模型，很好地解决了这个问题，它就如同一个黑盒子，只要你把原始的数据材料放进去，它就自动告诉你一个结果，而且这个结果是以等级、分数这些已经量化可以横向比较的方式提供的，这样，就保证了公开信息的可接受性和可利用性。

4.3.6.2　钻取式的多级水环境信息公开

本项目在应用上的特点之二，就是建立了一套可钻取式的多级水环境信息公开模式，支持用户按从大到小、从上到下逐级递进的方式去获取所需的信息。

如一个江苏省苏州市的用户，想要了解自己所处的水环境状况。那么，首先，他可以从总体上查看江苏省这几年水环境行为的评价结果，再去看苏州市的情况，有了整体的概念后，可以具体查看长江、大运河、太湖的水质，再进一步，还可以去查看自己家周围的某家造纸厂的废水排放情况。这样的模式，保证了信息的完整性和层次性。

4.3.6.3　水环境信息公开平台与公众参与平台的结合

本项目在应用上的另一个特色，就是把水环境信息公开平台与公众参与平台部署在一起，让两者互相协作与印证，发挥了 1+1>2 的作用，给了公众更多的使用空间。

如 2010 年的“紫金矿业”汀江污染事故，在公众参与平台上进行了连续的跟踪性报道，有很多公众参与谈论。这个时候，水环境信息公开平台就是一个最理想的数据提供库，公众可以在这里查看了解汀江在事故前的水质情况，与现在的状况进行对比，从而了解污染带来的严重后果；而反过来，公众在水环境信息公开平台上，了解到某个地区的水环境质量状况比周边情况要好，也可以去公众参与平台上寻找为什么好的原因，譬如该地区在水环境保护工作中的创新、特色等，也可以供相关决策人员借鉴推广。

同时，两个平台的结合，也是让水环境信息公开平台的官方数据接受民意监督的一种手段。

4.3.7 成果总结

4.3.7.1 为社会公众提供了解身边水环境质量状况的平台

“国家水环境信息公开平台项目”的建设，首先目的是为社会公众提供了解身边水环境质量状况的平台。

人的生活离不开环境，随着生活水平的提高，环保意识的增强，越来越多的人有了了解周边生活环境质量状况的需求，给这部分人提供需要的信息，在一定程度上，起到宣传教育更多的公众的作用，是本项目建设所要解决的第一个问题。

4.3.7.2 提供水环境信息量化比较的机制

“国家水环境信息公开平台项目”的建设，第二个目的就是要解决横向、纵向比较的问题。

单纯的独立信息的公开有价值，但信息公开的价值不能充分发挥。本项目公开了全国的国家级重点水质监测断面的信息，各省、各重点城市的水环境行为的信息等，并将不同对象的同类信息放在了一个视角下，社会公众可以方便地进行横向的比较；同时，对于同一个对象，也提供了多年、多时段连续数据的纵向比较功能。

4.3.7.3 公开信息接受民意考核的平台

“国家水环境信息公开平台项目”的建设，第三大目的就是让这些公开信息接受民意的监督与考核，将施政者的工作放在阳光下让全体公众来评判。如果这种模式能够给施政者带来压力和动力，把水环境保护工作做得更好，那将是这个平台最好的价值体现。

4.4 国家水环境保护公众参与平台设计与实现

公众参与平台主要采用 PHP+MYSQL 架设用户登陆以及公众信息反馈、公众参与，使公众发布的信息第一时间反馈给政府及专家，拉近公众与政府及专家之间的距离。系统采用 Apache 作为 Web 服务器、PHP 作为程序开发语言、MySQL 为关系数据库，包含三个功能模块，环保新闻模块、信息公开模块、公众参与模块。这三个模块分别实现了编辑发布信息、查询和添加信息、留言发布与回复，以及咨询、讨论功能。该系统满足了我国水环境保护信息发布及公众参与的需求，能够通过线上线下相结合的方式推动环境信息公开和公众参与进程，搭建政府、企业、社会三者沟通的平台，对推动我国水环境保护事业的健康、可持续发展产生积极作用。

4.4.1　域名申请

2010 年 1 月 15 日成功注册国际域名 92cy.net、92cy.org、ceppp.net、ceppp.org（前两个中文寓意为“就爱参与”，后两个为“中国公众参与网”的字母缩写），并做好了域名在工业和信息化部的备案工作，同时做好了域名解析工作，及网站主页的开通工作。网站名称，当前以“水环境信息公开与公众参与网”命名。着眼于未来的扩展，名称将改为“环境信息公开和公众参与网”。所有设计按照这个思路进行。

4.4.2　网站框架结构设计

网站内容分为三大块，一块是水环境信息公开（简称“信息公开”），一块是水环境保护公众参与（简称“公众参与”），此外，环竟新闻作为网站的新闻频道，是一般网站都具备的、反映网站活力的版块。信息公开是公众参与的基础，公众参与是信息公开的目的。具体框架结构，栏目及子栏目的设置参见表 4-11 至表 4-13。

4.4.2.1　信息公开

表 4-11　信息公开版板设置

|河流水质|湖泊水质|流域水质|城市行为|身边的污染源|省市行为|法律法规|标准规范|环境公报|企业责任报告|

一级栏目	二级栏目	三级栏目	列表页	内容页	补充说明
河流水环境质量信息					有设计稿 GIS 整体系统
湖库水环境质量信息					
流域水环境保护信息					
重点城市水环境保护信息					
重点污染源水环境保护信息					
省直辖市自治区水环境保护行为					
法律法规	国家法律		水资源保护		列表页、内容页都参考水网
	部委规章		供水		
	地方法规		环境生态		
	行政许可		节约用水		
	港澳台法规		水污染防治		
	国外法规		水利		
	国际公约		水价		
			改革改制		
			其他		
标准规范	专业标准				列表页、内容页都参考水网
	基础标准				
	行业标准				
	国外标准				
	地方标准				
	国家标准				
环境公报	国家				
	省份				

企业责任报告	电力				
	钢铁				
	机械				
	交通运输				
	金融业				
	石化				
	文化传播				
	信息技术				
	医疗卫生				
	制造业				

4.4.2.2 公众参与

表 4-12 公众参与版块设置

|问卷调查|主题活动|环境影响评价|监督举报|在线论坛|专家团|

一级栏目	二级栏目	三级栏目	列表页	内容页	补充说明
问卷调查（调查大厅）	专业研究				频道有设计、内容有；列表需要设计
	社会生活				
	时事热点				
主题活动	热点聚焦	做客聊天			频道有设计；列表有；内容有
		社会热点			
	环境沙龙				频道有设计；列表有；内容有
	年度论坛	环保热点： 1.热点事件 2.社会关注			频道有设计；列表有；内容有
	公益活动	环境讲坛			频道有设计；列表有；内容有
		万里行			
		其他			
	NGO				频道有设计；列表有；内容有
环境影响评价	环评公示	2 个项目公示 1 个问卷调查			列表有；内容有
	环评参与				
监督举报					
专家团	企业专家				频道有设计；列表无；内容有
	著名学者				
	环保人物				
在线论坛					

4.4.2.3 环境新闻

表 4-13 环境新闻版块设置

|综合资讯|绿色访谈|环保政策|社会关注|清洁能源|环保美图|

一级栏目	二级栏目	三级栏目	列表页	内容页	补充说明
环保新闻	综合资讯				列表页参考水网
	绿色访谈				
	环保政策				
	社会关注				
	清洁能源				
	环保美图				

在新闻板块，根据运营情况，设立相关资料专题，汇集有关资料信息，方便公众了解分类信息。

4.4.3　开发环境

本系统是基于 Windows XP 操作系统、PHP 的开发语言、Apache 服务器、MySQL 数据库开发的。PHP 可以在多种系统平台上运行，Apache 服务器是世界上使用最多的 Web 服务器，PHP 能够作为 ApacheWeb 服务器的模块执行，使得它的执行效率要高于普通的 CGI 程序。使用 PHP 进行开发前需建立其工作环境，而 PHP 的工作环境的建立比较繁琐，目前只需安装 XAMPP 即可。XAMPP 是一个功能强大的建站集成软件包，它可以在 Windows、Linux、solaris 三种操作系统下安装使用，支持多语言：英文、简体中文、繁体中文、韩文、俄文、日文等。它集成了 Apache 服务器、MySQL 数据库、PHP 开发语言、PERL 语言。Apaehe 作为 Web 服务器，MySQL 作为数据库，PHP 作为服务器端脚本解释器。由于这四个软件都是自由或开放源码软件，因此大大降低了使用成本，可以建立起一个稳定、免费的网站系统。

4.4.4　系统的功能及展示

公众参与网站模块分为三大功能模块区域，分别为环保新闻、信息公开与公众参与部分。下面再细分为栏目，具体可以参考公众参与网站的导航区域（如图 4-47 所示）。

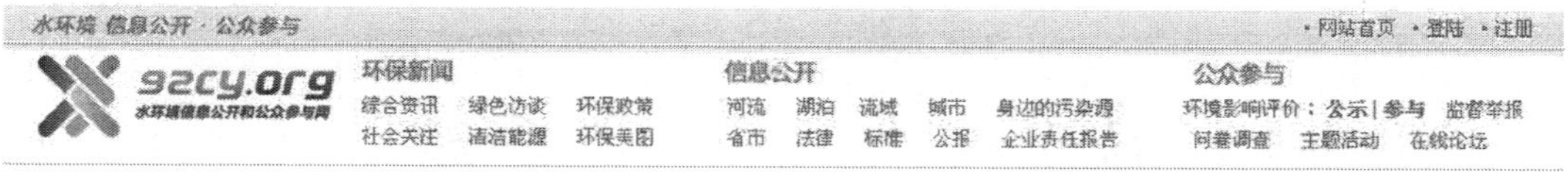

图 4-47　国家水环境保护公众参与网导航

4.4.4.1　新闻发布系统

（1）新闻模块介绍

新闻发布系统，是将网页上的某些经常变动的信息，如网站新闻、业界动态等集中管理，按某些共性分类，通过简单的操作加入数据库，发布到网站上的一套系统。它的出现大大减轻了网站更新维护的工作量，加快了信息的传播速度，使网站时时保持着活力和影响力。

（2）新闻模块特点

①支持新闻按类别、关键词、发布日期等条件检索；

②支持新闻类别的管理，可添加、删除、修改新闻类别；

③支持图片，每条新闻可配上图片，并选择图片与文字的显示方式；

④发布新闻时，管理员可根据新闻的重要性，指定新闻是否属于热点新闻；

⑤支持各种风格的新闻显示样式，可定制个性化新闻模版；

⑥提供各种统计方式，帮助您分析新闻浏览情况；

⑦提供 HTML 编辑器，新闻图片的数量和放置位置不受限制，并且可方便地像编辑 WORD 文档那样编辑新闻内容的字体、颜色等；

⑧提供 UBB 编辑器，新闻中可进一步插入多媒体（FLASH、视频文件、音频文件）的内容。

（3）新闻模块后台展示

新闻发布系统后台为编辑人员提供了类别管理、新闻管理（添加、编辑、删除、搜索等）功能，让编辑人员能够轻松地添加或撰写新闻。新闻类别管理功能如图 4-48 所展示，分别为列表、增加、编辑及删除展示。

图 4-48 国家水环境保护公众参与网新闻模块后台展示

（4）新闻模块前台展示

新闻模块前台包含了新闻头条展示、推荐新闻展示、幻灯新闻展示及栏目新闻展示，用户可以任意浏览新闻并对新闻发表评论，通过图 4-49、图 4-50 对新闻频道首页、新闻列表页面及新闻中级页面进行展示。

4.4.4.2 信息公开系统

（1）信息公开介绍

信息公开系统，是将法律法规、标准规范及环境公报等一系列信息进行公开发布，让访问人群能在第一时间内了解国家的法律法规、标准规范及全国各地的环境公报信息。

（2）信息公开模块特点

①支持信息按类别、关键词、发布日期等条件检索；

②支持信息类别的管理，可添加、删除、修改信息类别；

③支持附件上传，每条信息可配上图片，及附件并选择图片与文字的显示方式；

④提供 HTML 编辑器，新闻图片的数量和放置位置不受限制，并且可方便地像编辑 WORD 文档那样编辑新闻内容的字体、颜色等；

⑤浏览用户可以用下载附件的方式下载相关信息到本地电脑上进行详细的浏览。

（3）信息公开模块后台展示

信息公开模块后台为编辑人员提供了类别管理、信息管理（添加、编辑、删除、搜索等）功能，让编辑人员能够轻松地添加信息。信息类别管理功能如图 4-51、图 4-52 所展示，分别为列表、增加，编辑及删除展示。

图 4-49 国家水环境保护公众参与网新闻发布页面

图 4-50 国家水环境保护公众参与网用户新闻查看与评论页面

图 4-51　信息公开模块法律法规栏目管理

图 4-52　信息公开模块法律法规信息列表

4.4.4.3　公众参与系统

（1）公众参与系统介绍

公众参与系统，是网站访问者与网站管理运营者交流沟通交互的平台，在这个系统中广大网友可以通过公示、监督举报、问卷调查、在线论坛等方式参与环保环评等相关内容。

（2）公众参与模块特点

①支持用户在线进行监督举报的信息的提交；

②支持信息类别的管理，可添加、删除、修改信息类别；

③支持附件上传，每条信息可配上图片及附件，并选择图片与文字的显示方式；

④提供 HTML 编辑器，新闻图片的数量和放置位置不受限制，并且可方便地像编辑 WORD 文档那样编辑新闻内容的字体、颜色等；

⑤浏览用户可以用下载附件的方式下载相关信息到本地电脑上进行详细的浏览；

⑥支持用户在论坛中进行广泛的话题讨论；

⑦支持用户参与在线的调查活动。

（3）信息公开模块展示

信息参与模块为用户提供了大量的交互功能，包括信息公示、信息参与、监督举报、问卷调查、主题活动、在线论坛，这些栏目分别提供了诸多交互功能（图 4-53 至图 4-55）。

返回我的举报列表

尊敬的网友：
按照我国环境保护法的相关规定，“一切单位和个人都有保护环境的义务，并有权对污染和破坏环境的单位和个人进行检举和控告”。环境信息公开和公众参与网正是为大家提供的这样一个环境监督、家园共建的平台。如果您身边存在污染破坏环境、环保行政不作为等问题，请填写以下表格材料，积极举报！
填写注意事项：
一、 反映的问题真实客观，举报人对所提供材料的真实性负责。
二、 请填写清楚所反映问题的基本情况、所在地点。
三、 请填写相关联系方式，以便我们进一步了解相关情况。我们承诺会对您的个人资料保密。

举报人姓名：	*
举报人电话：	*
举报人手机：	*
举报人邮箱：	*
举报人联系地址：	*
举报人邮编：	*
举报地点：	请选择 请选择 请选择
举报事件标题：*	*
举报类型：	请选择 *
举报内容：	源代码 格式 字体 大小

提交举报信息

图 4-53 用户监督举报模块

图 4-54 问卷调查模块

水环境 信息公开 · 公众参与
· 网站首页 · 登陆 · 注册
92cy.org
环保新闻
综合资讯　绿色访谈　环保政策
社会关注　清洁能源　环保美图
信息公开
公众参与
主题活动：
Theme Activity
环境讲坛 & 万里行 & 环境沙龙 ......
Environment Sharon & environment rostrum & Wan Lixing ......
环境讲坛　更多>>
环境讲坛第九讲：?..
环境讲坛第八讲：?..
环境讲坛第七讲：?..
环境讲坛第六讲：?..
· 环境讲坛第九讲：从南方洪水看成是排水管网的应对能力
· 环境讲坛第八讲：水价是是非非?
· 环境讲坛第七讲：都是焚烧惹的祸?
· 环境讲坛第六讲：关注城市污泥问题
· 环境讲坛第五讲：再说供水安全问题
· 环境讲坛第四讲：解读水价问题
· 环境讲坛第三讲：解读垃圾问题引发的思考
· 环境讲坛第二讲：四万亿投资拉动，环保产业的发展良机
· 环境讲坛第一讲：关注饮用水安全
万里行　更多>>
2005西部水业万里行
2006西部水业万里?..
2007年水业万里行-...
2008年西部水业万里行
NGO　更多>>
中国绿化基金会
中科院地球化学研究所
三江源生态环境保护协会
地球之友（香港）
环保部宣传教育中心
绿色北京
绿岛（原中国青年报绿网）
绿色和平组织
北京地球村环境文化中心
国际环境与发展研究所
国际自然与自然资源保护同盟
WWF（世界自然基金会）
环境沙龙　更多>>
战略沙龙为水务改?..
水业战略沙龙关注?..
面向未来的中国水?..
沙龙热议：地方政?..
· 战略沙龙为水务改革“把脉论诊”
· 水业战略沙龙关注水价成本监审
· 面向未来的中国水资源创新机制
· 沙龙热议：地方政府低成本、可持续性投融资模式
· 环境沙龙讨论污水处理专业运营的方向
· 清华大学开辟环境战略讨论平台
其他　更多>>
2010两会多措并举促环保
2010两会多措并举?..
南滩浊水事件
水价上涨?!
全国水价集中上涨
赤峰自来水污染事件
赤峰自来水污染事件
· 2010两会多措并举促环保
· 南滩浊水事件
· 全国水价集中上涨
· 赤峰自来水污染事件
· 南方干旱：水资源是否合理利用?
· “漏油门”事件引发的思考
合作媒体　更多>>
公益时报
环球慈善
中国环境报社
中国商报
文明公民
NGOCN发展交流网
人民公益网
公益
感恩中国
东南卫视
中国志愿者网
联系我们 | 大事记 | 版权声明 | 友情链接

图 4-55　主题活动模块

4.4.4.4 相关链接

水环境保护公众参与网中还增设了国家水体污染控制治理科技重大专项（水专项）信息主题链接，包括：国家环境保护部下设的水体污染控制治理科技重大专项主页，湖泊主题（中国环境科学研究院水专项信息服务平台），城市环境主题（城市水环境信息网），饮用水主题（饮用水安全保障技术研究与示范），流域监控主题（中国环境科学研究院水专项信息服务平台），战略与政策主题（环境保护部环境规划院）等（图 4-56）。

图 4-56 国家水体污染控制治理科技重大专项（水专项）信息主题链接

4.4.5 网站运营数据统计

公众参与网自上线以来得到了多方面的关注，点击量总数超过 10 万。截至 2011 年 12 月 9 日，共发布新闻 2 487 篇，法律法规信息 5 216 篇，标准规范 682 篇，主题活动 12 个，环境公报 75 篇，企业行为 51 篇。

4.4.5.1 运行维护工作

（1）环保新闻

“环保新闻”版块，关注环保领域尤其是水环境领域的最新资讯，解读相关政策，通过绿色访谈、社会关注等版块及时全面地传递水环境信息。

目前，网站已刊载新闻 600 余篇，内容涵盖水行业综合资讯、环保人物及专家官员访谈、环保政策发布、社会热点问题关注、清洁能源报道、环保活动报道等多方面。原创新闻 35 篇，及时点评社会焦点问题，力图将公众关注的话题第一时间呈现。

紫金矿业水污染事件发生后，网站及时追踪事件进程，第一时间将事件发展情况在线播报，并刊发系列原创性评论文章《紫金矿业水污染事件拷问：环境信息公开之惑》《紫金矿业渗漏事故的多角度解析》《紫金矿业“环境门”背后的法制问题思考》等，得到一致好评。

针对当前绿色经济发展、环保力度加大的外部环境，网站特撰写评论文章《中国政治经济绿色化转型的重要标志》，站在战略性高度整体分析环保领域发展的前景。

思考水务行业的整体发展方向，刊写了《环境商会：“十二五”水务行业将面向“四化发展”》；2011 年两会期间，发表了原创文章《人大代表张全清华座谈“十二五”上海环境发展》。

2010 年末，网站组织了“公众参与网十大新闻”评选活动，将一年里对公众生产生活带来影响，推动水环境、环保事业发展的事件总结归纳，通过网友投票和专家点评相结合的方式，评选出 2010 年十大新闻。在坚持信息公开透明的原则下，追求公众的热心参与，梳理一年的环保事件，借此汇聚更多的力量，推动公众参与环保的进程。

（2）信息公开

“信息公开”版块，通过对河流水环境质量信息、全国各省环境行为信息、重点城市水环境信息、湖泊富营养化信息、全国各省市环境质量信息等多项专业信息进行及时更新汇总，力图呈现中国水环境的发展图景。

网站利用 GIS 技术将河流、湖泊、城市、省市的环境实况直观生动地呈现在公众面前，庞大严谨的数据库为公众随时检索所需信息、了解身边的污染源提供了有力保障，用权威、便捷的形式将环境信息最大限度地呈现给公众。

“河流水环境”、“湖库水环境”栏目将长江、黄河、淮河、海河、辽河、松花江、太湖、珠江、滇池、西南诸河、东南诸河、内陆河及台湾岛的河流环境一一呈现，以周为单位，将 2004 年后各流域的水质信息一一披露。

“重点城市环境行为”及“省级区划环境行为”两个栏目将 2004 年后全国各省市自治区及主要城市的水环境行为进行评级，分为优、良、中、差几个等级。公众在查询中还可根据生成统计报表，图表结合的形式也更为直观地展示了城市信息。

“企业信息公开”同样借助 GIS 平台展现企业在生产过程中的环境情况。公众可以在此查询 2005 年以后全国各省会城市在工业用水总量、新鲜水量、重复用水量等方面的变化情况。

“环境公报”栏目将 1990 年至今的全国环境状况公报收录其中，同时在栏目中呈现的还有全国各省、直辖市、自治区已有的环境公报，方便公众对环境的整体变化有较为明晰的把握。

水环境各项法律标准同样是网站信息公开的一个部分。“法规标准”栏目将水资源保护、供水、节约用水、水污染防治、水利及环境生态等多个具体领域的法规标准收纳，向公众及时传达水环境领域的法制信息。

（3）公众参与

“公众参与”板块，一方面通过环境讲坛、水业沙龙等主题活动向公众普及环境知识；另一方面，运用在线论坛、监督举报、问卷调查等方式加深与公众的联系，进一步实践环境信息公开化、公众参与日常化的宗旨。

“监督举报”是网站为公众参与环境生活提供的一个平台，公众将发现的问题填写提交，网站及时联系发生地相关部门反映问题，运用网络的便捷性、公开性促使主管部门加快问题解决步伐，同时加深公众对环境问题及亲身参与的重视。

“问卷调查”栏目中设置了“专业研究调查报告”、“社会生活调查报告”、“时事热点调查报告”三类。已成功开展了“地球一小时”活动调查、低碳生活调查等贴近公众生活的调查，通过问卷及时了解公众态度，把握民意走向。

通过环境讲坛、水业万里行、环境沙龙等主题活动进一步加大公众参与范畴，公益性与科普性相结合，成为公众普及环境知识、感受环境变化、了解业内焦点的有效途径。

“环境讲坛”栏目以公益性、社会性、科普性为导向，邀请业内专家学者做客开讲，讲述环境领域里和老百姓息息相关的故事，普及环境知识，透过现象分析背后的问题。现已成功开展了“解析城市雨洪内涝”、“水价是是非非”、“都是焚烧惹的祸”、“关注城市污泥问题”、“供水安全问题”、“解读水价问题”、“解读垃圾问题引发的思考”、“四万亿投资拉动环保产业的发展良机”、“关注饮用水安全”等多项讲座。

“环境沙龙”以深入性、专业化、高端性为标准，邀请水业专家、业内高管共同为水业的未来发展出谋划策，关注水价成本机制、热议投融资模式、讨论污水处理专业运营方向、为水务改革“把脉论诊”，将更为专业的话题、更为深刻的探讨展现在公众面前，帮助其进一步加深对我国水行业发展的了解，知晓其中的问题与成就。

“水业万里行”栏目将“知行合一”完美呈现，参与者亲身感受江河的壮阔、溪流的温婉，在蓝天白云下追随水的足迹，用最直接的感官进一步唤起心中对水的珍惜与呵护。

网站自 2010 年 7 月份开通并试运行以来，在没有投入做广告宣传推广的情况下，网站知名度排名已经上升到全球网站的前 200 万名。在宣传水环境保护知识、促进信息公开和公众参与方面发挥了积极作用。

4.4.5.2 访问统计数据

网站的访问量呈现上升的趋势，以下通过第三方的统计（截至 2011 年 12 月 9 日）说明网站的发展趋势。

（1）网站 PR 值

图 4-57 网站 PR 值数据

（2）网站的 PV 及 IP 访问趋势

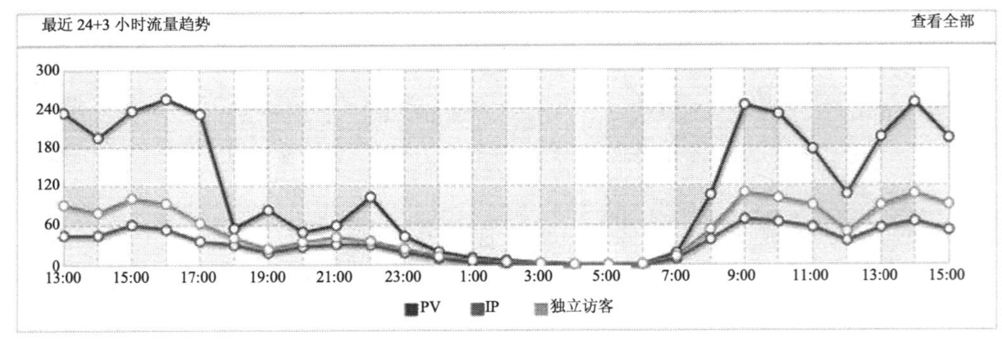

图 4-58 国家水环境保护公众参与网 PV 及 IP 访问趋势

（3）网站的访问来源统计

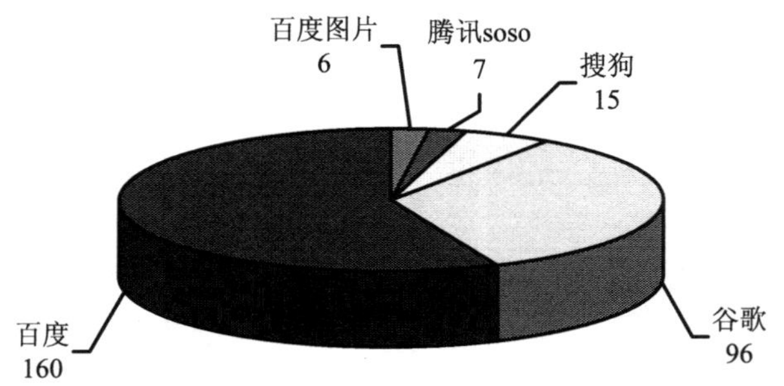

图 4-59 国家水环境保护公众参与网访问来源统计

（4）网站的访问地域统计

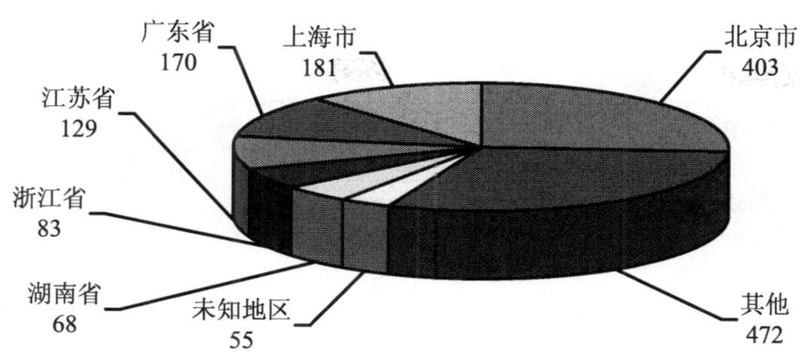

图 4-60　国家水环境保护公众参与网访问地域的统计

（5）网站的日访问量分布

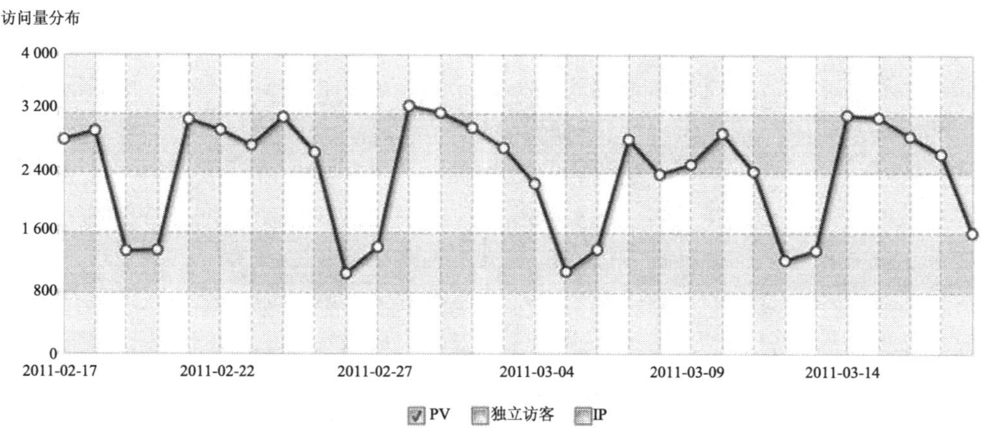

图 4-61　国家水环境保护公众参与网日访问量分布

4.4.6　网站后续运营及初步规划

网站的发展后续主要以提升网站的影响力为目标，继续加大网站的网上推广工作，提升网站在搜索引擎中的排名，提升网站的流量，让更多的人、更多层面的人参与到网站的交流中来。

继续完善网站的各种功能，开发出用户体验更加友好、更加完善的功能，吸引更多的人员加入网站的论坛。通过表 4-14 所列的方式做进一步的推广工作。

表 4-14　网站进一步的推广工作

序号	推广方式	说 明
1	搜索引擎推广	同新浪、搜狐两大搜索引擎商合作，网站进行推广型网站登录；同百度竞价排行搜索引擎商合作，使天正集团在数百家门户网站的同类行业搜索中排名前列

序号	推广方式	说 明
2	商务信息平台发布	同阿里巴巴、环球资源、温州商务等商务平台合作，使天正集团网站及其新产品及时有效的出现在广大客商眼前
3	行业链接	广泛寻求同行网站联盟，进行行业链接
4	邮件列表	利用电子邮件许可营销，将天正集团网站进行针对性、广泛性的电子邮件推广
5	有奖活动推广	策划开展系列有奖活动，在各大网站和平台宣传，推出天正集团网站和企业形象
6	商务软件推广	利用网络营销商务软件，将天正集团网站信息和产品信息发布到各大行业供需平台

4.5 浙江省水环境信息公开平台建设

浙江是经济大省，也是资源环境小省，占全省土地面积 1/5 的沿海平原地区，城市、人口、产业高度集中，单位国土面积的污染负荷特别高。今后一个时期，浙江经济总量仍将保持较快增长，工业化、城市化进程将进一步加快。在这一背景下，浙江省资源环境承载能力不足的问题会进一步凸显，生态环境的压力会持续加大。同时，浙江的个体私营企业发达，制造业在整个产业机构中所占比重大，使得环境问题点多面广，治理起来也比较困难。另一方面，随着人民群众生活水平的不断提高，对环境质量的关注度越来越高，要求获取环境信息、维护环境权益的诉求迅速升温，因环境污染引发的群体性事件和社会纠纷不时出现。从环境保护三十年的实践看，现有以行政管制为单一治理方式的做法，其能达到的成效越来越有限。要想走出困境，真正解决环境问题，改善环境质量，必须确保环境信息透明公开，必须广泛发动公众全面参与环境保护，明确政府、企业、公众不同责任主体的职责，形成合力。

多年来，浙江省一直在努力推动环境信息公开和公众参与工作，有些做法在全国范围内都有创新性，比如早在 2000 年，浙江的富阳市实施环境污染有奖举报，在全国范围内首开先河，其奖励金额之大，查处动作之快，引起不小的震动，也给全国的治污工作带来了全新的思路。近几年，浙江的嘉兴市在公众参与环境保护方面做了一系列有益的探索和实践，不断推出新举措新做法，“嘉兴模式”得到全国媒体的广泛关注和讨论，值得全国推广。因此，在浙江开展水环境信息公开平台对于未来在全国推广环境信息公开具有一定的试点意义。

4.5.1 浙江省水污染防治信息公开和公众参与实践

浙江在推动水环境信息公开方面主要开展了下述工作。

（1）加强政府环境信息公开，保障公众环境知情权

根据国务院《信息公开条例》和原国家环保总局《环境信息公开办法（试行）》要求，浙江省及时建立了相关配套制度，出台了《浙江省环境保护局政府信息公开实施暂行办法》，编制完善了信息公开指南和目录。同时，不断补充完善公开内容，突出公开重点，

创新公开方式，充分利用原有的公报、报刊、电视、广播等传统媒体和现代互联网，以及公告栏、电子屏幕、触摸屏等设施，召开新闻发布会等多种方式，及时公开环境质量状况、企业污染状况、环保执法监察、排污收费、环境信访处理等情况，切实保障群众环境知情权、表达权、参与权和监督权。

（2）切实做好建设项目环评审批信息公开和公众参与

1998 年实施的《建设项目环境保护管理条例》中规定，建设单位编制环境影响报告书，应当依照有关法律规定，征求建设项目所在地有关单位和居民的意见。2002 年《环境影响评价法》出台，其最重要的创新之一是把“公众参与”作为环境影响评价中的一项重要原则和程序加以规定。国家鼓励有关单位、专家和公众以适当方式参与环境影响评价，老百姓有权利对建设项目的环境问题发言，从而保证了公众的环保知情权和参与权。《建设项目环境保护管理条例》和《环境影响评价法》都对公众参与提出了原则性的规定，但没有关于公众参与环境影响评价的具体法律规定和程序保障，存在范围不清晰、途径不明确、程序不具体、方式不确定，公众难以实际操作等现实问题。为此，2003 年 12 月，浙江省政府公布了《浙江省建设项目环境保护管理办法》，在公众参与方面作了比较详细的规定。2005 年 7 月，浙江省环保局出台了《关于加强建设项目环境影响评价公众参与工作的实施意见（试行）》，详细地规定了公众参与的项目范围、公众调查和公示方式、调查对象和数量要求、调查和公示的具体内容，以及公众意见的处理等。浙江省的这些规章制度规定，都早于国家环保总局《环境影响评价公众参与暂行办法》的出台。

2008 年 9 月 16 日，浙江省人民政府又出台了《关于进一步规范完善环境影响评价审批制度的若干意见》，要求完善公众参与机制，明确除了法律法规需要保密的外，各类建设项目的环评和环评审批，必须公开有关信息，征求公众意见。意见还要求省级环保行政主管部门制定社会公众依法有序参与环评和环评审批的具体规定和办法。因此，2008 年 9 月 26 日，浙江省环保局制定了《关于切实加强建设项目环境影响评价公众参与工作的实施意见》，对公众参与范围、方式、途径等做了更具体可操作的规定。

（3）积极开展绿色系列创建活动

浙江省坚持把生态示范创建作为动员群众广泛参与、整体推进生态环保工作的有效载体，作为生态文明建设的阶段性目标，促使环保从部门走向社会、从政府走向民间。通过努力，形成了三大系列创建格局。即城市抓好环保模范城创建；城乡结合进行生态市、县、乡镇、村创建；企业、学校、社区、家庭等各类社会细胞开展绿色系列创建。浙江省已累计建成国家生态县 6 个，国家级生态示范区 43 个，国家环保模范城市 7 个，全国环境优美乡镇 238 个，国家级生态村 9 个，省级生态县 30 个，省级环保模范城市 7 个，省级生态乡镇 835 个、省级生态街道 21 个，以及 1 000 多个省级绿色学校，500 多个省级绿色社区，95 个省级生态环境教育示范基地，还有一批省级绿色公益使者、绿色小卫士等。通过系列创建，既营造了社会各界积极参与、共建共享的良好氛围，又促进了污染减排、环境整治、生态保护修复等一系列任务落实。绿色创建活动作为公众参与环保的平台和载体，正在不断深入和完善，不断引导社会公众的环保行为。

（4）加强公众参与互动平台建设

2010 年 11 月 8 日，浙江省环保厅、嘉兴市人民政府、中国环境报社在嘉兴举办“公众参与——环境保护”论坛，嘉兴市组建市民环保检查团、请公众参与环境行政处罚评审的实践，得到专家学者及环保热心人士的高度评价，被称为环保公众参与“嘉兴模式”。

除了嘉兴市，浙江省各地在信息公开和公众参与方面也有很多创新做法，杭州市环保局开展“公民述评”活动，邀请“两代表、一委员”、行风监督员、街道干部、服务监管对象等代表进行现场评议和提问，倾听公众对环保工作的意见和建议。台州市环保局开展“环保台州全民参与”行动，聘请义务环保协管员，由社会公众“点单”、新闻媒体跟踪、环保部门执法。宁波市鄞州区环保局通过电台“阳光热线”，长兴县、安吉县通过“县长热线”与群众互动，接受群众对环保工作的建议和监督。丽水市莲都区通过“丽水信息港”论坛等平台积极与网民互动，获取各类环境信息，打击环境违法行为。宁波市镇海区环保局每季度举行一次环境信息发布会，向辖区内的居民通报近期全区的环境状况和环保工作总体情况，听取居民对环保工作的意见和建议。同时实施公众恳谈会制度，镇海区委、区政府自 2002 年以来实行了企业环境行为公众恳谈会制度，邀请有关领导、人大代表、政协委员、居民代表以及新闻媒体记者听取内容涵盖企业在污染治理、设施运行、污染物排放、新建项目环保审批等方面的情况以及存在问题、下一步措施的企业环境行为年度报告，并由环境监察部门结合全年执法检查情况报告实际监测情况，扩大了公众对企业的知情权和监督权。

（5）加强法制建设，切实保障公众参与权利

浙江省高度重视环境保护公众参与工作，在法律、行政法规、部门规章规定的基础上，进一步加强地方立法，逐步完善环境保护公众参与制度。《浙江省建设项目环境保护管理办法》规定，建设单位、环境影响评价机构应当充分听取公众意见，对公众调查的真实性负责，不得采用隐瞒、删改公众意见或者其他弄虚作假手段影响公众调查。建设单位报批的环境影响报告书应当附具对公众、专家的意见采纳或者不采纳的说明。这些地方性法规和规章为环境保护公众参与进一步提供了法律依据。

在制定地方性法规和规章的同时，浙江省还在出台的规范性文件中进一步强调了公众参与环境保护的要求，并做了程序性的规定。2003 年 6 月，省人大常委会发布《关于建设生态省的决定》提出要建立有效的公众参与机制。同年 9 月，省政府发布《浙江省生态省建设规划纲要》，提出“建立社会公众积极参与的有效机制，扩大公民对环境保护的知情权、参与权和监督权，促进环境保护和生态省决策的科学化、民主化”。2005 年，省政府办公厅《关于进一步加强钱塘江流域污染整治工作的通知》提出，完善社会监督机制；充分发挥新闻媒体的舆论引导和监督作用，提高公众的环境权益意识；对重要建设项目环境影响评价报告审批、环保验收等，应采用听证会、论证会或公示等形式，接受群众监督；对涉及群众切身利益的环保问题，要认真听取群众的意见，依法处理。2008 年 8 月，省政府发布《资源节约与环境保护行动计划》，提出要充分发挥新闻媒体等社会参与监督的作用，继续实行环境污染有奖举报制度，鼓励社会各界依法有序参与监督生态环保工作。2007 年制定的《建设项目环境保护“三同时”管理办法》中提出，建设项目竣工环境保护验收实行公示制度；项目验收直接涉及与他人之间重大利益关系的，应当依法告知；申请人、利害关系人享有要求听证的权利。2008 年制定了《关于切实加强建设项目环境影响评价公众参与工作的实施意见》，进一步明确了公众参与环境影响评价的范围、对象和相关程序，规范公众参与环境保护影响评价的行为。

环境信息公开和公众参与有力地推动了浙江省生态环保工作的开展，成效明显、成绩突出，主要体现在以下几方面。

（1）推动环保管理和工作水平的提高

环境信息公开促使政府更加关注环境管理行为带来的成效，更加关注当地环境质量的改善，也更加了解老百姓对环境信息的需求和环境权益的诉求，促使政府环境保护工作目标更加明确。通过公众参与环境保护，政府与公众频繁互动，政府更加重视公众环境权益，自觉维护广大人民群众环境权益。通过引导公众参与环境决策和环境执法等活动，充分听取社会公众的环保意见，促使环保部门加强制度建设，规范行政行为，严格行政程序，提高行政效率，使整个环保系统的工作水平有了显著提高。

（2）促使政府的经济行为更加重视环境保护

随着环境保护公众参与的深入开展，政府决策更加重视环境问题，更加重视区域经济社会与环境协调发展。宏观决策凸显生态环保要求，政绩考核突出生态环保内容。各地开展的规划环评试点工作，使环境部门参与经济发展规划、产业布局等综合决策，充分发挥从决策环节防治环境污染和生态破坏的作用，推进经济转型升级。各级组织部门加大对各市党政领导班子考核环保指标比重，干部评价导向强调经济发展与环境保护并重。

（3）使企业经营行为更加注重环境保护

通过环保有奖举报、环境信访、环评听证会等形式，公众环境监督更加有力。企业环境社会责任日益提高，自觉加强企业内部环境管理，积极开展 ISO 14001 环境管理体系认证，重视环境污染整治，落实企业环境监督员制度。对建设项目环评中公众提出的意见更加重视并积极作出回应。

（4）公众自身参与能力和水平提高，环境意识逐步增强

公众在参与环境保护时，对环境保护工作认识更加深刻，环境意识逐渐提高。从浙江省环境保护公众参与的实际情况看，公众参与环境保护的范围广、水平高，已经深入到参与环境综合决策、环境行政处罚、环境维权诉讼等领域。如嘉兴市南湖区环保局试行行政处罚案件公众参与制度，赋予公众对行政处罚自由裁量权的话语权；平湖市养殖户俞明达经历长达 14 年污染损害赔偿诉讼，最终胜诉，获赔近百万元。

4.5.2 浙江省水环境信息公开平台设计

4.5.2.1 平台需求分析

（1）使用对象与内容

水污染防治信息公开与公众参与综合管理平台的使用对象分三类，分别为：政府机构、水污染企业和社会公众。对应的平台内容需要包括政府机构的信息发布、数据管理、查询，水污染企业的信息发布、查询、互动参与，社会公众的信息查询、互动参与等。水污染防治信息分为会员内部共享、信息公开和部分有偿共享三类。

平台分解详见表 4-15。

表 4-15 浙江省水污染防治信息公开与公众参与平台分解表

第一层	第二层	第三层	备注
浙江省水污染防治信息公开与公众参与平台	信息公开	水环境质量、水污染企业、饮用水水源地、污水处理厂、水功能区规划、曝光信息、应急事故、视频图像等	含后台监测数据导入、信息公开、工作动态、公众参与解答、知识库发布、信息审批、有偿服务管理、系统设置等功能
	公众参与	建议咨询、举报投诉、意见征求、问卷调查、环评公示	
	信息服务	数据查询、资料下载、RSS 订阅	
	工作动态	政务动态、通知公告、水污染防治新闻	
	GIS 地图		
	知识库	政策文件、法律法规、水环境标准、水环境知识	
数据库建设	环境数据库	水环境质量、水污染企业、饮用水水源地、污水处理厂等监测数据	
	信息公开数据库		
	政务信息数据库		
	公众参与数据库		
	GIS 空间数据库		
	基础数据库	河流、行业、监测指标等编码，站房、企业等基本信息	
应用环境	硬件、操作系统、数据库、其他软件		

（2）功能要求

要具备监测数据采集、政务信息管理、GIS 地图展示、信息服务、数据交换、存储管理、数据更新维护等功能。

（3）安全要求

为了保障水环境综合治理信息共享平台的正常运行，保证平台内的信息安全、可靠，需要从环境安全、网络安全、数据安全和系统运行安全等方面构建平台的安全体系。

4.5.2.2 系统设计方案

（1）总体结构

系统总体结构详图如图 4-62 所示。

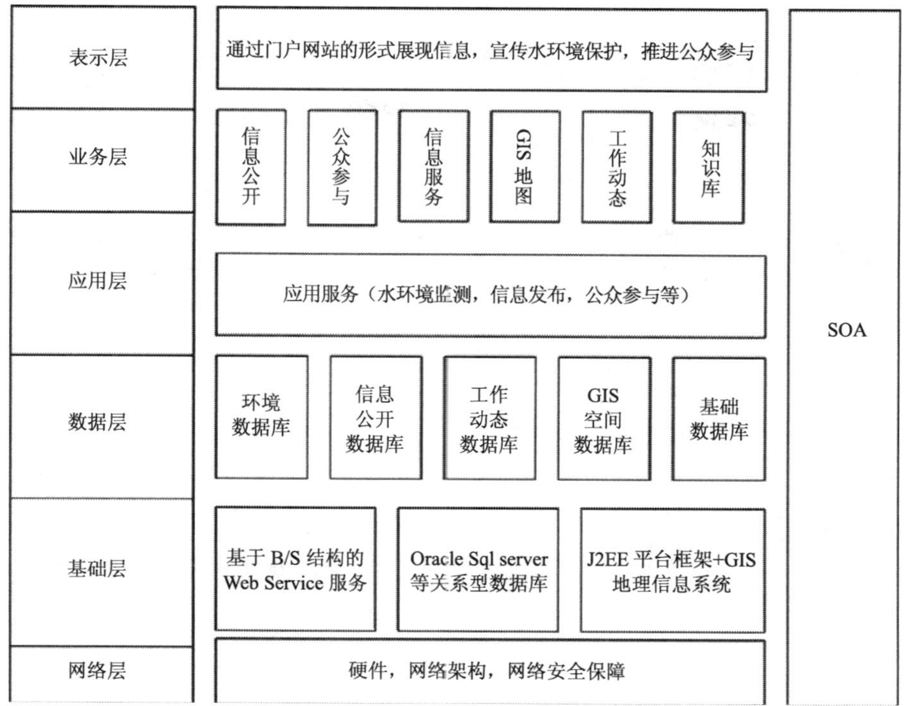

图 4-62　总体结构详图

系统采用信息共享交换门户网站形式，将水环境质量、水污染企业、饮用水源地、污水处理厂、水功能区规划等监测信息和信息公开、工作动态等政务信息以及公众参与等互动类信息等进行集中存储管理，建立具备数据采集上报、查询检索、数据下载、信息服务、系统管理等应用功能的信息共享平台，用户可以利用该平台填报、上传水污染防治综合治理相关数据，下载使用授权的信息资源。

（2）数据库建设

通过需求阶段的分析，结合数据的对象及其内容，对平台内的各类数据进行分类，共分为 6 个专题数据类，如表 4-16 所示。

表 4-16　数据分类

序号	数据分类	包含内容
1	环境数据库	水环境质量、水污染企业、饮用水源地、污水处理厂等监测数据和水功能区规划信息
2	信息公开数据库	曝光信息、应急事故、视频图像等数据
3	政务信息数据库	政务动态、通知公告、水环境新闻、知识库、环评公示等政务类数据
4	公众参与数据库	建议咨询、举报投诉、意见征求、问卷调查等交互类数据
5	GIS 空间数据库	行政区域、河流、山脉、经纬度、水文、水质等空间数据
6	基础数据库	河流、行业、监测指标等编码，站房、企业等基本信息数据

（3）系统功能设计

系统应用功能主要为：

①数据采集。能够采集汇集水环境质量、水污染企业、饮用水源地、污水处理厂等监测数据，具备自动导入和人工导入的功能。

②信息管理。对信息公开等栏目内容进行发布、审核、管理，对公众参与信息进行解答，并发布工作动态、知识库等内容。

③GIS 功能。为直观、立体的感观和分析各项监测数据，需要用 GIS 地图展示。

④存储管理。能够存储管理水量、水质、污染源等各类与水环境治理相关的空间和属性数据，系统建设要满足大容量数据存储要求。

⑤数据交换。实现监测数据、文本、多媒体等各类信息在有关部门和业务系统之间交换。

⑥信息服务。提供信息查询、分析、统计等功能，为水污染防治管理决策服务，同时提供社会公共服务。

⑦数据更新维护。提供数据更新、维护的技术支持，能够对各类数据进行自动加工、挖掘、处理。

⑧网络互联。实现各业务部门、各业务系统之间的接入和互联互通。

系统主要功能模块构成如图 4-63 所示。

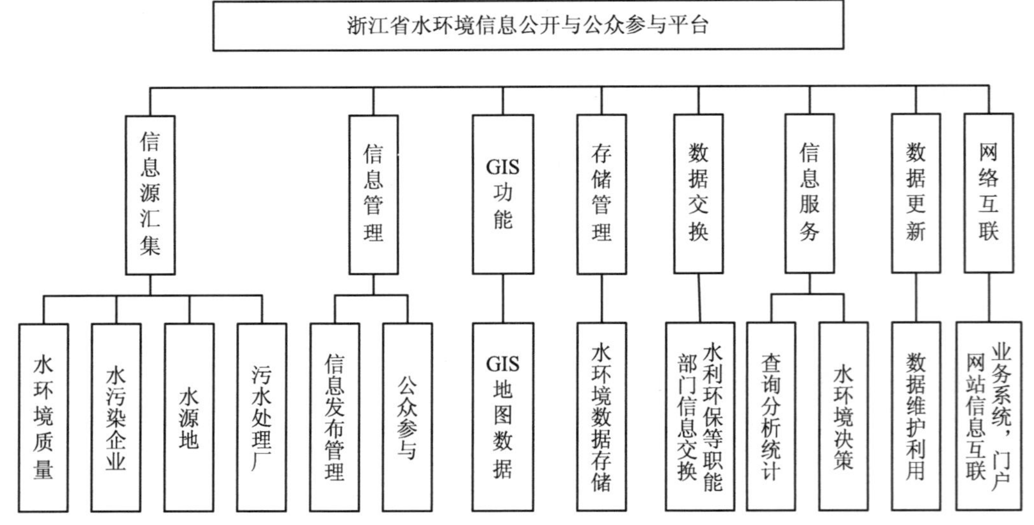

图 4-63 系统主要功能模块

（4）系统安全设计

运行安全主要包括备份与恢复、病毒恶意代码防护、应急响应和运行管理。涉密信息系统要求主要设备、软件、数据、电源等应有备份，并有技术措施和组织措施能够在较短时间内恢复系统运行。包括：①制定备份与恢复策略；②对应用数据进行定期备份。

关于病毒防护。将采用能够监控客户端防病毒软件状态的主机监控与审计系统，保证所有接入网络的终端用户都部署有防病毒系统，防止用户卸载或关闭防病毒软件，并能够对未部署防病毒系统的终端采取隔离措施。

为了保证共享信息的保密性、完整性、可控性、可用性和抗抵赖性，在现有基础上还采用多种安全保密技术，如身份鉴别、访问控制、信息加密、电磁泄漏防护、信息完整性校验、抗抵赖、安全审计、安全保密性检测、入侵监控、操作系统安全防护、数据库安全防护等。

（5）系统运行环境设计

运行环境是水污染防治综合治理信息共享交换平台运行的基础，主要由硬件环境、软件环境和数据传输网络组成。

硬件环境主要由数据库服务器、应用服务器、存储设备、备份磁带库等组成。

软件环境主要由操作系统软件、数据库系统软件、备份管理软件、数据库性能监控软件等组成。

数据传输网络采用政务外网。参与数据共享的单位通过政务外网建立数据传输链路，进行共享数据的上传和下载。

4.5.2.3 信息公开内容和指标体系设立

（1）公开内容

根据目前实际情况，浙江省要完全严格按照《环境信息公开办法（试行）》公开水污染防治信息内容仍存在不少困难和制约条件，这在全国也是普遍现象。因此，从目前实际出发，综合考虑环境信息的来源、信息的敏感性、信息的延续性等因素，提出水污染防治信息公开内容和指标体系如表 4-17 所示。

表 4-17　水污染防治信息公开内容和指标体系

序号	信息分类	公开内容	指标/内容
1	地表水质	总体水质	水质类别、功能区达标率、污染因子
		八大水系和运河水质	水质类别、功能区达标率、污染因子
		湖泊水库水质	水质类别、功能区达标率、污染因子
		平原河网水质	水质类别、功能区达标率、污染因子
		太湖流域杭嘉湖水质	水质类别、功能区达标率、污染因子
		交界断面水质	水质类别、功能区达标率、污染因子
		集中式饮用水源地水质	水质类别、功能区达标率、污染因子
		水质自动监测信息	实时监测值、水质类别
	污染源	省控重点污染源信息	
		飞行监测结果	单个企业为“达标或者超标倍数”，区域为“达标率”指标
		污水处理厂	处理能力、处理水量、出水达标率
		企业环境行为评价	良好信用信息、违法信息
		排污收费	收费标准、征收额度
		上市企业环境信息	上市公司年报
3	行政许可	环评公示	环评简本
		审批结果	主要审批信息
4	事故应急	应急预案	水污染事故应急预案
		事故发生、处理情况	事故性质、事故报告、处理报告
5	规划公报	水环境功能区划	区划文本、功能调整动态
		水环境保护规划	五年、年度规划，区域、流域规划
		水环境公报	周报、月报、半年报、年度报告
6	管理动态	水污染防治综合治理工作动态	

（2）信息来源

经过调研整理，目前浙江省水污染防治信息主要来源于环境行政主管部门、监测部门。

1）地表水环境质量监测情况

①省控监测断面 171 个，主要分布在“八大水系”（钱塘江、曹娥江、甬江、椒江、瓯江、飞云江、鳌江、苕溪）和运河、湖库。监测频次为国控监测断面每月采样一次，省控监测断面逢单月采样一次。监测指标：地表水监测指标为水温、pH 等 19 个项目，湖库增加透明度、总氮、叶绿素 a，参加评价项目为溶解氧、高锰酸盐指数等 12 个项目。省控地表水 171 个监测断面的监测信息用来宏观分析和反映全省地表水环境质量状况。

②平原河网监测断面 32 个（杭嘉湖平原河网、姚慈平原河网、绍虞平原河网、温瑞平原河网、台州平原河网）

③太湖流域杭嘉湖地区监测断面 44 个，其中苕溪 10 个，泗安溪 4 个，运河 5 个，杭州河网 1 个，嘉兴河网 19 个、湖州河网 5 个。

④交界断面 117 个，其中省界 23 个，市界 24 个，县（市、区）界 70 个，另有外省入境断面 6 个。监测频次为 1 次/月，监测项目为 pH、溶解氧、高锰酸盐指数、氨氮、总磷 5 项，评价方法为单因子均值评价。

⑤县级以上城市集中式饮用水源地 97 个，其中河流型 36 个，湖库型 61 个。

⑥地表水自动监测站 82 个。

2）重点污染源监测信息

①省控重点污染源监督性监测，每季度至少一次。

②省级飞行监测，根据每年的飞行监测计划确定。

③污水处理厂和大型集中式工业污水处理厂监督监测，共 103 家，每季度监测一次。

④重点污染源在线监测系统，共有省控重点污染源 1 000 多家。

3）水污染防治管理信息

①浙江省水环境功能区划、区域流域水环境保护规划。

②水污染综合整治实施方案、年度工作任务。

③水污染防治整治工作动态、总量控制、排污权有偿使用。

④排污水费、超标排污费征收情况。

⑤水污染企业环境违法信息：企业名称、违法事实、处罚日期、处罚内容等。

⑥水污染企业环境信用良好信息：企业名称、荣誉称号、表彰单位、表彰日期等。

⑦水污染事故、处理情况，水质重大变化公告等。

4.5.2.4 平台栏目设计

（1）栏目总体设计

表 4-18 栏目总体设计

栏目名称	子栏目名称	内容简述	使用的功能模块
首页		首页以上中下、左中右分区域显示 6 个一级栏目及其部分子栏目下的信息，平台有关最新或重要信息集中在首页展现，包含图片信息	信息管理
地表水	江河湖库总体水质	列表显示，点击栏目名进入栏目列表显示页，点击标题	信息管理

栏目名称	子栏目名称	内容简述	使用的功能模块
环境质量	八大水系	进入详细内容页	信息管理
	湖泊水库		信息管理
	平原河网		信息管理
	饮用水源地		信息管理
	太湖流域		信息管理
	交界断面		数据采集、交换
水环境规划	水功能区规划	列表显示，点击栏目名进入栏目列表显示页，点击标题进入详细内容页	信息管理
	水环境保护规划		信息管理
污染排放信息	区域排放总量	列表显示，点击栏目名进入栏目列表显示页，点击标题进入详细数据页	信息管理
	重点污染源	列表显示，点击栏目名进入栏目列表显示页，点击企业名进入企业详细内容页，详细显示企业基本信息、污染排放信息、环境信用信息等	数据采集、交换
	污水处理厂	列表显示，点击栏目名进入栏目列表显示页，点击企业名进入企业详细内容页，详细显示企业基本信息、污染排放信息、环境信用信息等	数据采集、交换
	清洁生产审核企业	列表显示，点击栏目名进入栏目列表显示页，点击企业名进入详细内容页	信息管理
	企业信用信息	列表显示，点击栏目名进入栏目列表显示页，按不同企业环境信用等级显示企业名	数据采集、交换
	环评公示	列表显示，点击标题显示企业还评改革公示信息	信息管理
	应急事故	列表显示，点击标题显示应急事故有关信息	信息管理
	曝光台	列表显示，点击标题显示污染事故或违法企业信息	信息管理
公众参与	建议咨询	显示公开的互动类信息，公众可以提交咨询等表单，可以凭回执号查询处理过程，可以查询公开的信息	信息管理
	举报投诉		信息管理
	意见征求		信息管理
	问卷调查		信息管理
工作动态	政务动态	按发布时间倒序列表显示，点击标题显示详细内容，输入关键词可以查询或高级查询	信息管理
	通知公告		信息管理
	水污染防治新闻		信息管理
信息服务	信息查询	列表显示，点击标题显示详细内容，输入关键词可以查询或高级查询	信息服务
	资料下载		信息服务
	RSS 订阅		信息服务
GIS 地图		用 GIS 地图方式直观、立体地展示水污染防治有关信息	GIS 功能
知识库	政策文件	列表显示，点击标题显示详细内容，输入关键词可以查询或高级查询	信息管理
	法律法规		信息管理
	水环境标准		信息管理
	水环境知识		信息管理

（2）首页总体设计

系统首页面如图 4-64 所示。首页为用户按照版块进行信息展示和发布，让用户可以通过首页及时了解最新的水污染防治有关工作动态、通知公告、最近的数据资源和地图数据等情况。可以对网站导航的栏目名称、排列顺序进行设置，也可以根据需要，增加自定义网站栏目，为用户提供丰富的个性化定制功能。

浙江省水环境信息公开
与公众参与平台
首 页
信息公开
公众参与
信息服务
工作动态
知识库
GIS地图
数据查询
资料下载
RSS订阅
帐号：
密码：
登 录
注 册
通知公告
"瓶口技术"让飞机既节能又减排
·环保部副部长吴晓业产值有望达万亿
·潘岳致信首届论坛指出 新时期要靠基层环保部...
·全国环境安全督察全面展开 将督点行业...
·审计署出台意见要求 加强资源环境审计
·发改委能源研究所:中国有望"低碳发展"
·国务院公布《防治船舶污染海洋环境管理条例》
·明年1月起禁用氟利昂 旧家电不会立即被淘汰
·历史的跨越——环境保护与经济发展走向高度融合
·周生贤层论坛讲话时强调 相互帮助协力推...
·历史的跨越——环境保护与经济发展走向高度融合
·周生贤层论坛讲话时强调 相互帮助协力推...
·危险废物经营许可证核准
·设立和取消核电厂和核热电厂限...
·省管建设项目环境保护设施运行
·放射性同位素与射线装置辐射安...
·严控废物处理许可
·固体废物跨省转移许可证核发
水环境质量
省核管办组织全省核应急联络员赴山东考察学习
环境保护部规划财务司莅临广东开展环境与经济形势调研
在更高起点上实施更高水平的环境管理
张振铟副巡视员带队对江门两宗重点信访案件进行现场督
"第四届国家环境与健康论坛"在广州召开
省环保局举行公开遴选广东省环保局副厅级干部民主测评...
《环境》杂志2009年下半年论文增刊征稿启事
GIS地图
信息公开
饮用水源地
建议咨询
主 办：浙江省水环境公众信息平台 地 址：杭州武林广场 浙ICP备05077635号
Copyright © 2009 浙江环境保护局 版权所有 未经书面授权禁止复制或建立镜像

图 4-64 主界面

（3）栏目页总体设计

图 4-65　列表面

4.5.2.5 信息管理设计

（1）用户管理

表 4-19 用户管理

模块名称	用户管理
功能描述	提供分级管理用户信息功能。根据用户使用系统的特点将系统使用对象分为三级：高级、管理级、一般用户级。高级是系统管理员，主要负责系统的各项参数设置和管理，同时可以进行所有用户管理并为其分配权限；管理级是功能级管理员，对某个栏目或功能进行信息管理；一般用户级是普通用户，根据系统管理员为其定义的功能模块权限进行日常工作。对于功能模块的权限分配，系统管理员可以按区域和日常工作职责为用户设置系统功能模块的使用权限
接口与属性	1. 提供用户的登录的验证接口 2. 提供用户登录后的权限验证接口 3. 提供系统日志的用户接口
输入项	1. 输入登录名 2. 输入登录密码 3. 输入姓名 4. 系统各模块的权限选择（可读写，只读）
输出项	1. 登录用户列表及用户的状态 2. 配置权限后的显示
流程	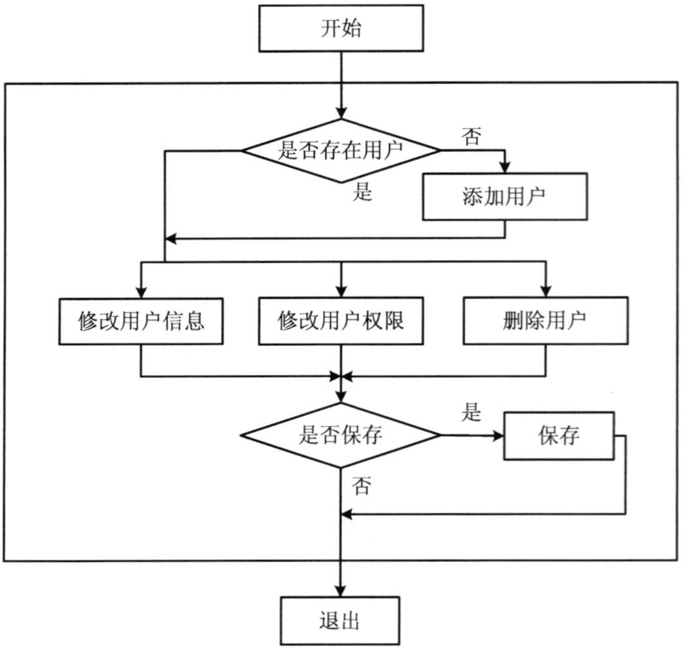 开始 是否存在用户 否 添加用户 是 修改用户信息 修改用户权限 删除用户 是否保存 是 保存 否 退出
界面设计	
补充说明	

（2）栏目管理

表 4-20　栏目管理

模块名称	栏目管理
功能描述	对平台栏目进行管理，有新增、修改、删除等
接口与属性	提供栏目的管理接口
输入项	输入操作人、操作时间、操作栏目名称
输出项	栏目名称
流程	
界面设计	
补充说明	

（3）信息发布管理

表 4-21　信息发布管理

模块名称	信息发布管理
功能描述	对平台有关栏目的信息进行管理．有新增、修改、删除等
接口与属性	提供栏目信息的管理接口
输入项	输入操作人、操作时间、操作栏目名称，信息标题、时间、发布人、内容等
输出项	信息标题、时间、发布人、栏目名称、内容等
流程	
界面设计	
补充说明	

（4）公众参与管理

表 4-22　公众参与管理

模块名称	公众参与管理
功能描述	对公众参与的信息进行管理，有受理、处理、答复、删除等
接口与属性	提供栏目信息的管理接口
输入项	输入操作人、操作时间、操作栏目名称，信息标题、投诉人、内容、答复人、答复时间等
输出项	信息标题、时间、发布人、栏目名称、内容等
流程	
界面设计	
补充说明	

（5）日志管理

表 4-23 日志管理

模块名称	日志管理
功能描述	记录系统的所有的操作，便于查询与分析
接口与属性	提供系统日志的查询接口
数据结构与算法	
输入项	输入操作人、操作时间、操作内容查询日志内容
输出项	显示查询的日志详细内容
流程	
界面设计	
补充说明	日志包括有：业务操作日志、用户登录日志、系统管理日志。

4.5.3 浙江省水环境信息公开平台实现

4.5.3.1 信息平台实现方法

本平台是以北京拓尔思信息技术股份有限公司的 TRS WCM Enterprise 产品为基础，进行二次开发，使平台能快捷、高效、灵活地实现所需要求。采用三层应用体系结构搭建底层应用平台，将表示逻辑、业务逻辑以及对数据库的访问等有效地分离，提高应用的兼容性和可扩展性，保证整个应用系统的可用性。

其运行环境是依托浙江省环保厅门户网站的运行环境实现，即网站架设有 3 台专用服务器（一台 WEB 服务器，一台应用服务器，一台数据库服务器），使用网页防篡改、应用防火墙、入侵防御、漏洞扫描、防病毒等软硬件进行日常安全监管，并配备专门人员分别对软件和硬件进行管理。服务器操作系统为 Windows 2003，采用 J2EE 开发语言，使用 SQL 关系型数据库，部署 Tomcat 应用服务器，以 B/S（Brower/Server）结构即浏览器/服务器瘦客户端方式方便用户浏览。

平台以 TRS 内容协作平台软件（V6.0）为基础进行二次开发实现，平台框架主要分为三大部分，一是信息公开，二是公众参与，三是 GIS 地理信息系统。信息公开是公众参与的基础，公众参与是信息公开的目的。

4.5.3.2 后台功能实现

后台功能有内容管理、信息公开、服务等功能。

（1）内容管理系统

内容管理系统作为平台信息发布和站点管理的支撑系统，遵从 J2EE 标准，支持基于 Internet 的三层 B/S 架构。具有良好的跨平台跨网段性能，支持 Windows、Unix、Linux 等平台，支持 XML 标准接口，适合不同规模用户的需要。信息内容高速传送，无延迟。数据与数据的表现形式分开，管理界面简单易用；能够很方便地通过网站生成工具快速修改栏目，以及改变页面的显示外观。

（2）政府信息公开

信息公开符合国家政府信息公开条例和有关规范要求，具体如下：

①全面覆盖公开信息资源在采集、编目、上报、审核、管理、发布、检索、交换、监督、依申请公开等各个阶段的功能要求。

②灵活支持栏目独立管理，可以为每个栏目指定不同的用户，让不同的人员负责管理、发布不同的栏目。每个栏目可以指定不同的列表模版和页模版，用于生成列表页面和最终页面。每个栏目可以指定对应的相对目录，以便存放发布后的页面。

③与内容管理系统功能兼容，可以灵活扩展字段。

④能依信息公开有关规范要求生成和展示元数据，便于查询和检索。

⑤能根据依申请公开要求，实现网上受理、流转办理、结果网上反馈和网上查询等功能。

（3）服务功能

平台除上述功能外，还具有如下功能：

1）信息订阅

订阅系统作为内容管理系统的增值模块，具有以下功能：

①支持 RSS（Real Simple Syndication）方式推送。

②内容管理系统可以支持 RSS 的 XML 生成。客户可以通过 RSS Reader 对各网站推送的栏目信息、通知公告进行订阅。

2）网上调查

网上调查支持以下功能：

①问卷名称、描述，能方便添加、选择可否开放。

②支持多个调查专题；支持一个调查专题中的多个事项（问题）。

③支持单选、多选两种方式的投票；支持投票的时间段限制，对 IP 的控制，对是否允许重复投票的开关。

④统计结果支持图形化（柱状图、饼状图还是条状图）表现。

⑤投票结果可以查看投票时间、IP。

⑥管理人员可以方便地通过表单定制的方式，建立包括单选、多选、单行文档、多行文本等方式的调查问卷。

⑦能够自动统计调查结果、问卷成绩。

3）建议咨询

网上咨询首先由公众在互联网上提出问题，由环保部门工作人员通过后台管理系统进行答复。管理系统应能结合短信平台及时向有关工作人员发送短信提醒，以便及时回复公众。

4）留言交流

公众可以通过网站留言板对环境问题发表意见或提出建议，留言板应具有信息审核和分类统计机制，安全可靠，能够确保公众个人信息不泄密。

4.5.3.3 地图数据发布与展现

（1）系统构架设计

浙江省水污染防治信息公开地理信息系统的架构设计遵循了平台化、构件化的设计思想，采用了统一的数据交换、统一的接口标准、统一的安全保障。浙江省水污染防治信息公开地理信息系统的集成基于先进的多层架构模型和 SOA（Service-Oriented Architecture）架构模型，依托成熟的企业级的地理信息平台、网络资源、遥感和 GIS 技术，总体系统架构主要划分为：水污染防治信息地图显示数据网络发布服务中心和水污染防治信息公开在线分析与交互中心。

1）水污染防治信息地图显示数据网络发布服务中心

水污染防治信息地图显示数据网络发布服务中心基于 Web Services 的理念，采用 ArcGIS Server 9.3 + Oracle + ASP.net 软件开发模式搭建了一个 B/S 架构的业务运行系统。整个系统自下而上可分为数据层、服务供给层和应用层三个部分。数据层主要包括发布的成果数据服务和专题信息数据服务，通过服务的形式对成果数据和专题信息数据进行发布。服务供给层的作用是对成果数据进行处理分析，形成分别满足行政决策服务、成果数据查询服务、成果数据在线分析服务、专题数据查询服务、成果数据自助分析服务和成果数据定制服务的水污染防治信息产品。这些功能通过 ArcGIS Server Web 应用程序定制来实现。应用层的主要内容就是定制一个友好的用户浏览器界面，用以实现有关水污染防治信息与地理信息组合产品的网上发布，并进行用户访问控制，根据用户职能分别赋予不同的访问权限。水污染防治信息地图显示数据网络发布服务中心架构图如图 4-66 所示。

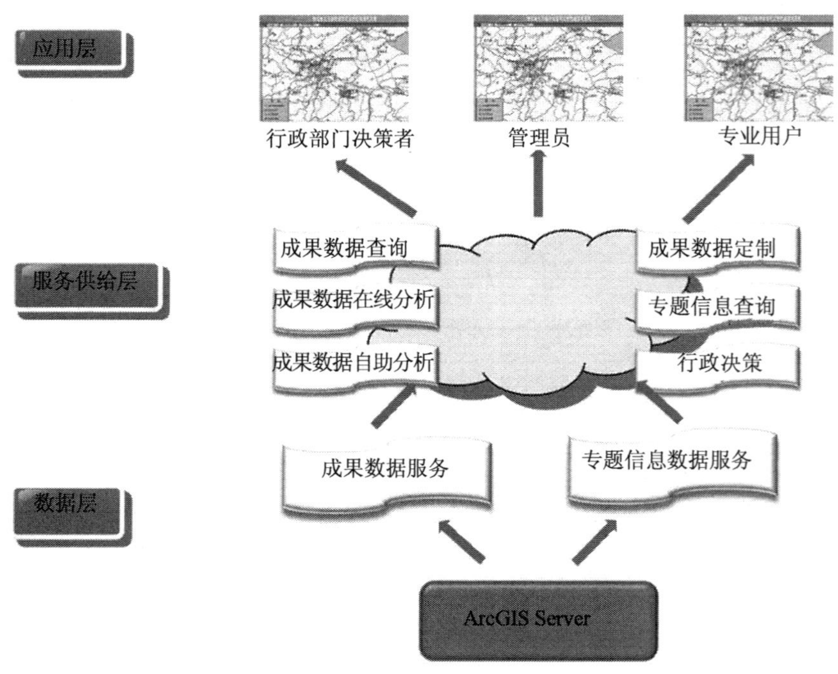

图 4-66 水污染防治信息地图显示数据网络发布服务中心架构图

2）水污染防治信息公开在线分析与交互中心

水污染防治信息公开在线分析与交互中心基于微软 DotNet 通用网络发开模式的理念，采用 Oracle+ADO.NET+ ASP.NET 软件开发模式搭建了一个 B/S 架构的业务运行系统。整个系统自下而上可分为数据层、业务处理层和应用表现层三个部分。数据层是整个系统的基础，是空间数据的组织和管理层，采用数据库管理系统来实现对空间数据的管理，所包含的数据主要有：浙江省基础地理数据、水质量指标数据、水污染企业数据、应用水源地数据、污水处理厂数据等。业务处理层根据需求从数据层取数据、修改数据以及删除数据，实现不同的业务功能。实现对系统信息资源的访问、调用以及对系统应用功能进行图表、报表、发布、应用分析等服务支持，并将计算结果返回给表现层。应用表现层的主要内容就是定制一个友好的用户浏览器界面，用以实现有关水污染防治信息与地理信息组合产品的网上发布。水污染防治信息公开在线分析与交互中心架构图如图 4-67 所示。

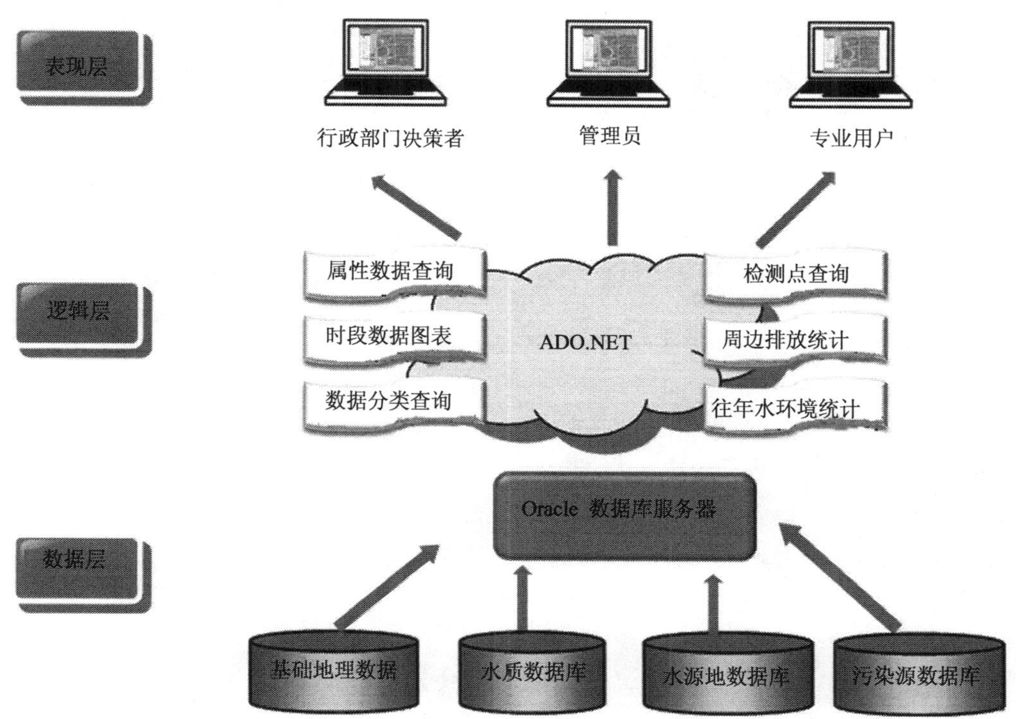

图 4-67 水污染防治信息公开在线分析与交互中心架构图

（2）系统模块开发

在水污染防治信息地图显示数据网络发布服务中心和水污染防治信息公开在线分析与交互中心架构的基础上，针对两个中心不同的业务流程，为每个中心设计了特定的功能模块来满足业务需求。系统模块图如图 4-68 所示。

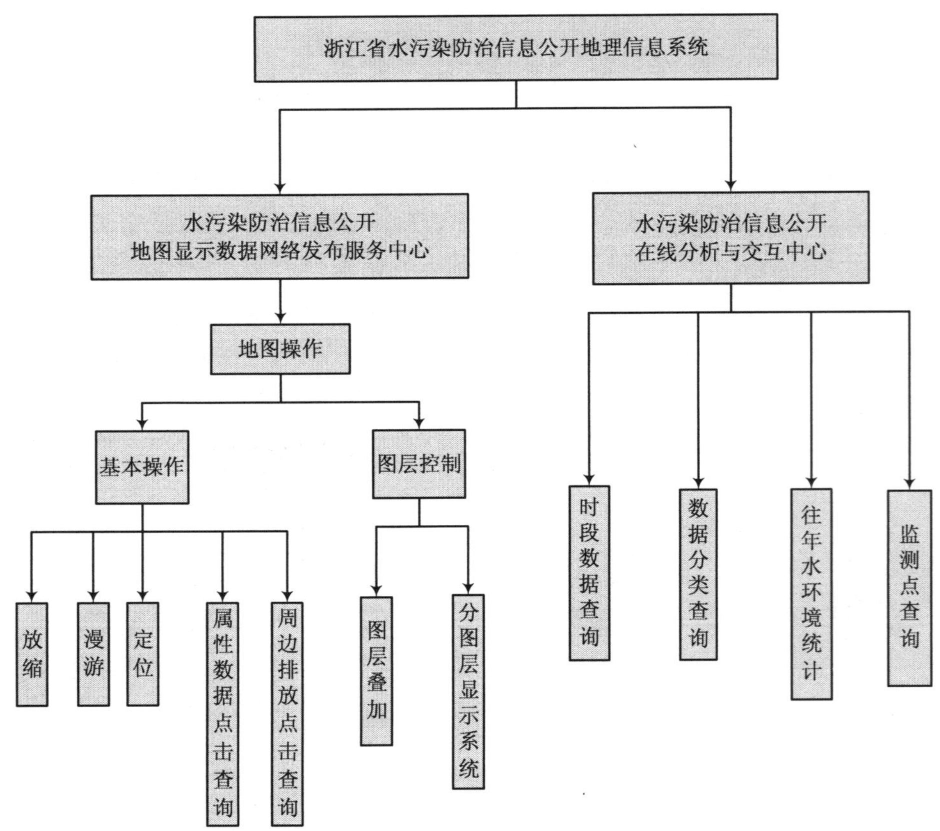

图 4-68 系统模块功能图

➢ 地图显示数据网络发布服务中心

地图操作是地理信息系统中最基本的一项功能，可以实现地图信息的灵活转换。地图信息包含全省的河网模型、铁路、公路等背景信息及各类水利工程等加载内容。其中图层包括浙江省地图、水污染企业、饮用水源地、污水处理厂等，每一类图层用不同的图例表示。地图操作具体可分为基本操作和图层控制。

1）基本操作

系统通过工具按钮的方式提供对电子地图的基本操作。包括放大、缩小、地图拖动、全图浏览、属性数据点击查询、周边排放统计点击查询等功能。

①放大（缩小）：GIS 图实现放大（缩小）功能的方式有三种：点击放大（缩小）工具按钮后，用鼠标在地图上点击，点击次数越多放大（缩小）的倍数越大；滑动放大（缩小）则是用鼠标在地图上拖动，拖动的越远放大（缩小）的倍数越大；直接使用光电鼠标中间的滚轮进行放大（缩小）（图 4-69，图 4-70）。

②地图拖动：用鼠标随意拖动地图，可以将视野以外的地图移动到视野内。随着比例尺和距离的变化，地图上显示的内容也不同（图 4-71）。

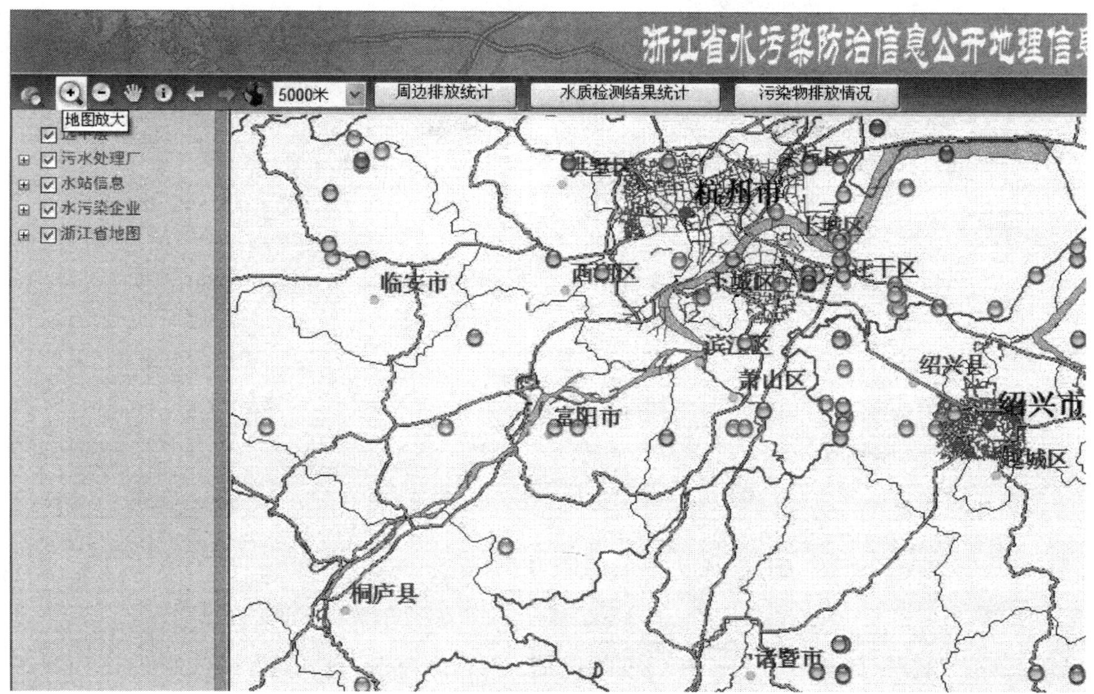

图 4-69　地图放大

图 4-70　地图缩小

图 4-71 地图拖动

③全图浏览：将地图按适当比例，居中并全部显示在屏幕中（图 4-72）。

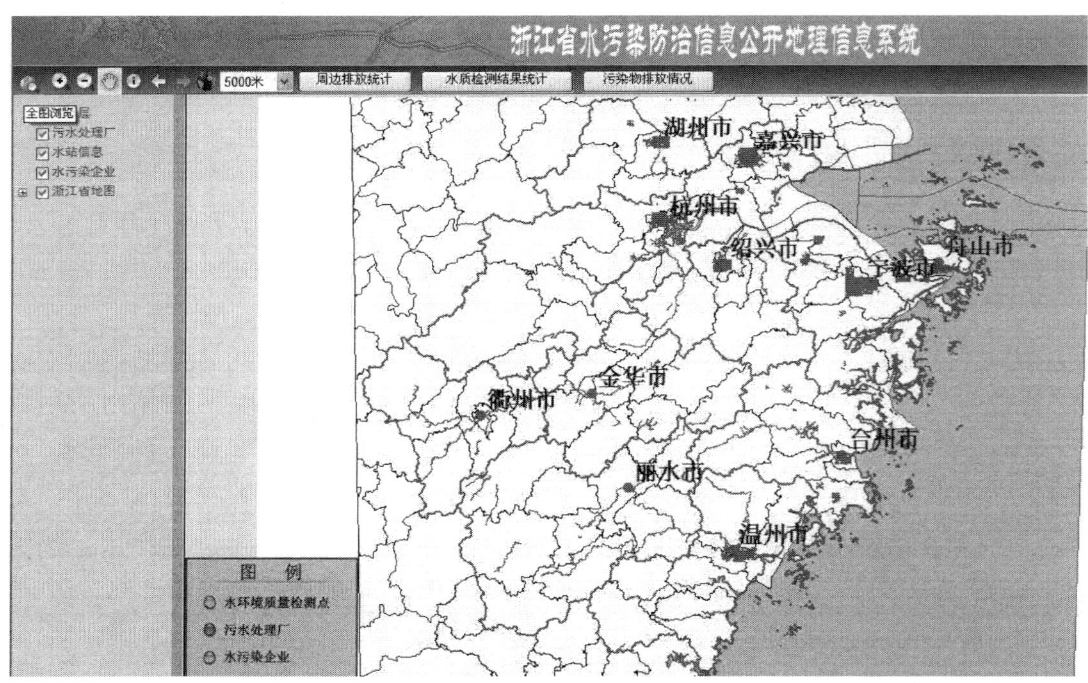

图 4-72 全图浏览

④属性数据点击查询：就是获取鼠标所点击处地图上所标示的地理事物（比如污水处理厂、水站、水污染企业等）的属性信息，包括站点名称、所在地、所属流域、监测时间、

COD、pH、流量、氨氮等属性信息（图 4-73）。

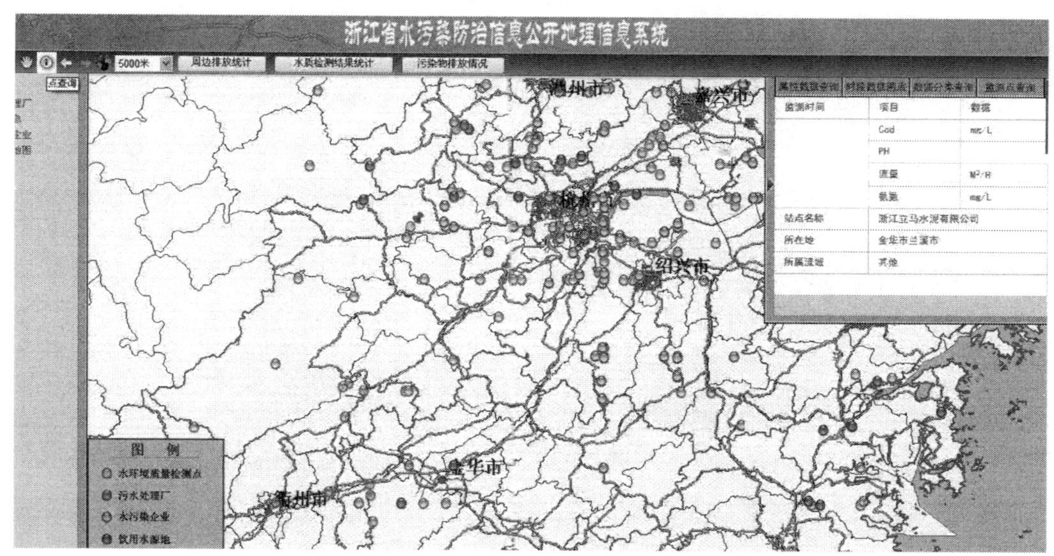

图 4-73　属性数据点击查询

⑤周边排放统计点击查询：就是获取鼠标所点击处地图上所标示的地理事物（比如污水处理厂、水站、水污染企业等）周围一定范围内污染源信息，包括污染源个数、COD、氨氮、流量等信息（图 4-74 和图 4-75）。

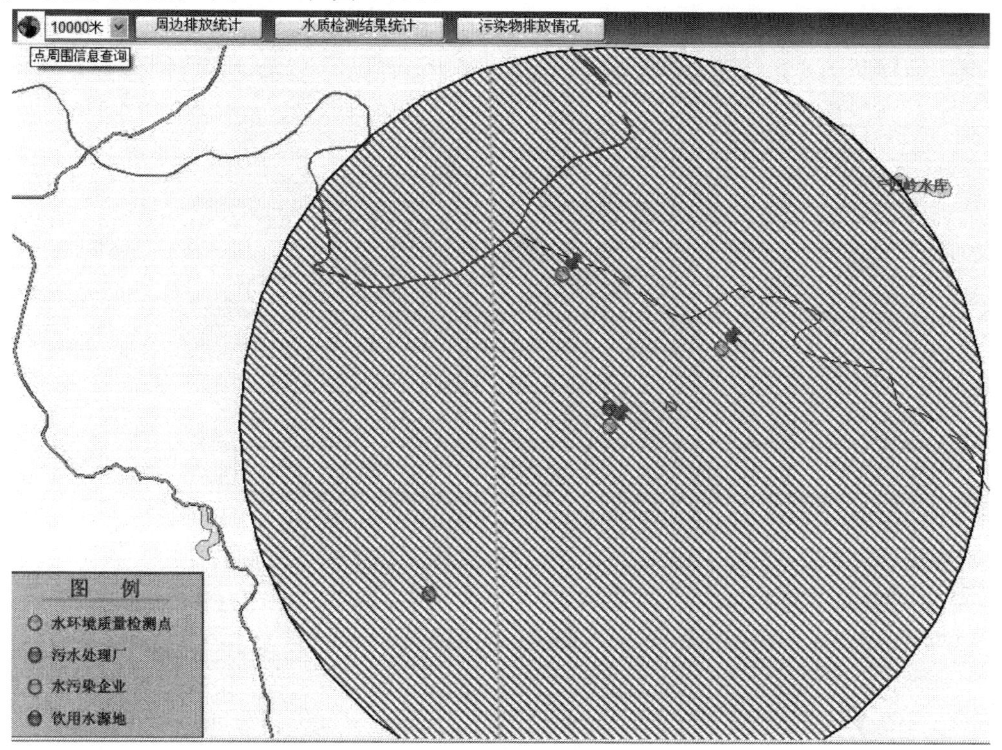

图 4-74　周边排放统计点击查询

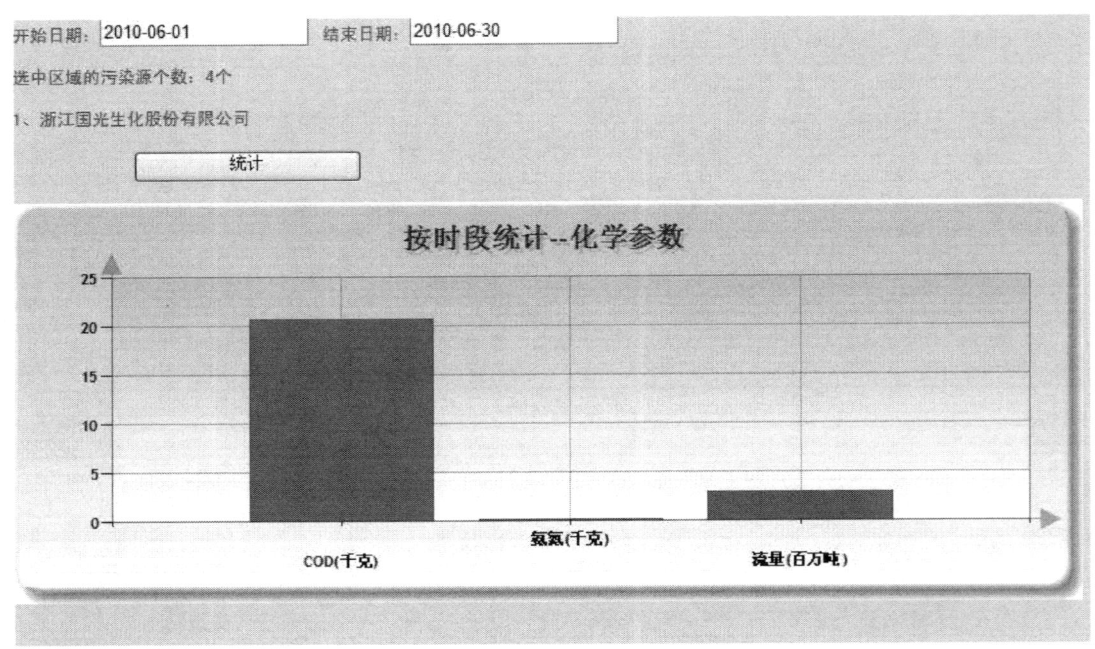

图 4-75　周边排放统计点击查询结果

2）图层控制

图层控制是指通过图层列表来调整地图信息显示及标注。由于地形图上的内容非常丰富，如果把所有的信息都同时显示在图形上，难免非常拥挤而且影响图形的显示效果，也不利于用户快速了解所搜索目标的位置。因此需要将地形图的信息按照类别分为不同的图层，每一类别即为一个图层，同时可以对各图层进行隐藏、显示、删除或修改等操作。

本系统中图层包括浙江省地图、水污染企业、饮用水源地、污水处理厂等，每一类图层用不同的图例表示（图 4-76）。

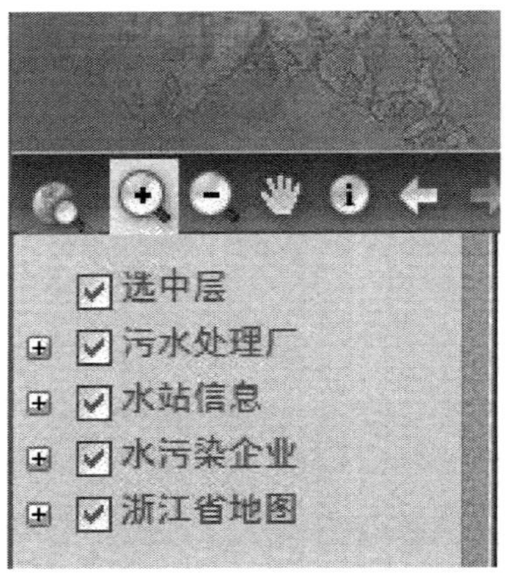

图 4-76　图层

➢　在线分析与交互中心

①时段数据查询：查询某一时段内某一水污染企业（或污水处理厂、检测水站）的某一属性（比如总磷、流量、氨氮、COD、pH 等属性）的环境数据走势（图 4-77，图 4-78）。

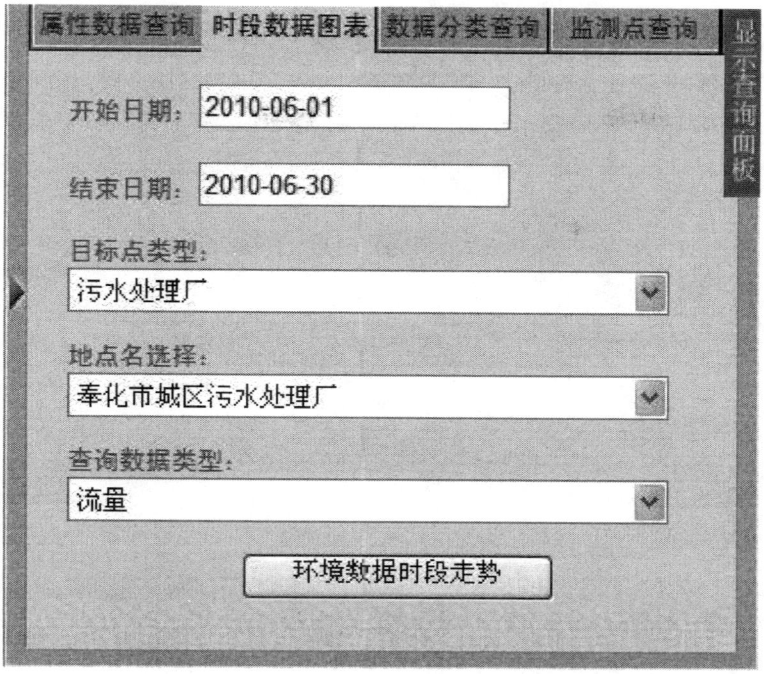

图 4-77　时段数据查询

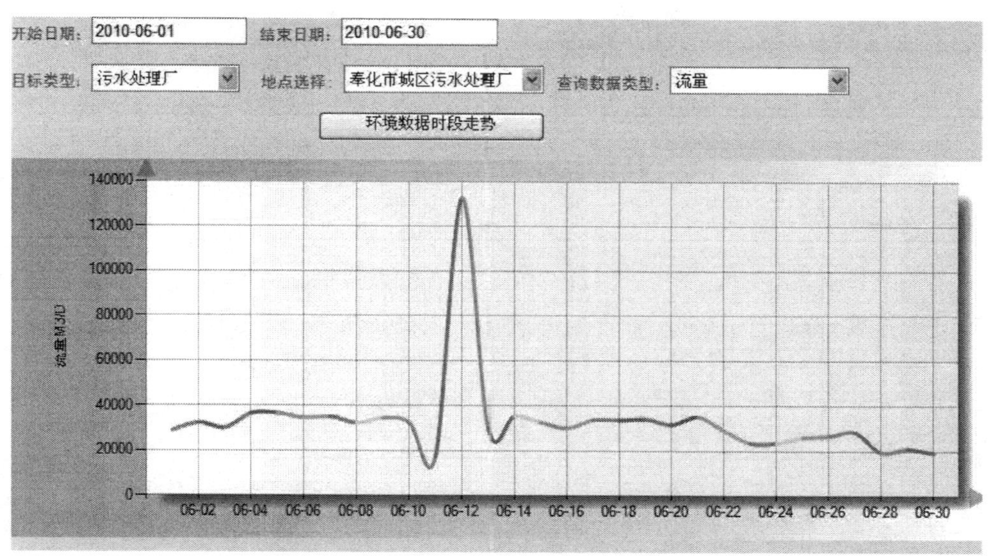

图 4-78　时段数据查询结果

②数据分类查询：查询某一时段内属于某一行政区域或某一流域的某一水污染企业（或污水处理）的相关水质指标的图标显示（图 4-79、图 4-80）。

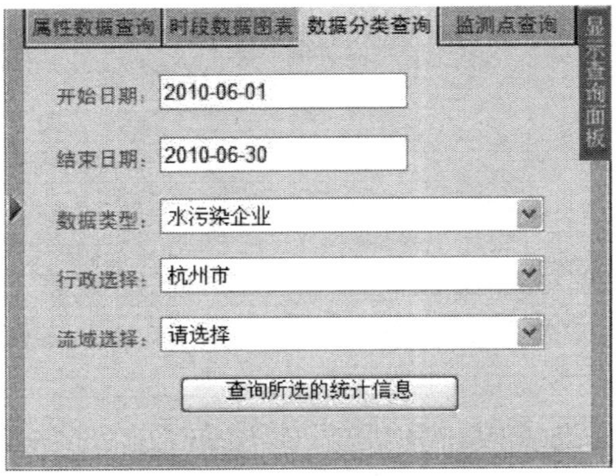

图 4-79 数据分类查询

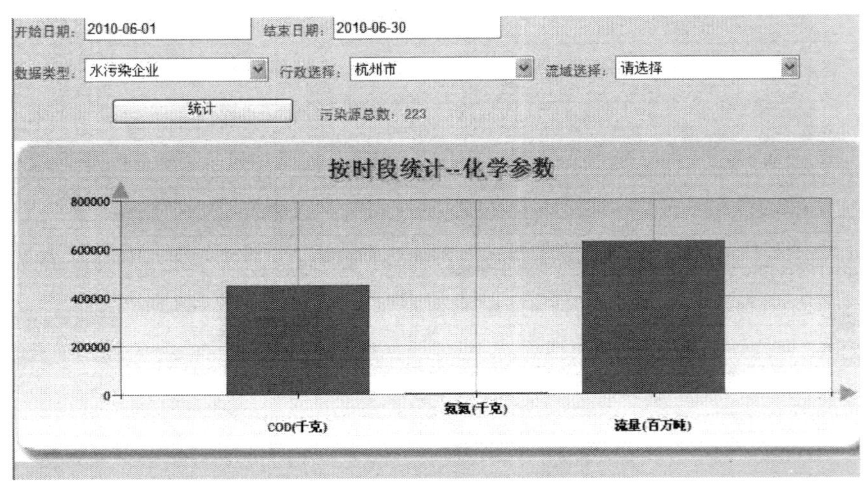

图 4-80 数据分类查询结果

③监测点查询：查询某一行政区域内或某一流域内，与用户所输入关键字相符合的企业的信息，并将用户所选择的企业在地图上标示出来（图 4-81）。

图 4-81 监测点查询

④水质检测结果评价统计：统计某年度全省各类水质百分比信息（图 4-82）。

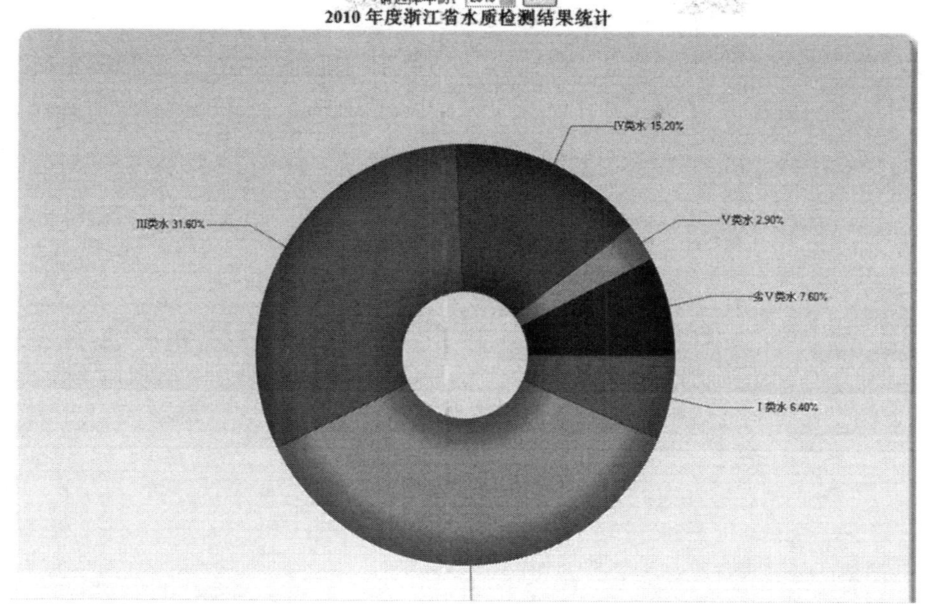

图 4-82　水质检测结果统计

⑤污染物排放情况：见表 4-24 和图 4-83 至图 4-91。

表 4-24　2000—2008 年浙江省废水及主要污染物排放量

项目 年份	废水排放量/亿 t			COD 排放量/万 t		
	合计	工业	生活	合计	工业	生活
2000	21.33	13.64	7.69	62.60	35.84	26.76
2001	24.26	15.81	8.45	63.16	32.09	31.07
2002	25.91	16.80	9.11	57.86	28.35	29.51
2003	27.03	16.81	10.22	56.20	25.64	30.56
2004	28.13	16.53	11.60	55.65	25.15	30.50
2005	31.32	19.24	12.08	59.47	28.96	30.51
2006	33.07	19.96	13.11	59.27	28.65	30.62
2007	33.81	20.12	13.69	56.40	26.43	29.97
2008	35.04	20.05	14.99	53.86	24.27	29.59
增长率/%	3.64	−0.35	9.50	−4.51	−8.17	−1.27

注：增长率是指 2008 年与 2007 年比较，下同。

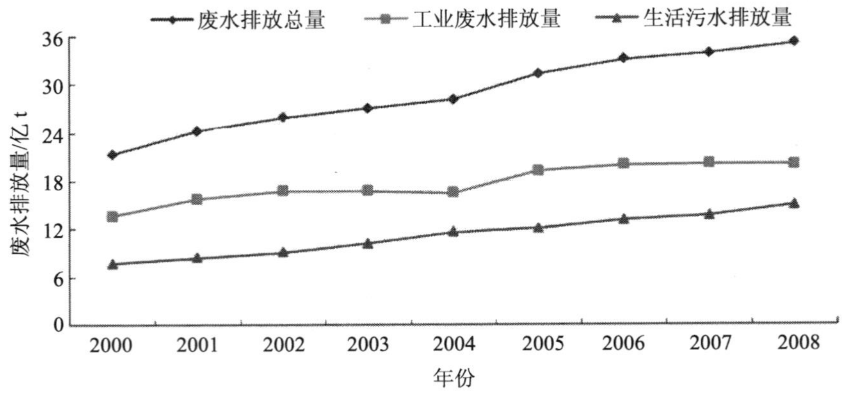

图 4-83 2000—2008 年浙江省废水排放量比较

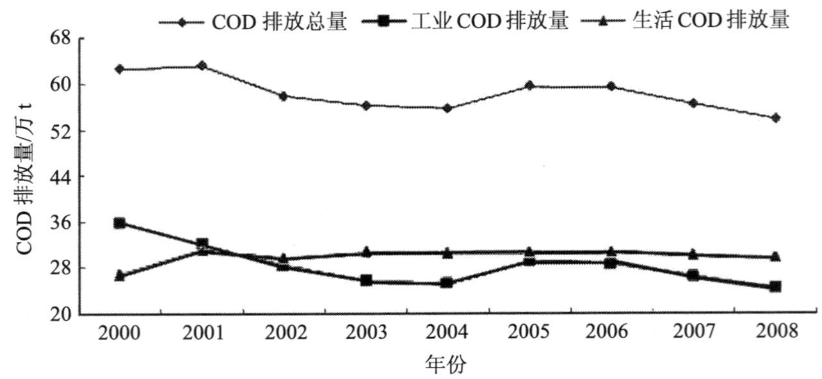

图 4-84 2000—2008 年浙江省化学需氧量排放量比较

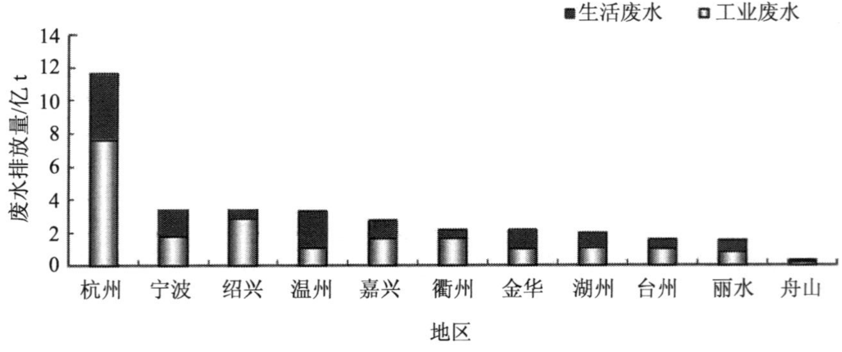

图 4-85 2008 年浙江省设区市废水排放量比较

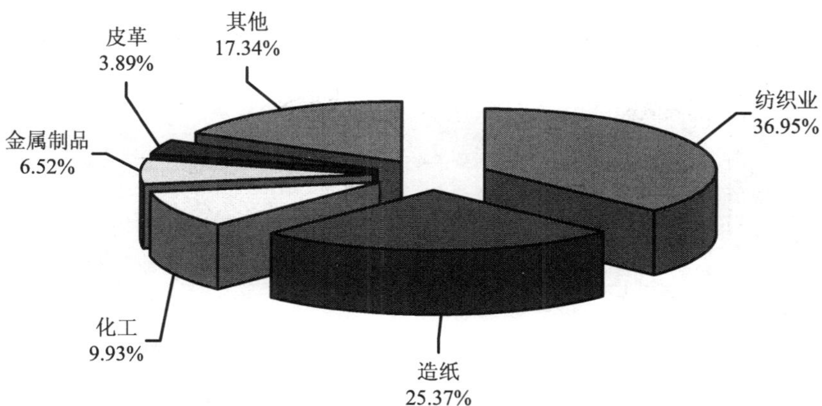

图 4-86　2008 年浙江省行业化学需氧量排放情况

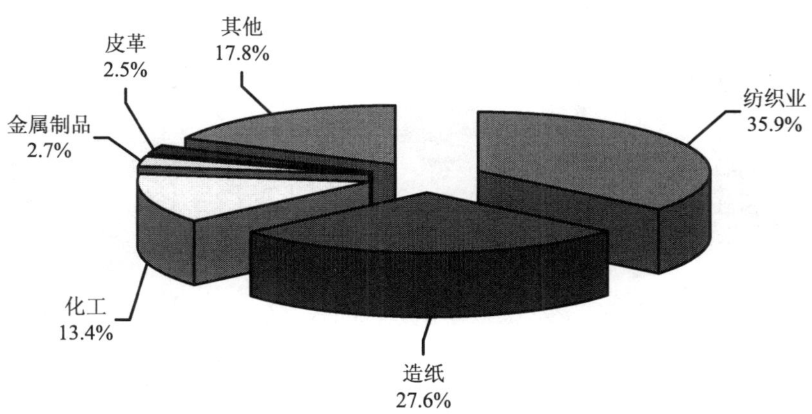

图 4-87　2008 年浙江省行业废水排放情况

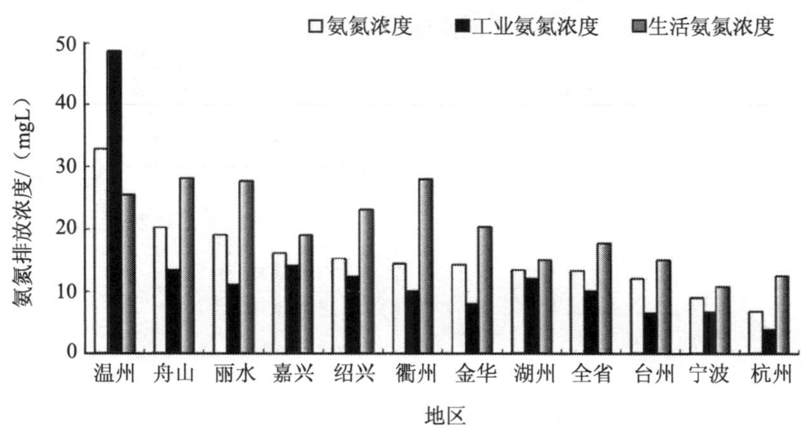

图 4-88　2008 年浙江省设区市氨氮排放浓度比较

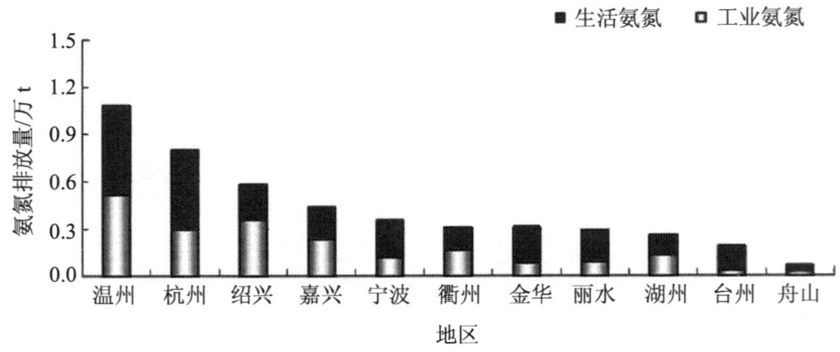

图 4-89 2008 年浙江省设区市氨氮排放量比较

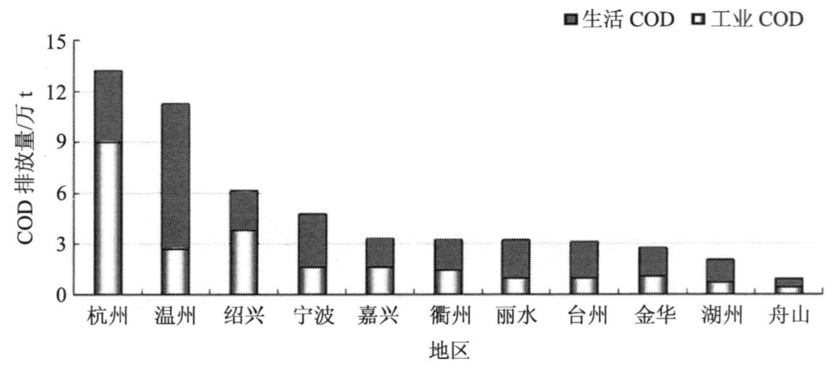

图 4-90 2008 年浙江省设区市化学需氧量排放量比较

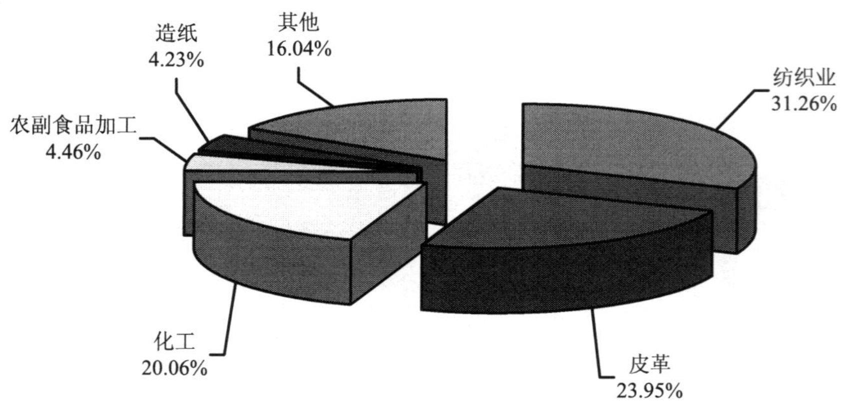

图 4-91 2008 年浙江省行业氨氮排放情况

4.5.3.4 平台特点及部分实例图

（1）信息公开与公众参与结合

信息公开是宪法和行政法领域的重要组成部分，公众参与则是现代民主的重要形式。两者之间是平衡与互动的辩证关系，因此，政府信息公开和公众参与的结合才是民主、开放社会的表达形式。民主不是单独取决于任何一方的发展。而是一种把两者协调起来的模式。

平台的信息公开是针对浙江省水污染防治环境保护工作信息的公开，是对省环保厅门户网站信息公开的补充，也是公众参与的前提和基础。公众参与是对浙江省水污染防治进行建议和讨论，对平台信息公开起到了促进作用。

平台同时具有信息公开和公众互动，起到了优势互补、互相制约的作用，将有利地促进平台进一步健康发展。

（2）信息与地图相结合

平台在发布日常信息的同时，以地图方式展示浙江省污染源、环境质量等方面的信息，使网民进一步直观的了解全省水污染防治工作的成就和现状，也为公众互动提供了更多的“素材”。

（3）业务数据与地图数据结合

浙江省已建有环境质量与污染源自动监测监控系统，能够实现对污染源与地表水的在线监测，其数据同时向上级环保部门报送，从而使全省各级环境保护部门能够及时掌握和了解辖区污染防治和环境质量状况，为环境管理和决策提供必要的参考。通过地理信息系统的开发和接口对接，目前已初步实现了在线数据能自动发布到平台的地理信息系统上，并结合的地图数据，立体、直观地展示全省污染源污染物排放情况。

（4）平台内容与门户网站结合

为进一步提高平台内容的更新量和及时性，平台还结合了厅门户网站的信息，即除在平台上发布信息外，还开发了接口，将门户网站部分相关栏目的信息自动推送到平台。

平台相关实例如图 4-92 至图 4-97 所示。

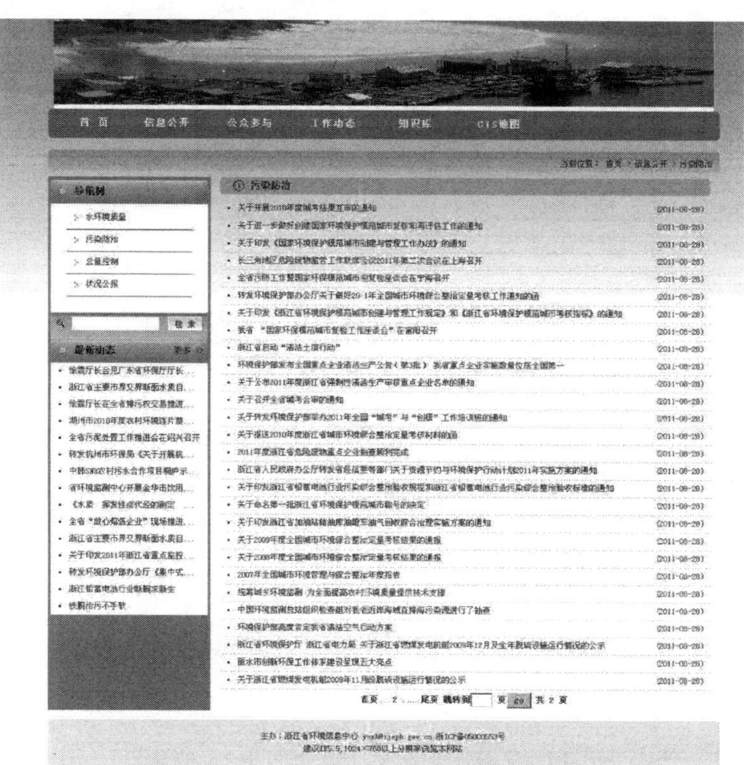

图 4-92　平台信息公开列表页

图 4-93　平台信息公开内容页

图 4-94　平台公众互动列表页

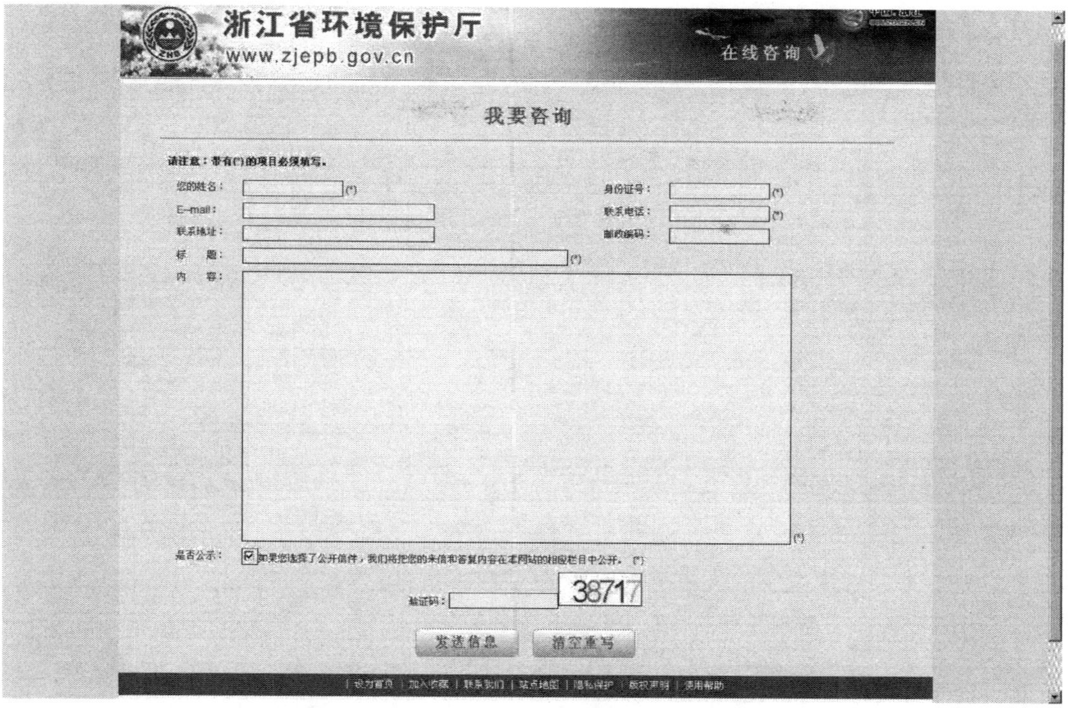

浙江省环境保护厅
www.zjepb.gov.cn
在线咨询

我要咨询

请注意：带有(*)的项目必须填写。

您的姓名：(*)　身份证号：(*)
E-mail：　联系电话：(*)
联系地址：　邮政编码：
标　题：(*)
内　容：(*)
是否公示：如果您选择了公开信件，我们将把您的来信和答复内容在本网站的相应栏目中公开。(*)
验证码：38717

发送信息　清空重写

设为首页 | 加入收藏 | 联系我们 | 站点地图 | 隐私保护 | 版权声明 | 使用帮助

图 4-95　咨询投诉页

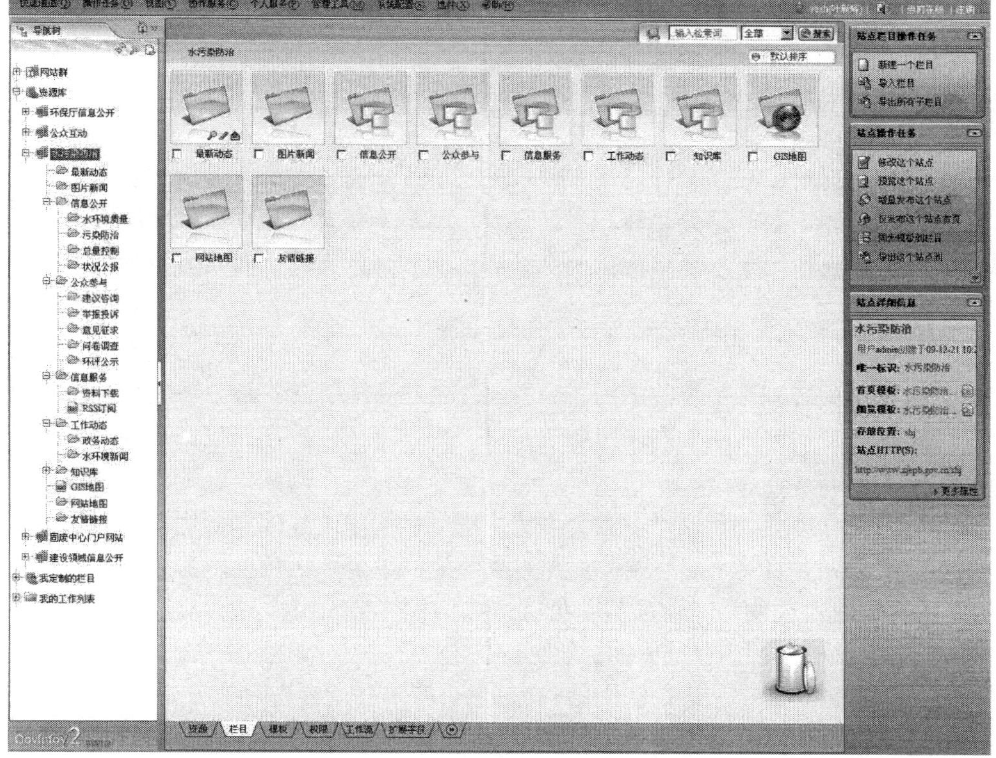

图 4-96　平台后台管理页

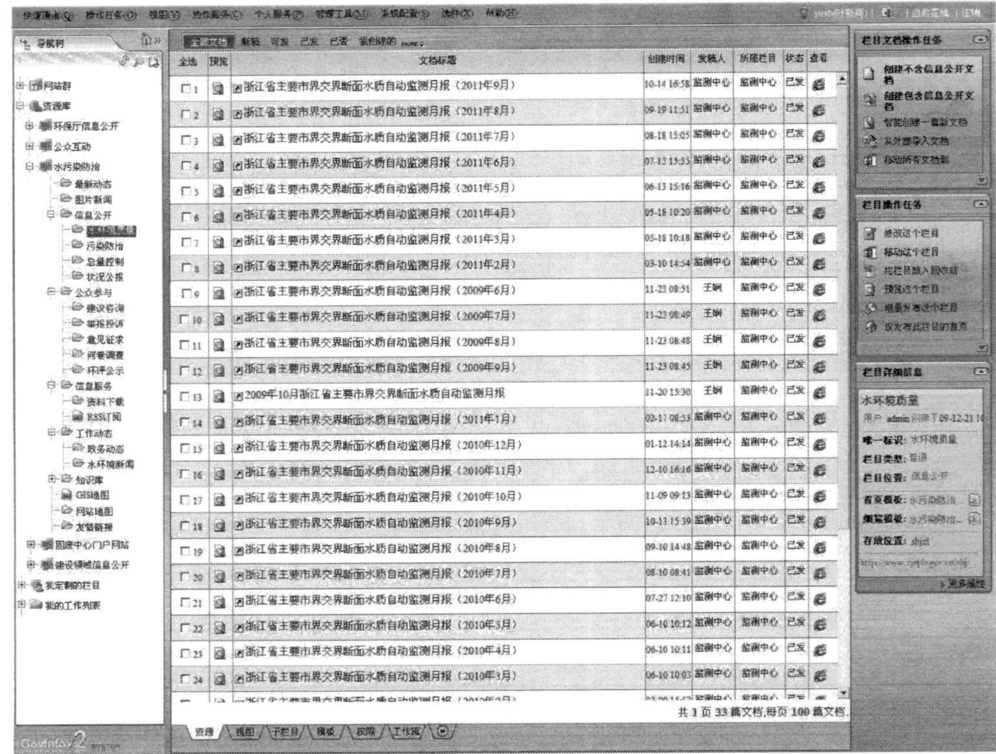

图 4-97 平台后台信息列表页

4.6 存在问题

国家水环境保护公众参与信息平台系统的功能需求基本达到，系统运行基本正常。目前系统存在的问题主要是部分功能和界面设计还需进一步优化完善，水环境数据的获取和公开存在问题，以及国家水环境保护公众参与信息平台的推广和可持续发展等。

4.6.1 系统功能完善和界面设计的优化完善

目前由于污染普查等环境数据的不公开，使企业环境信息等部分环境数据获取受到限制，水污染企业绩效评估还未能按照要求完成，后续将加大数据的收集和获取力度，并考虑与水专项课题的其他省市级子课题单位交流合作，利用他们在获取地方企业数据方面的优势增加数据获取渠道。若通过多方努力仍未能达到要求，将向课题组如实说明情况。

在系统优化完善方面，基于 Web-GIS 的水环境信息公开平台页面需要在工具栏中加入“帮助”工具、使用说明等；水环境保护公众参与网（http：//www.92cy.org）还需进一步改进和完善，包括启用用户登陆界面的验证码功能；需完善水环境保护公众参与网的环评公示栏目相关功能；在论坛中提供返回水环境信息公开 • 公众参与网（http：//www.92cy.org）主界面的链接；对各版块界面进行一定的美化。

4.6.2 数据获取与公开问题

数据层面存在的问题既是目前水环境信息公开中水污染企业绩效评估未能按要求完成的主要原因，也是系统正常可持续运行的关键。但目前在数据的获取和公开方面存在障碍。

首先，数据的获取受到限制。目前系统的数据主要来自于各相关部门根据国家相关法律法规公开的数据，经收集整理后用于系统信息发布，数据的获取渠道狭窄，且部分数据无法通过这种渠道获取，如企业环境污染数据等。因此，保证数据的有效获取和数据的完整性存在障碍。后续将加强这方面努力，拓宽数据获取渠道。

其次，数据的时效性需要加强。由于本平台采用的数据均为官方公布的数据，如省、市的环境行为评价等，都需要利用各级政府每年的环境质量公报、年报数据，往往存在一季度甚至是半年以上的时间差。

此外，哪些信息适合公开、哪些信息不适合公开，存在度的把控。信息不透明不公开，是坏事，但信息的过度公开，同样会带来负面的影响，这中间的度，需要根据社会发展不断地调整。

而在浙江省建设地方信息公开平台中，也碰到了类似的数据问题，包括：

一是不同系统之间的衔接有一定的难度，不同系统之间存在建设时间有先后、建设标准不一致、采用技术路线不一致等问题，造成目前平台与浙江省水环境质量在线监控等系统尚未成功对接。

二是其他应用系统建设的滞后影响平台数据的采集，浙江省饮用水水源地系统尚未完成建设，污染源自动监控系统正在升级中，平台一时无法采集和共享这些信息。

三是地理信息系统建设工作量比较大，需要整理将大量的水环境监测站点、水功能区划、饮用水水源地、水污染企业等信息在电子地图上展示，要求这些数据准确、全面、及时，以保障以后平台在全省的推广使用，而这些数据本身在准确性、全面性等方面存在一定的误差，如经纬度不够准确，监测数据因受监测仪器准确度、人工审核等方面的影响也存在不够准确现象，这些都需要人工加以修正，影响了整体效果。

4.6.3 系统平台的推广和可持续发展

系统的推广包括利用公众参与平台，针对时下水环境保护热点选取热点水环境问题，如渤海溢油事故、中国境外投资建设水电站、饮用水安全保障等，收集和整理相关话题资料，在线上线下同时组织讨论，并及时统计和发布讨论结果，增加公众对相关问题的认识深度和对水环境保护的关注；加强水环境信息公开数据和公众参与数据的收集整理和水环境信息专题图的制作，开展各类公众参与活动，丰富水环境信息公开与公众参与信息，提高平台的影响力。提高网站的访问量、信息量和知名度，扩大其对公众的影响力，使之成为政府、企业与公众间信息沟通与交流的平台。

另外，还需要加强对平台的管理，定期对论坛各版块进行检查清理，清除垃圾帖和各种广告。为确保基于 Web-GIS 的国家水环境信息公开平台系统长期稳定的正常运行，后续将对系统的稳定性进行测试，对目前的系统运行环境及方式进行改进，制定相应的维护管理机制和条例来保证系统的稳定运行。

附件1　上市公司环境信息披露指南（研究建议稿）

一、总则

（一）为贯彻落实《国务院办公厅转发环境保护部等部门关于加强重金属污染防治工作指导意见的通知》（国办发[2009]61号），引导上市公司积极履行保护环境的社会责任，促进上市公司重视并改进环境保护工作，规范上市公司环境信息披露行为，保护投资者合法权益，根据《上市公司信息披露管理办法》（中国证券监督管理委员会令第40号）和《环境信息公开办法（试行）》（国家环保总局令第35号）等规定，制定本指南。

（二）上市公司应当及时、真实、准确、完整地披露环境信息。披露的环境信息应基于实际情况和有效数据，不得有虚假记载、误导性陈述或者重大遗漏。

（三）上市公司在编制和披露环境信息时，应注意切实实现外部（社会）功能和推动企业持续改进环境表现的内部功能相结合，应有助于推动企业管理者制定环境保护决策，有利于政府部门了解企业在环保方面的业绩，有利于社会公众、债权人及投资者了解企业环境保护情况和环保形象。

（四）上市公司环境信息披露包括定期披露和临时披露。上市公司应当就所投资重污染行业的环境信息，以年度环境报告的形式定期披露。上市公司应当就发生的重大环境事件，以临时环境报告的形式及时告知公众及投资者。鼓励上市公司定期披露其它环境信息。

（五）环境信息披露主体应为上市公司总公司（集团公司），披露对象以财务的核算范围为基准，包含从事重污染行业的所有子公司、分公司，以及其它行业自愿披露环境信息的子公司、分公司。

（六）上市公司年度环境报告和临时环境报告应当采用中文文本。同时采用外文文本的，信息披露义务人应当保证两种文本的内容一致。两种文本发生歧义时，以中文文本为准。

（七）上市公司应在国内主要证券和环保媒体上发布临时环境报告、年度环境报告摘要及获取全文网址，年度环境报告全文同时在上市公司网站上发布。鼓励上市公司在政府网站或其他媒体上披露环境信息。

（八）本指南适用于在上海证券交易所和深圳证券交易所A股市场的所有上市公司。

二、年度环境报告

（一）上市公司应当建立年度环境报告制度。年度环境报告时期原则上为一个会计年，即每年1月1日至12月31日。上市公司应当在每个会计年度结束之日起4个月内编制完成年度环境报告并披露。

（二）上市公司从事重污染行业生产经营的企业应当披露的环境信息

1．重大环境事件的发生情况

（1）发生重大环境污染事故的，报告事故发生的时间、地点、原因、污染影响的范围和环境危害特征，实施的措施和效果。

（2）受到严重环保处罚的，说明被查处的时间、违反的法律条款、受到的处罚内容，以及采取的整改措施和处理结果。

（3）发生集体性环境信访事件的，说明发生的时间、地点、争议的环境问题，采取的措施和处理结果。

（4）因环境问题涉及重大诉讼的，报告被起诉的时间、起因，目前事件进展。

2．落后产能淘汰情况

对照国家相关产业政策，检查现有产品、生产能力、工艺技术、主要设备设施的相符性。属于立即淘汰的，应说明淘汰任务完成情况；属于限期淘汰的，应提出淘汰计划。

3．环境影响评价和“三同时”制度执行情况。

说明依法开展建设项目环境影响评价评和“三同时”验收制度的执行情况，未能按期完成验收的，应说明原因和进展情况。

4．污染物达标排放和总量控制情况

（1）分行业统计说明各类污染物达标排放和总量控制情况，并与以往年度进行比较，对发生恶化的环境指标说明原因。

a. 废水年排放量、废水中常规污染物和特征污染物的年排放量、总量指标完成情况，排放达标情况和排放去向；

b. 废气中常规污染物和特征污染物的年排放量、总量指标完成情况、排放达标情况；

c. 一般工业固体废物的产生量、利用量，危险废物的产生量、安全处置量和去向；

d. 厂界噪声达标情况；

e. 放射性物质和电磁辐射是否在环境安全水平范围内。

（2）出现污染物排放超标的，要说明排放浓度、排放标准，超标原因和整改措施。

（3）出现污染物排放超总量的，要说明原因和整改措施。

（4）对照主要污染物总量减排任务，说明各子公司或分公司减排工程实施进度和减排指标完成情况。

5．清洁生产实施情况

（1）被列入清洁生产强制性审核范围的，应说明依法实施清洁生产审核及开展评估或验收的情况，重点说明清洁生产方案的实施情况、资金投入及取得的环境绩效。

（2）未被列入清洁生产强审范围的，说明清洁生产实施情况。

6．环保设施建设和运行情况

（1）说明废水、废气、噪声环保设施的配备和稳定运转情况。

（2）说明企业因生产情况改变或其它原因导致的环保设施变化情况，包括新增、改造或拆除的环保设施类型、规模和数量等。

（3）说明重点污染源自动监控装置依法安装和运行情况。

7．有毒有害物质使用和管理情况

（1）对照有毒化学品目录、危险化学品名录等，说明在原料、产品及其生产过程中含有或使用有毒有害物质的名称、使用量和安全使用情况。

（2）说明我国法律法规及签署的国际公约中禁用物质的依法替代或淘汰情况。

8．环境风险管理体系建立和运行情况

（1）构成重大风险源的，要说明企业环境风险管理机制的建设情况；

（2）说明突发环境事件应急预案的完备情况。

9．上市环保核查执行情况

在环保核查期间，环保主管部门提出环保整改要求的，或上市公司承诺整改环保问题的，说明整改方案及实施情况。

（三）上市公司自愿披露的其它环境信息

鼓励上市公司在定期环境报告中，自愿披露以下环境信息：

1．经营者的环保理念

上市公司最高经营者对企业经营理念和价值观，表明上市公司推行可持续发展战略的决心和积极推动环境保护活动的姿态。

2．上市公司的环境管理组织和环境目标

介绍环境管理组织机构体系结构图，各职能部门及其人员相关责任，环境管理组织运转现状，与环境保护方针相适应的中长期目标，目前目标和指标的完成情况及下一阶段计划等。

3．环境管理情况

包括环境体系认证及自愿开展清洁生产的情况；与环保相关的教育及培训；与利益相关者进行环境信息交流；环境技术开发情况；环境管理会计推进情况，环保投资、环境成本和环境效益核算情况；获得的环境保护荣誉；环境标志认证情况。

4．环境绩效情况

包括单位产品或单位原料的原料消耗、水资源消耗、能耗等；单位产品或单位原料的废水产生量、主要污染物排放量、温室气体排放量等。

5．其他环境信息

包括致力于推动环境保护的援助；向社会提供的环境教育项目情况；绿化、植树、自然修复等情况；生物多样性保护方面所采取的行动；企业其他方面的信息。

（四）上市公司年度环境报告披露的信息内容，如无特殊说明均指在报告时期内发生的事件。

（五）上市公司年度环境报告的编写参考格式见附件。

三、临时环境报告

（一）临时报告发布时间应为重大事件发生即日算起或者触及披露时点的两个交易日内。

（二）上市公司应当及时披露重大环境事件发生的时间、原因、处理过程和结果，主要包括以下内容：

1．发生重大环境污染事故时，报告事故发生的时间、地点、原因、污染的影响范围和环境危害特征，已实施的应急处理措施及效果。

2．受到严重环保处罚的，报告被查处的时间、违反的法律条款、受到的处罚内容，采取的整改措施和处理结果。

3．发生集体性环境信访事件时，报告发生的时间、地点、争议的环境问题，目前处理的措施。

4．因环境问题涉及重大诉讼的，报告被起诉的时间、起因，目前事件进展。

四、相关名词解释

本指南中下列用语的含义

1．重污染行业

暂定为：冶金、化工、石化、煤炭、火电、建材、造纸、酿造、制药、发酵、纺织、制革和采矿业等 13 类行业，以及其它排放有毒有害物质及重金属污染物的行业。上市公司或其下属的子公司、分公司从事上述重污染行业生产经营的，即为本指南所指重污染行业上市公司。

2．重大环境污染事故

按照国家突发环境事件应急预案的分类，指较大、重大及特大突发环境事件：

（1）较大突发环境事件

凡符合下列情形之一的，为较大突发环境事件：

a. 发生 3 人以上、10 人以下死亡，或中毒（重伤）50 人以下；

b. 因环境污染造成跨地级行政区域纠纷，使当地经济、社会活动受到影响；

c. 3 类放射源丢失、被盗或失控。

（2）重大突发环境事件

凡符合下列情形之一的，为重大突发环境事件：

a. 发生 10 人以上、30 人以下死亡，或中毒（重伤）50 人以上、100 人以下；

b. 区域生态功能部分丧失或濒危物种生存环境受到污染；

c. 因环境污染使当地经济、社会活动受到较大影响，疏散转移群众 1 万人以上、5 万人以下的；

d. 1、2 类放射源丢失、被盗或失控；

e. 因环境污染造成重要河流、湖泊、水库及沿海水域大面积污染，或县级以上城镇水源地取水中断的污染事件。

（3）特别重大突发环境事件

凡符合下列情形之一的，为特别重大突发环境事件:

a. 发生 30 人以上死亡，或中毒（重伤）100 人以上；

b. 因环境事件需疏散、转移群众 5 万人以上，或直接经济损失 1000 万元以上；

c. 区域生态功能严重丧失或濒危物种生存环境遭到严重污染；

d. 因环境污染使当地正常的经济、社会活动受到严重影响；

e. 利用放射性物质进行人为破坏事件，或 1、2 类放射源失控造成大范围严重辐射污染后果；

f. 因环境污染造成重要城市主要水源地取水中断的污染事故；

g. 因危险化学品（含剧毒品）生产和贮运中发生泄漏，严重影响人民群众生产、生活的污染事故。

3．严重环保处罚

指因违反环保法律法规，被依法取缔、责令停产整治、限期治理或高限处罚的，包括以下任一情形：

（1）属于国家明令淘汰的落后产品、工艺或生产能力，因未能完成淘汰任务被依法取缔关闭的；

（2）因违规排污或造成严重污染被限期治理或停产整治，或整治后仍不能达到要求，被予以关闭的；

（3）已建成投产的建设项目因不符合产业政策、准入条件、未经环评审批等原因被停止生产的；

（4）因违反环保法律法规被处以高限处罚或主要资产被查封、扣押的。

附录：上市公司年度环境报告编写参考格式

一、董事会致辞

阐述上市公司开展环境信息披露的意义和必要性，描述上市公司的环境保护方针和发展战略，结合上市公司的特点说明环境保护的目标及完成情况，提出未来公司在经济、环境和社会责任方面所面临的主要挑战以及应对措施。

二、公司概况

（一）公司名称、创建时间、总部所在地

（二）公司从事的行业及规模、主要产品和服务

（三）公司总资产、销售额、公司结构（股东结构）及分布状况（所在国家及地区）

（四）公司发展历程（适用于首次发布环境报告书的企业）

（五）在报告期内公司规模、结构、产权、产品或服务等方面发生重大变化的情况

三、编制说明

（一）明确界定年度环境报告涵盖公司分支结构的信息

（二）说明年度环境报告提供信息的时间范围、发行日期

（三）环境信息披露的第三方验证情况（如有）

（四）编制人员及联系方式（电话、传真、电子邮箱及网址）

（五）意见及信息反馈方式

四、环境报告书的编制流程

（一）公司的环境管理结构

（二）各部门的职能和责任

（三）环境报告书的审核运转流程

五、重大环境污染事故发生情况

六、环境守法情况

（一）环保处罚和环境纠纷事件

（二）落后产能淘汰情况

（三）环境影响评价和三同时制度执行情况

（四）强制性清洁生产实施情况
（五）有毒有害物质使用及管理情况
（六）上市环保核查执行情况
七、环境管理情况
（一）环境保护方针和目标
（二）环境管理会计推进情况，包括环保投资、环境成本和环境效益核算情况
（三）环境管理体系和环境标志认证情况
（四）自愿开展清洁生产的情况
（五）环境风险管理体系建立和运行情况
（六）与环保相关的教育及培训，与利益相关者进行环境信息交流
（七）获得的环境保护荣誉
八、污染物排放、消减措施和目标
（一）环境监测计划执行情况
（二）环保设施运行情况
（三）各类污染物达标排放和总量指标完成情况
（四）主要污染物减排任务完成情况。
九、环境绩效
（一）单位产值或单位产品的原料消耗、水资源消耗、能耗等。
（二）单位产值或单位产品的废水产生量、主要污染物排放量、温室气体排放量等。
十、其他信息
十一、结语

附件 2　江苏省社区环境圆桌会议实施办法（试行）

第一节　总　则

第一条　为搭建环境信息交流平台，拓宽公众参与渠道，促进环境矛盾的有效解决，维护人民群众的环境权益，努力实现构建社会主义和谐社会的目标，根据《政府信息公开条例》《环境信息公开办法(试行)》等法律法规，制定本办法。

第二条　社区环境圆桌会议制度，是促进政府、企业、公众就本地区环境问题定期开展平等对话的一项制度。

第三条　社区环境圆桌会议遵循定期沟通、自愿参与、平等对话、协商解决的原则。

会议的举行，应公开、公正、透明。

第四条　江苏省环境保护厅负责推进、指导、协调、监督江苏的社区环境圆桌会议工作。

县级以上地方人民政府环保部门负责组织、协调、监督本行政区域内的社区环境圆桌会议工作。

第二节　会议准备

第五条　环境信息圆桌会议是环境公众参与制度的创新和探索，为使对话取得预期效果，在召开会议之前组织方须做好宣传策划，主要参会者的确定及沟通，会场布置等各项准备工作。

第六条　对话议题的选择，必须本着贴近群众切身利益、贴近社会关注热点、贴近政府工作要求的原则，结合本地区实际情况确定。对话议题的范围为：

（一）本地区群众关心、反映强烈、矛盾突出的环境问题；

（二）本地区近期或远期准备开展的环境保护具体内容；

（三）其它环境保护、生态建设方面的议题。

第三节　会议组织和参加人员

第七条　社区环境圆桌会议由所在地政府或环保部门组织，并邀请其它有关职能部门参加。

第八条　社区环境圆桌会议主持人由环保部门负责人或专家、环保非政府组织成员担任。主持人必须熟悉会议所涉及的环保项目，做到公平、公正、坦诚，及时了解各方需求，做好沟通交流的工作，并具有一定的活跃现场气氛的能力。

社区环境圆桌会议应配备专门的记录员。

第九条　会议应邀请政府部门代表参加。

在代表的遴选和邀请工作中，会议组织方应当认真分析相关材料，在获得充分的信息的基础上，确定与会代表候选名单。

环保主管部门可以向同级人民政府、上级主管部门或上级政府申请协调，进行代表的邀请。

与会代表对自己所代表部门负有一定责任并能做出相关决定或承诺。

第十条　会议可酌情邀请环保专家参加。

环保专家在现场可以起到桥梁和纽带的作用，其观点必须中肯而科学。利用他们的公信力，可以使问题得到更加充分的沟通和理解，有利于缓和会场气氛，有利于将专业的环境问题解释的通俗易懂，从而有利于公众的理解和接受。

第十一条　会议须邀请利益相关方参加。

（一）组织方须提前告知利益相关方对话举行的时间、地点和议题，设计符合地方实际的报名方式和原则，采用简单、易行、快速的方法在短时间内回收代表的报名申请。在展开报名工作的同时，应全面和准确的告知代表的相关责任和义务。

（二）最终确定公众代表后可在相关利益影响的社区进行公示，无异议后方可开展会议。

（三）被确定的参会人员要尊重自己的参与权利，按时参加会议，并保证用语文明、礼貌和相互尊重，以利于对话取得圆满效果。

第十二条　参加会议的利益相关方应包含公众代表。公众代表应具备的基本条件：

（一）热心公共服务，具有一定的奉献精神；

（二）有一定的专业知识和技能，或具有学习专业知识的能力；

（三）充分理解和认识到圆桌会议的精神和宗旨，以高度重视的态度参加圆桌对话会议，珍惜自己在会议上的话语权。

第十三条　会议须邀请利益责任方（企业、各部门等）参加。

利益责任方应对自己所代表的组织具有一定的决定权，或被赋予相当的代表权，按照主持单位要求准备相关的信息。利益责任方承担的义务为：

（一）在会议现场回应相关信息，避免消极应对，避免变成通报或新闻发布；

（二）对没有解决或不能解决的问题说明原因，并针对这些问题作出整改承诺，提交主持方公开发布。

第十四条　会议应邀请新闻媒体代表作为列席人员参加。

第十五条　会议可邀请环保组织、志愿者、居民、自愿参会的非相关部门代表及其他观摩人员列席参加，列席人员不得发言。

第四节　会议安排

第十六条　会场不设主席台。除设主持人位置外，其他座位要体现平等、尊重和民主的原则。

第十七条　会议程序为：

（一）会议开始时，由会议组织方先发放会议信息通报、会议议程以及调查问卷等；

（二）主持人介绍会议议程，包括会议目的、内容、注意事项以及与会人员，主持人的发言不能具有导向性和偏向性；

（三）部门主管人员介绍议题情况以及讨论的目的等；

（四）由各方代表发言，提出各自的问题和观点：

1．主持方代表可以提供相关的政策法规、当地环境状况信息、造成相关环境问题的原因简析、近期开展的相关环境建设活动信息，对于信息沟通不畅所造成的问题进行说明和解释；

2．利益相关方在听取各方发言后，分别就不同的问题向责任方和主管部门进行质询和提问；

3．责任方就代表提出问题作出回答，并提出解决矛盾的建议和安排；

（五）主持人作总结报告；

（六）会议组织方对会议调查问卷组织填写和回收。

第五节　会议宣传、监督及评估

第十八条　新闻媒体应对会议进行全程跟踪记录和会后采访，并在当地新闻媒体播放，对公众关注的热点问题，可以进行深度报道。

会议结束后，应在当地环保部门官方网站上公布会议内容和达成的合意，组织方也可采用多种方式对会议进行宣传，对会议达到的效果进行公示，提高公众的关注度。

第十九条　公众根据会议达成的合意，有权向环保部门申请了解合意执行的情况，环保部门须提请相关政府部门或责成相关企业在申请送达起 15 个工作日内通过书面形式向申请人进行回复。

第二十条　会议召开后一定时间内，由相关机构或主管部门进行评估和总结，通过问卷、访谈以及事后回访等形式，认真分析和评估会议的效果及经验教训，为开展下一次工作提供经验，也为问题的解决提供后续保障。

第六节　附则

第二十一条　本实施办法自印发之日起施行。

参考文献

[1] Denzau A T，North D C. Shared Mental Models：Ideologies and Institutions，Kyklos[J]. Blackwell Publishing，1994，47（1）：3-31.

[2] Axelrod，Robert，et al. The Evolution of Cooperation[J]. Science，1981，211：1390-1396.

[3] Axelrod，Robert. The Emergence of Cooperation Among Egoists[J]. American Political Science Review，1981，75：306-318.

[4] Mantzavinos C，Northand D C. S.Shariq，Learning，Institutions，and Economics. Performance[J]. Perspectives on Politics，2004，2（1）：75-84

[5] Jeans-Jacques Rousseau. The social contract，tran，by Maurice Cranston[M]. New York：Penguin Books，1968.

[6] Porter M E. American's green strategy[J]. Scientific American ，1991，4.

[7] Porter M E. Green and competitiveness：ending the stalemate[J]. Harvard business review，1995，73（5）：120-134.

[8] Pargal S，Wheeler D. Informal Regulation in Developing Countries：Evidence from Indonesia[J]. Journal of Political Economy，1996，104.

[9] Dietz T，Ostrom E，Stern P C. The Struggle to Govern the Commons[J]. Science，2003（302）：1910.

[10] ThomasHobbes. Leviathan[M]. Oxford：Oxford University Press，1943.

[11] Hohfeld W N. Some fundamental legal conceptions as applied in judicial reasoning. Yale Law Journal，1913，23：16-59.

[12] Blackman A. Can voluntary environmental regulation work in developing countries？ Lessons from case studies[J]. Policy Studies Journal，2008，36（1）：119-141.

[13] Hanks J. A role for negotiated environmental agreements in developing countries[J]. Voluntary Environmental Agreements：Process，Practice，and Future Use，edited by P. ten Brink. Belgium：Institute for European Environmental Policy，2002.

[14] Eskeland G S，Jimenez E. Policy instruments for pollution control in developing countries[J]. The World Bank Research Observer，1992，7（2）：145-169.

[15] Russell C S，Vaughan W J. The choice of pollution control policy instruments in developing countries：arguments，evidence and suggestions[J]. The international yearbook of environmental and resource economics 2003/2004：a survey of current issues，2003：331-371.

[16] Fry M J. Money，interest，and banking in economic development[M]. Johns Hopkins University Press Baltimore，1988.

[17] Wehrmeyer W，Mulugetta Y. Growing pains：Environmental management in developing countries[M].

Greenleaf Publishing，1999.

[18] Blackman A. Small firms and the environment in developing countries：collective impacts，collective action[M]. Rff Press，2006.

[19] Davies T，Mazurek J. Industry incentives for environmental improvement：Evaluation of US federal initiatives[M]. Global Environmental Management Initiative，1996.

[20] Carmin J A，Darnall N，Milomens J. Stakeholder involvement in the design of US voluntary environmental programs：does sponsorship matter？[J]. Policy Studies Journal，2003，31（4）：527-543.

[21] Baggott R. By voluntary agreement：The politics of instrument selection[J]. Public Administration，1986，64（1）：51-67.

[22] Gamper-Rabindran S. Did the EPA's voluntary industrial toxics program reduce emissions？ A GIS analysis of distributional impacts and by-media analysis of substitution[J]. Journal of Environmental Economics and Management，2006，52（1）：391-410.

[23] Rivera J，De Leon P. Is greener whiter？ Voluntary environmental performance of western ski areas[J]. Policy Studies Journal，2004，32（3）：417-437.

[24] Rivera J，De Leon P，Koerber C. Is greener whiter yet？ The sustainable slopes program after five years[J]. Policy Studies Journal，2006，34（2）：195-221.

[25] Koehler D A. The effectiveness of voluntary environmental programs policy at a crossroads？[J]. Policy Studies Journal，2007，35（4）：689-722.

[26] Darnall N，Carmin J. Greener and cleaner？ The signaling accuracy of US voluntary environmental programs[J]. Policy Sciences，2005，38（2）：71-90.

[27] Darnall N，Carmin J A，Kreiser N，et al. The design and rigor of US voluntary environmental programs：Results from the VEP survey[R]. Department of Political Science & Public Administration，North Carolina State University and Department of Urban Studies and Planning，Massachusetts Institute of Technology，2007.

[28] Blackman A，Uribe E，van Hoof B，et al. Voluntary environmental agreements in developing countries[J]. Resources for the Future，2009：72-83.

[29] Sarkis J. The adoption of environmental and risk management practices：Relationships to environmental performance[J]. Annals of Operations Research，2006，145（1）：367-381.

[30] Zhu Q，Sarkis J. Relationships between operational practices and performance among early adopters of green supply chain management practices in Chinese manufacturing enterprises[J]. Journal of Operations Management，2004，22（3）：265-289.

[31] Claver E，Lopez M D，Molina J F，et al. Environmental management and firm performance：A case study[J]. Journal of environmental management，2007，84（4）：606-619.

[32] Kassinis G，Vafeas N. Stakeholder pressures and environmental performance[J]. The Academy of Management Journal ARCHIVE，2006，49（1）：145-159.

[33] Cormier D，Magnan M，Morard B. The impact of corporate pollution on market valuation：some empirical evidence[J]. Ecological Economics，1993，8（2）：135-155.

[34] Judge W Q，Douglas T J. Performance implications of incorporating natural environmental issues into the strategic planning process：An empirical assessment[J]. Journal of Management Studies，1998，35（2）：

241-262.

[35] Klassen R D，Whybark D C. The impact of environmental technologies on manufacturing performance[J]. Academy of Management Journal，1999：599-615.

[36] Klassen R D，McLaughlin C P. The impact of environmental management on firm performance[J]. Management science，1996：1199-1214.

[37] Cordeiro J J，Sarkis J. Environmental proactivism and firm performance：evidence from security analyst earnings forecasts[J]. Business Strategy and the Environment，1997，6（2）：104-114.

[38] Walley N，Whitehead B. It's not easy being green[J]. The Earthscan reader in business and the environment，1994：36-44.

[39] Hussey D M，Eagan P D. Using structural equation modeling to test environmental performance in small and medium-sized manufacturers：can SEM help SMEs? [J]. Journal of Cleaner Production，2007，15（4）：303-312.

[40] Brouhle K，Griffiths C，Wolverton A. The use of voluntary approaches for environmental policymaking in the US，The Handbook of Environmental Voluntary Agreements：Springer，2005：107-134.

[41] Mazurek J. Government-sponsored voluntary programs for firms — An initial survey[J]. New Tools for Environmental Protection：Education，Information，and Voluntary Measures，The National Academies Press，National Academy of Sciences，2002：219-234.

[42] Khanna M，Damon L A. EPA's voluntary 33/50 program：impact on toxic releases and economic performance of firms[J]. Journal of environmental economics and management，1999，37（1）：1-25.

[43] Mark A. Cohen. Optimal Enforcement Strategy to Prevent Oil Spills：An Application of a Principal-Agent Model with Moral Hazard[J]. Journal of Law and Economics 1987，23.

[44] According to data reported in Cohen（1992），supra note 1 at 1081，the typical firm convicted of an environmental crime（where the harm could be estimated）could expect to pay total monetary sanctions just equal to that harm.

[45] Wendy Naysnerski and Tom Tietenberg. Private Enforcement// Innovation in Environmental Policy：Economic and Legal Aspects of Recent Developments in Environmental Enforcement and Liability，Tom Tietenberg，ed.（Hants，England：Edward Elgar Publishing），1992.

[46] Seema Arora and Timothy N. Cason. An Experiment in Voluntary Environmental Regulation：Participation in EPA's 33/50 Program[J]. Journal of Environmental Economics and Management 1995.

[47] Peter W. Kennedy，Benoit Laplante and John Maxwell. Pollution Policy：The Role for Publicly Provided Information[J]. Journal of Environmental Economics and Management.1994，26：31-43 .

[48] John W. Maxwell，Thomas P. Lyon，and Steven C. Hackett. Self-Regulation and Social Welfare：The Political Economy of Corporate Environmentalism[J]. Journal of Law and Economics 2000，43：583-617.

[49] Harford，Jon D. Firm Ownership Patterns and Motives for Voluntary Pollution Control[J]. Managerial and Decision Economics.1997，18：421-32.

[50] James T. Hamilton. Pollution as News：Media and Stock Market Reactions to the Toxics Release Inventory Data[J]. Journal of Environmental Economics and Management.1995，28：98.

[51] Shameek Konar and Mark A. Cohen，Information as Regulation：The Effect of Community Right to Know Laws on Toxic Emissions[J]. Journal of Environmental Economics and Management，1997.

[52] Ottman，Jacquelyn，Green Marketing：Challenges and Opportunities for the New Marketing Age[M]. Chicago，Ill：NTC Business Books.1993.

[53] Makower，Joel. The E-Factor：The Bottom-Line Approach to Environmentally Responsible Business[M].New York：Penguin Books.1994.

[54] Jensen，Michael C. and William H. Meckling. Theory of the Firm：Managerial Behavior，Agency Costs and Ownership Structure[J]. Journal of Financial Economics.1976.

[55] Organization for Economic Co-operation and Development. Environmental indicators：a preliminary set. Paris. OECD.1991.

[56] Walley N，Whitehead B. It' s not Easy being GreenJ.Harvard Business Review，1994.72（3）：171-180.

[57] Shrivastava P. The Role of Corporations in Achieving Ecological Sustainability[J].Academy of Management Review，1995.20（4）：936-960.

[58] Reinhardt F L. Environmental Product Differentiation：Implications for Corporate Strategy[J]. California Management Review，1998.40（4）：43-73.

[59] Klassen R D，Mclaughlin C P. The Impact of Environmental Management on Firm Performance[J]. Management Science.1996.42：1199-1214.

[60] Poter M.E.，Van der Linde C. Green and Competitive：Ending the Stalemate[J]. Harvard Business Review，1995，73（5）：120-134.

[61] Roberts Lin，Gehrke Tina. Linkages between best Practice in business and good environmental Performance by companies[J].Journal of Cleaner Production，1996，4（3）：189-202.

[62] Stanwick P A，Stanwick S D. The Relationship between Corporate Social Performance and Organizational Size，Financial Performance，and Environmental Performance：An Empirical Examination [J].Journal of Business Ethics，1998，17（2）：195-204.

[63] Christmann P. Effects of“Best Practices”of Environmental Management on Cost Advantage：The Role of Complementary Assets[J].Academy of Management Jounral.2000，43（4）：663-680.

[64] Stefan Schaltegger，Terje Synnestvedt. The link between “green” and economic success：environment management as the crucial trigger between environmental and economic Performance [J].Journal of Environmental Management.2002，65：339-346.

[65] Daniel Tyteca. On the Measurement of the Environmental Performance of Firms-A Literature Review and a Productive Efficiency Perspective[J].Journal of Environmental Management，1996，46：281-308.

[66] Anne Y Hinitch，Naomi S. Soderstrom，Tom E. Thomas. Measuring corporate environmental Performance[J]. Journal of Accounting and Public Policy，1998，17：383-408.

[67] Young C W，Welford R J. An environmental performance measurement framework for business [J].GMI，1998，21（Spring）：30-49.

[68] Johan Thoresen. Environmental performance evaluation-a tool of industrial improvement [J]. Journal of Cleaner Production，1999，7：365-370.

[69] Bvon.Bhar，O.J.Hanssen，M.Vold，et al. Experiences of environmental performance valuation in the cement industry. Data quality of environmental Performance indicators as a limiting factor for Benchmarking and Rating[J].Journal of Cleaner Production.2003，11：713-725.

[70] Charnes J.Corbett，Jeh-Nan pan. Evaluating environmental performance using statistical Process control

techniques [J].European Journal of operational Research，2002，139：68-83.

[71] Momoshima T. An attempt on environmental rating using eco-efficiency[J]. Chemical Economics，2004（49）：12-22.

[72] Wood D. Corporate social performance revisited [J].Academy of Management Review.1991，16（4）：691-718.

[73] Jackson D，Chynoweth E. Responsible care：FranceJ.Chemical week.1992，150（23）：140.

[74] Haines R W. Environmental Performance indicators：balancing compliance with business economics[J]. Total Quality Environmental Management.1993，2：367-372.

[75] Fare R，Grosskopf. S. and Tyteca D. An activity analysis model of the environmental Performance of firms- Application to fossil fuel-fired electric utilities [J].Umea Economic Studies No.359.University of Umea（Sweden）.1994.

[76] Lober D. Evaluating the environmental performance of corporations [J].The journal of Manangerial lssues.1996，8（2）：184-205.

[77] Wolfe A，Howes H A. Measuring environmental Performance：theory and practice at Ontario [J].Total Quality Environmental Management.1993，3（4）：355-366.

[78] Metcalf K R，Williams P L，Minter J R，Hobson C M. An assessment of corporate environmental Programs and their Performance measurement system[J].Journal of Environmental Health.1995，67（2）：9-17.

[79] Epstein M. Measuring Corporate Environmental Performance [M].Irwin，Chiegao.1996.

[80] ISO14031.Environ.mangaement-environ performance evaluation-Guidelines [R].1998.

[81] Markus Lehni. Eco-efficiency-Creating more Value with less impact[R].WBCSD，2000.

[82] United Nations conference on trade and development. Integrating environmental and financial performance at the enterprise level-a methodology for standardizing Eco-efficiency indicators[R].2000.

[83] Suhejla Hoti，Michael McAleer，Laurent L.Pauwels. Measuring risk in environmental financeJ. Journal of Economic Surveys.2007.Vol. 21，No. 5，pp. 970－998.

[84] Chames，W.W.Cooper，B.Golany，L.M，Seiford，J.Stutz. Foundations of Data Envelopment Analysis for Pareto-Koopmans Efficient Empirical Production Functions [J]. Journal of Econometrics，1985，（30）：91-107.

[85] Dyckhoff H，Allen K. Measuring ecological efficiency with data envelopment analysis[J]. European Journal of Operational Research. 2001，13：312-325.

[86] Sarlas J，Dijkshoom J. Eco-efficiency of solid waste management in Welsh SMEs[J]. J. Environmentally Conscious Manufacturing. 2005，3：59-97.

[87] Suhejla Hoti，Michael McAleer，Laurent L.Pauwels. Measuring risk in environmental finance[J]. Journal of Economic Surveys.2007.Vol. 21，No. 5：970－998.

[88] World Business Council for Sustainable Development&United Nations Environment Program. Eco-Efficiency and Cleaner Production：Chartingthe course to Sustainability.WBCSD，1998. 1-18.

[89] Lucas Reijnders. The Factor X Debate：SettingTargets for Eco-efficiency. Journal of Industrial Ecology，1998，2（1）：13-22.

[90] Stefan Schaltegger and Terje Synnestvedt. The link between “green” and economic success：environmental management as the crucial trigger between environmental and economic performance[J].

Journal of Environmental Management .2002，65，339-346.

[91] Freeman R E. Strategic Management：A Stakeholder Approach[M]. New York，Pitman.1984.

[92] Donaldson T，Dunfee T W. Integrative social contracts theory：A communitarian conception of economic[M].1995.

[93] Ayres R U and U.E.Simonis. Industrial metabolism：restructuring for sustainable development Tokyo/New York/Paris：United Nations University Press，1994.

[94] Contlon，J.E.，H.E.Koenig. Sustainable ecological economics[J]. Ecological Economics，1999，31：107-121.

[95] Schoer K. Material flow analysis in the framework of environmental economic accounting in Germany. Eurostat Working paper[R]，European Commisssin，2000.

[96] WBCSD. Measuring Eco-efficiency：A Guide to Reporting Company Performance [R]. Geneva，World Business Council for Sustainable Development，2000.

[97] OECD.Eco-efficiency[R]. Paris，Organisation for Economic Cooperation and Development，1998.

[98] United Nations Conference on Trade and Development. Integrating Environmental and Financial Performance at the Enterprise level：A methodology for standardizing Eco-efficiency Indicators[R]. United Nations Publication，2003. 29-30.

[99] Bowen H R. Social responsibilities of the businessman[M]. NewYork：Harper&Row. 1953.

[100] Davis K. Can business afford to ignore social responsibilities？[J]. California Management Review，1960，（Spring），2，70-76.

[101] Frederick W C.The growing concern over business responsibility[J]. California Management Review，1960，2，54-61.

[102] Johnson H L. Business in contemporary society：Framework and issues[M]. Belmont，CA：Wadsworth. 1971.

[103] Eilbert H，Parket I R. The current status of corporate social responsibility[J]. Business Horizons，1973，8（16），5-14.

[104] Backman J（Ed.）. Social responsibility and accountability[M]. New York：New York University Press，1975.

[105] Carroll A B. Corporate social responsibility：Will industry respond to cutbacks in social program funding？[J]Vital Speeches of the Day，1983，6（49），604-608.

[106] Archie B. Carroll. Corporate Social Responsibility：evolution of a definitional construct[J]. Business & Society，Vol.38 No.3，September 1999，268-295.

[107] Wood D. Corporate Social Performance Revisited[J]. Academy of Management Review，1991，16，691-718.

[108] Georges Enderle and Lee A. Tavis.A Balanced Concept of the Firm and the Measurement of Its Long-Term Planning and Performance. Journal of Business Ethics，Vol. 17，No. 11（Aug.，1998），pp. 1129-1144.

[109] Steger U. The Greening of the Board Room：How German Companies are Dealing with Environmental Issues[M].in Fiseher，Kurt and Sehot，Johaneds.，Environmental Strategies for Industry，Washington，DC.：Island press.1993.

[110] Winn S F，Roome N J. R&D Management Response to the Environment Current Theory and implications to practice and Research[J].R&D Management Review，1993，23（2）：147-160.

[111] Wu，Haw-Jan，Dunn，Steven C. Environmentally Responsible Logistics System [J].International Joumal of Physical Distribution and Logistics Management，1997，25（2）：20-38.

[112] Kstad E，Hanssen O J. Environmental performance indicators in industry[R]，Confederation of Norwegian Business and Industry，Oslo，Norway. 1997.

[113] Global Reporting Initiative，Guidelines for corporate sustainability reporting. CERES，Boston. 1999.

[114] Tyteca D. On the measurement of the environmental performance of firms-a literature review and a productive efficiency perspective[J]. Journal of Environmental Management 1996；46：281-308.

[115] Charles J.Corbet，Jeh-Nan Plan.Evaluating environmental performance using statistical process control techniques. European Journal of Operational Research，2002，139：68-83.

[116] Baber W R，Janakiraman S N，Kang S.1996.Investment Opportunities and the Structure of Executive Compensation. Journal of Accounting and Economics.21：297-318.

[117] Marc J Epstein，S David Young. Greening with EVA[J]. Stategic Finance，1999，1：70-93.

[118] 盐城自来水污染源头找到肇事企业曾有偷排纪录. http：//news.sohu.com/20090221/n262380458.shtml.

[119] 埃莉诺•奥斯特罗姆. 公共事物的治理之道：集体行动制度的演进[M]. 上海：上海三联书店：2000，62-144.

[120] 巴里•克拉克"：政治经济学：比较的视点[M]. 北京：经济科学出版社，2001，362.

[121] 曾贤刚. 地方政府环境管理体制分析[J]. 教学与研究，2009，1：34-39.

[122] 曾贤刚，程磊磊. 不对称信息条件下环境监管的博弈分析[J]. 经济理论与经济管理，2009（8）：56-59.

[123] 陈国军，王勉. 战胜危机重心在改革[J]. 瞭望新闻周刊，2009，29：7.

[124] 程承坪. 理解科斯定理[J]. 学术月刊，2009（4）：55-61.

[125] 大卫•鲍兹. 古典自由主义入门读物. 北京：同心出版社，2009：286.

[126] 戴维•奥斯本彼得•普拉斯特里克. 政府改革手册：战略与工具[M]. 北京：中国人民大学出版社，2004：500-501.

[127] 戴维•斯密克. 世界是弯的. 中信出版社，2009，112.

[128] 丹尼尔•W•布罗姆利. 经济利益与经济制度——公共政策的理论基础[M]. 上海：上海人民出版社，2006，40-141.

[129] 单忠东. 中国企业社会责任调查报告 2006[M]. 北京：经济科学出版社，2007：62-63.

[130] 道格拉斯•C•诺思. 制度、制度变迁与经济绩效[M]. 上海：上海人民出版社，2008：101-146.

[131] 丁元竹. 和谐社会的基本机制、约束因素及其对策（上）[J]. 学术月刊，2006（11）：5-11.

[132] 冯仕政. 沉默的大多数：差序格局与环境抗争[J]. 中国人民大学学报，2007，1.

[133] 高鉴国，高泰姆•亚达马，高功敬. 农村基本公共品的社区供给：山东省 30 个村庄的调查[J]. 山东社会科学，2010（2）.

[134] 龚向虎. 合作的产生—个多视角理论综述[M]//制度经济学研究第二十二辑. 北京：经济科学出版社，2006，24.

[135] 贵阳市委书记：水污染比贪污几千万罪过[N]. 南方周末，2009-10-12.

[136] 胡刚. 论企业社会责任经营战略[J]. 中国经济问题，2007，3：49-54.

[137] 吉德福•平肖. 在工作场所创建社区. 未来的社区（德鲁克纪念版）[M]. 北京：中国人民大学出版社，

2006，116.

[138] 贾西津. 中国公民参与：案例与模式. 2008，10.

[139] 解建立，任广浩. 改善农民民生的基本制度设计：多中心理论与农村公共物品供给主体多元化[J]. 学术交流，2007（11）：106-109.

[140] 劳婕，等. 激活民主制度的“末梢神经”——访国务院发展研究中心研究员赵树凯[J]. 中国改革，2007（5）：32.

[141] 李佳，郑晔. 乡村精英、社会资本和农村合作经济组织[J]. 社会科学研究，2008（2）：82-85.

[142] 刘藏岩. 民营企业社会责任推进机制研究[J]. 经济经纬，2008（5）：111-113.

[143] 罗伯特•阿克塞尔罗德. 合作的复杂性：基于参与者竞争与合作的模型[M]. 上海：上海世纪出版集团，2008：52-69.

[144] 曼瑟尔•奥尔森. 集体行动的逻辑[M]. 上海：上海三联出版社，上海人民出版社，1995：5.

[145] 莫志宏，黄春兴. 损害具有相互性本质吗？——论科斯思想中潜藏的计划观点[J]. 制度经济学研究，2009（2）.

[146] 潘岳. 以环境友好促进社会和谐[J]. 求是，2006，15：16-18.

[147] 蒲岛郁夫. 政治参与[M]. 北京：经济日报出版社，1989：52.

[148] 乔治•斯蒂纳，约翰•斯蒂纳. 企业、政府与社会[M]. 北京：华夏出版社，2002：7-16.

[149] 塞缪尔•P 亨廷顿：变化社会中的政治秩序[M]. 上海：上海人民出版社，2008：42.

[150] 世界银行. 变革世界中的政府——1997 年世界发展报告[M]. 北京：中国财政经济出版社，1997.

[151] 孙立平. 从政治整合到社会重建[J]. 瞭望新闻周刊，2009，36（26-29）.

[152] 陶传进. 环境治理：以社区为基础[M]. 北京：社会科学文献出版社，2005，14-29.

[153] 托尼•赛奇. 盲人摸象：中国地方政府分析[J]. 经济社会体制比较，2006，4：99-126.

[154] 汪永晨. 为环保“死磕”[J]. 半月谈，2007，1：69-71.

[155] 王佳慧. 农民权利保护的关键：农民主体地位的确立[J]. 长白学刊，2009（1）：99-104.

[156] 王晓玲，谢金林. 利益均衡：和谐社会构建的基本途径[J]. 江西社会科学，2007，5：194.

[157] 王永钦，张晏，张元. 十字路口的中国经济：基于经济学文献的分析[J]. 世界经济，2006，10：3.

[158] 王远，陆根发，罗轶群，等. 工业污染控制的信息手段：从理论到实践[J]. 南京大学学报：自然科学版，2001，37（6）：743-748.

[159] 吴理财. 我为什么主张“乡政自治”[M]// 比较（第九辑）. 北京：中信出版社，2003：174-186.

[160] 徐蓉. 对话模式及其在社会领域的适用性[J]. 学术月刊，2010（6）：16-17.

[161] 燕继荣. 中国社区治理创新的理论解释[J]. 天津社会科学，2010（3）：59-64.

[162] 杨立华. 构建多元协作性社区治理机制解决集体行动困境—— 一个“产品—制度”分析（PIA）框架[J]. 公共管理学报，2007（2）：6-23.

[163] 杨瑞龙，邢华. 科斯定理与国家理论——权力、可信承诺与政治企业家[J]. 学术月刊，2007，39（1）：88-89.

[164] 俞可平. 中国公民社会：概念、分类与制度环境[J]. 中国社会科学，2006（1）.

[165] 于水. 农村公共产品供给与管理研究[J]. 江苏社会科学，2010（2）：115-121.

[166] 约翰•克莱顿•托马斯. 公共决策中的公民参与——公共管理者的新技能与新策略[M]. 北京：中国人民大学出版社，2010：49.

[167] 约翰•克莱顿•托马斯. 公共决策中的公民参与——公共管理者的新技能与新策略[M]. 北京：中国人

民大学出版社，2010：20-27.

[168] 张嫚. 环境规制约束下的企业环境行为[M]. 北京：经济科学出版社，2010：58-63.

[169] 政协常委. 99%群体事件由民众利益受侵害引发. http：//news.sina.com.cn/c/2006-08-03/20319650524s.shtml.

[170] 坤风纺织交易受益[N]. 中国企业报， 2009-09-01.

[171] 周业安. 认知、学习和制度研究笔记——新制度经济学的困境与发展[J]. 中国人民大学学报，2005，1.

[172] 米都斯. 增长的极限[M]. 李宝恒，译. 成都：四川人民出版社，1984.

[173] 刘庸. 环境经济学[M]. 北京：中国农业大学出版社，2001.

[174] 张白玲. 环境经济核算体系研究[M]. 北京：中国财政经济出版社，2003.

[175] 徐玖平，蒋洪强. 制造型企业环境成本核算与控制研究[M]. 北京：清华大学出版社，2006.

[176] 于启武. 环境管理标准化理论与方法[M]. 北京：首都经济贸易大学出版社，2000.

[177] 于永达，郭沛源. 金融业促进可持续发展的研究与实践[J]. 环境保护，2003，12：50-53.

[178] 金占明. 企业管理学[M]. 北京：清华大学出版社，2002.

[179] 杨善林. 企业管理学[M]. 北京：高等教育出版社，2004.

[180] 罗伯.格瑞，简.贝宾顿. 环境会计与管理[M]. 2 版. 王立彦，主译. 北京：北京大学出版社，2004.

[181] 李静江. 企业环境会计和环境报告书[M]. 北京：清华大学出版社，2003.

[182] 胡篙. 环境绩效评估概述及探讨[J].北方经贸，2006，1：45-48.

[183] 杨涛. 全面创新循环经济的金融支持体系[J]. 中国经济时报，2006，10：13.

[184] 马中. 资源与环境经济学概论[M]. 北京：高等教育出版社，2002.

[185] 邹骥. 环境经济一体化政策研究[M]. 北京：北京出版社，2000.

[186] 张维迎.博弈论与信息经济学[M].上海，上海三联书店，1996.

[187] 陈宏辉. 企业利益相关者的利益要求[M]. 北京：经济管理出版社，2006.

[188] 吕彬，杨建新. 生态效率方法研究进展与应用[J].生态学报，2006，26（11）：3898-3906.

[189] 张本照，刘吉鹏，等. 绿色管理与我国金融业发展[J]. 经济体制改革，2003.5：139-142.

[190] 王立彦，尹春艳. 我国企业环境会计实务调查分析[J]. 会计研究，1998，8：17-23.

[191] 陈毓圭. 环境会计和报告的第一份指南[J]. 会计研究，1998，5：1-8.

[192] 徐玖平，蒋洪强. 制造型企业环境成本的核算与控制[M]. 北京：清华大学出版社，2006.

[193] 黄其秀.我国上市公司环境信息披露问题研究[D]. 西南财经大学，2003.

[194] 曲冬梅. 美国酸雨计划法的经济学分析//武汉大学环境法研究所基地会议论文集，2003.

[195] 焦若静. 美国的环境会计[J]. 世界环境，2001，2：27-28.

[196] 黄其秀. 我国上市公司环境信息披露问题研究[R]. 西南财经大学，2006.

[197] 邵毅平，等. 关于我国企业环境绩效信息披露问题的研究[J]. 财经论丛，2004，2.

[198] 陈瑶. 基于环境信息披露的材料行业上市公司绿色竞争力评价研究[D]. 南京工业大学，2006.

[199] 王建明，等. 上市公司环境信息披露有关问题探讨[J]. 江海学刊，2005，6.

[200] 李正. 企业社会责任信息披露研究[D]. 厦门大学，2007.

[201] 刘焰，刘华楠，张大勇. 基于生产链的企业环境绩效测度模型[J]. 华中科技大学学报，2003，（9）：25-27.

[202] 郑季良.对企业环境绩效的思考[J]. 生态经济，2005，10：109-112.

[203] 杨东宁，周长辉.企业环境绩效与经济绩效的动态关系模型[J]. 中国工业经济，2004，4：45-52.

[204] 鞠芳辉，董云华，李凯.基于模糊方法的企业环境绩效综合评估模型[J]. 科技进步与对策，2002，3：93-95.
[205] 赵丽娟，罗兵.绿色供应链中环境管理绩效模糊综合评估[J]. 重庆大学学报，2003，11：155-158.
[206] 贾研研. 环境绩效评估指标体系初探[J]. 重庆工学院学报，2004，2：74-76.
[207] 张艳. 绿色制造环境绩效模型的建立和应用[J]. 江汉大学学报：自然科学版，2005，1：34-36.
[208] 陈静，林逢春，曾智超. 企业环境绩效模糊综合评估[J]. 环境污染与防治，2006，1：37-40.
[209] 魏素艳，肖淑芳，程隆云. 环境会计：相关理论与实务[M]. 机械工业出版社，2006.
[210] 谢芳，李慧明. 企业环境绩效评估标准的演进与整合[J]. 经济管理，2006，7：17-20.
[211] 唐建荣，张承煊. 基于 BP 人工神经网络的企业环境绩效评估[J]. 统计与决策，2006，11：161-163.
[212] 陈静. 基于生态效益理念的企业环境绩效动态评估模型[J]. 中国环境科学，2007，27（5）：717-720.
[213] 谢双玉，等. 企业环境绩效评估基准—环境集约度变化指数的再检验[J]. 华中师范大学学报，2007，41（4）：612-616.
[214] 刘丽敏. 国际环境绩效评估标准综述[J]. 统计与决策，2007，8：150-153.
[215] 陈汎. 企业环境绩效评估：在中国的研究与实践. 海峡科学，2008，7：30-34.
[216] 王志慧，于谭杰. 针对上市公司环境保护核查的思考[J]. 中国科技论文在线，2010.
[217] 蒋洪强. 绿色证券的“三驾马车”下一步该如何“拉”[J]. 环境保护，2009，6.
[218] 徐玖平，蒋洪强. 制造型企业环境成本的核算与控制[M]. 北京：清华大学出版社，2006.
[219] 王宗军. 综合评价的方法、问题及其研究趋势[J]. 管理科学学报，1998，1（1）：73-79.
[220] 苏为华. 多指标综合评价理论与方法问题研究[D]. 厦门大学，2000.
[221] 蔡艺. 主成分方法在综合评价中的应用[J]. 中国统计，2006（2）：24-26
[222] 许树柏. 层次分析法原理[J]. 天津：天津大学出版社，1988.
[223] 王学萌，张继忠，王荣. 灰色系统分析及实用计算程序[J]. 武汉：华中科技大学出版社，2001. 9.
[224] 李荣钧. 模糊多准则决策理论与应用[M]. 北京：科学出版社，2002.
[225] 秦薇. 区域主导产业选择的系统分析[D]. 西南交通大学，2000.
[226] 魏权龄. 评价相对有效性的 DEA 方法——运筹学的新领域[M]. 北京：中国人民大学出版社，1988.
[227] 魏权龄. 数据包络分析[M]. 北京：科学出版社，2006.
[228] 盛昭翰，朱乔，吴广谋. DEA 理论、方法与应用[M]. 北京：科学出版社，1996.
[229] 王波，张群，王飞. 考虑环境因素的企业 DEA 有效性分析[J]. 控制与决策，2002，17（1）：24-25.
[230] 张祯，张宏武. 美国环境产业相关政策及启示[J]. 中国环保产业，2006，11：41-44.
[231] 余德辉，刘昕. 加拿大的环境产业[J]. 中国环保产业，2000，10：32-34.
[232] 马丽娟. 环境责任保险制度研究[D]. 清华大学，2004：46-50.
[233] 王海燕，曹伟. 清洁发展机制与中俄油气公司的减排合作[J]. 国际石油经济，2008，10：51-54.
[234] 郑亚南. 自愿环境管理——经济与环境协调发展的创新[J]. 环境经济，2004（5）：29-33.
[235] 郑亚南. 自愿环境管理理论与实践研究[D]. 武汉理工大学，2004.
[236] 许凌霄. 我国发展自愿环境管理的研究[J]. 管理观察，2010（31）：25-26.
[237] 王光玲，张玉霞. 对我国环境管制政策的反思与建议[J]. 法制天地，2008（4）：57-58.
[238] 龙凤，葛察忠，高树婷，等. 中国环境管理引进自愿手段的法律基础分析[J]. 环境科学与管理，2007，32（1）：25-29.
[239] 曾思育. 环境管理与环境社会科学研究方法[M]. 北京：清华大学出版社，2004.

[240] 杨正沛，李林. 关于自愿性环境政策在我国兴起的几点思考[J]. 中国科教创新导刊，2008，30：6-7.

[241] OECD. 环境绩效评估：中国[M]. 北京：中国环境科学出版社，2007.

[242] 马小明，赵月炜. 环境管制政策的局限性与变革——自愿性环境政策的兴起[J]. 中国人口•资源与环境，2006，15（6）：19-23.

[243] 中环联合（北京）认证中心有限公司. 中国环境标志培训教程[M]. 中国环境科学出版社，2009.

[244] 刘扬. 环境标志发展及保障体系和 ISO14001 体系整合的探讨[J]. 上海环境科学，2003（s2）：8-12.

[245] 21 世纪议程管理中心. 欧盟转变亚洲计划——中国生态管理审核体系（EMAS）项目启动会在北京召开.

[246] http：//www. acca21. org. cn/news/2012/news20120323. html. 2012.

[247] 中日友好环境保护中心/环保部环境发展中心. 中国生态管理审核体系（EMAS）项目启动会在北京召开.

[248] http：//www. china-epc. cn/hjbzrz/xxdt/1953. html，2012.

[249] 环境保护部. 企业环境报告书编制导则（编号 HJ617-2011），2011.

[250] 青岛市环境保护局. 企业环境报告书制度对青岛市谁污染控制的作用，2011.

[251] 朱金凤，杨秀强. 我国企业社会责任报告解读与评析[J]. 财会月刊：理论，2008（5）：69-70.

[252]《企业环境报告书编制导则》编制组. 企业环境报告书编制导则编制说明，2010.

[253] 夏申，俞海. 自愿环境管理手段的研究进展综述[J]. 环境与可持续发展，2010，35（6）：53-56.

[254] 张仁志，孙蕾，陈恺立. 在我国实施自愿协议式工业环境管理的可行性探讨[J]. 中国环境管理干部学院学报 2008，18（4）：40-47

[255] 葛俊杰，毕军. 利益均衡视角下的环境保护模式创新——社区环境圆桌会议的理论与实践[J]. 江海学刊，2009，3：222-239

[256] 葛俊杰，王仕，袁增伟，毕军. 社区环境圆桌会议：公众参与的创新模式[J]. 南京大学学报：自然科学，2007，43（4）：404-410

[257] 郭梅，许振成，彭晓春. 环境保护公众参与制度回顾、评估和建议[J]. 环境科学与管理，2010，35（6）：7-11

[258] 王艳. 论建构我国环境公益诉讼制度的必要性[J]. 郑州经济管理干部学院学报，2006，21（4）：51-54

[259] 周军，李霞，寸志清，等. 我国环境保护信息公开及公众参与综述和分析[J]. 环境与可持续发展，2010，6：42-45.